女装结构设计实例

侯小伟 | 著

中国纺织出版社有限公司

内 容 提 要

随着时代的发展，女士越来越注重衣着品位，不断追求展示自我风格的个性化着装。随着女装款式的日新月异，紧跟潮流的女装结构设计不断推陈出新。本书以当下流行女装款式为例，主要研究其结构制图原理，并运用不同的女装原型设计出同样合理的女装纸样。研究内容主要是第一代、第三代和新文化式原型结构设计原理以及运用这三种原型法制成女装成衣结构设计的典型案例。整个过程不但详细分析了制图方法，而且在此基础上，总结了结构设计过程和步骤，旨在为相关女装纸样设计提供方法上的参考。

本书适合服装设计专业院校师生学习参考，也可供相关行业从业人员使用。

图书在版编目（CIP）数据

女装结构设计实例 / 侯小伟著 .-- 北京：中国纺织出版社有限公司，2021.12
ISBN 978-7-5180-9255-0

Ⅰ.①女… Ⅱ.①侯… Ⅲ.①女装 — 结构设计 Ⅳ.①TS941.717

中国版本图书馆 CIP 数据核字（2021）第 265587 号

责任编辑：孙成成　　责任校对：王蕙莹　　责任印制：王艳丽

中国纺织出版社有限公司出版发行
地址：北京市朝阳区百子湾东里 A407 号楼　邮政编码：100124
销售电话：010—67004422　传真：010—87155801
http://www.c-textilep.com
中国纺织出版社天猫旗舰店
官方微博 http://weibo.com/2119887771
三河市宏盛印务有限公司印刷　各地新华书店经销
2021 年 12 月第 1 版第 1 次印刷
开本：787×1092　1/16　印张：11
字数：235 千字　定价：49.80 元

前　言

当今时代，女装款式的变化非常快，服装的时尚性和个性化越来越被女士注重。因此，只有紧跟时尚潮流，抓住消费者的内心需求，勤于创新，不断积累，才能设计出被当代女性认可和青睐的服装，才能适应社会的发展，让女装设计立于不败之地。

服装结构设计是对服装款式设计的解释和实现手段，是服装工艺设计的前提，也是服装制作体系进入实质性阶段的标志，意义重大。

女装结构设计的灵魂在于省道和分割线的设计。服装的适体与否，与各个部件的外轮廓和内部结构直接相关，而这些又由女性体型来决定。因此，在充分了解女性体型特征的基础上，把握潮流和女性的心理需求，灵活掌握女装结构的变化原理和技巧，从结构的角度解决舒适的问题，方能真正达到服装的适体和美观的目的。因此，本书对于女装结构设计案例的研究既重要又实用。

本书结合当下流行女装款式，着重分析和讲解了三种女装原型——第一代、第三代和新文化原型，分析它们的设计原理，保留各种原型的优点，改进每种原型个别细微之处，使之得到与之相应的、更加合体的原型。同时运用这三种原型及其合体原型设计女装成衣，并详细讲解制作原理和步骤，在一定程度上更加系统和详尽地阐明了女装成衣结构设计的变化规律。

本书在编写过程中不但注重制图过程的展示，还注重步骤的阐述和说明，旨在使整个制图过程更加清晰明了。在内容的安排上，不追求“多和全”，而是更加注重有代表性的女装款式讲解。

由于笔者知识水平有限，编写时间较短，书中不足之处恳请各位专家和读者谅解和指正。

侯小伟

2021年6月于泰山学院

目录

第一章　女装原型结构制图

第一节　第一代文化式女装原型

一、衣身原型制图原理

女上装衣身原型制图包含人体最基本部位尺寸的结构制图，尺寸依据人体净胸围和背长而定，故以下制图中 B^* 代表人体净胸围，单位 cm。以 160/84A 为号型标准，净胸围 B^*=84cm，背长 L=38cm，净腰围 W^*=68cm。胸围放量取 10cm，腰围放量取 8cm。

1. 后片制图步骤

（1）作基本框架。作长为 B^*/2+5cm（放松量）=47cm，宽为背长 38cm 的长方形。

（2）作基本分割。作袖窿深线：长方形框架右侧竖直线为前中线，左侧竖直线为后中线。自后中线顶点（后颈点）向下量取 B^*/6+7.5cm=21.5cm 得点，过点作水平线交于前中线，得袖窿深线。

（3）作分界线。平分袖窿深线，于中点向下作铅直线交于长方形的下平线，得前后片分界线。

（4）作前胸宽线、后背宽线。于袖窿深线上，分别自前、后中线起点取 B^*/6+3=17cm、B^*/6+4.5cm=18.5cm 得点，并过点分别作直线交于长方形的上平线，得前胸宽线和后背宽线。

（5）作后领口曲线。自后颈点向右量取 B^*/12=7cm 作为后领宽，记为“◎”。三等分◎，其中一份记为“★”。于后领宽点竖直向上取★作为后领窝高，得后侧颈点。用平滑圆顺、弧度自然的弧线连接后领窝高点与后颈点，得后领口曲线。

（6）作后肩线。自背宽线顶点向下取★，并水平向右作 2cm 水平线段，得后肩点。连接后肩点与后侧颈点得后肩线。量其长度记为☆ =14.28cm。根据人体肩胛骨的形态，后肩处应设有省道，以作出肩部弧度造型。此处肩长中便包含了 1.5cm 的肩胛省量。

制图过程如图 1–1 所示。

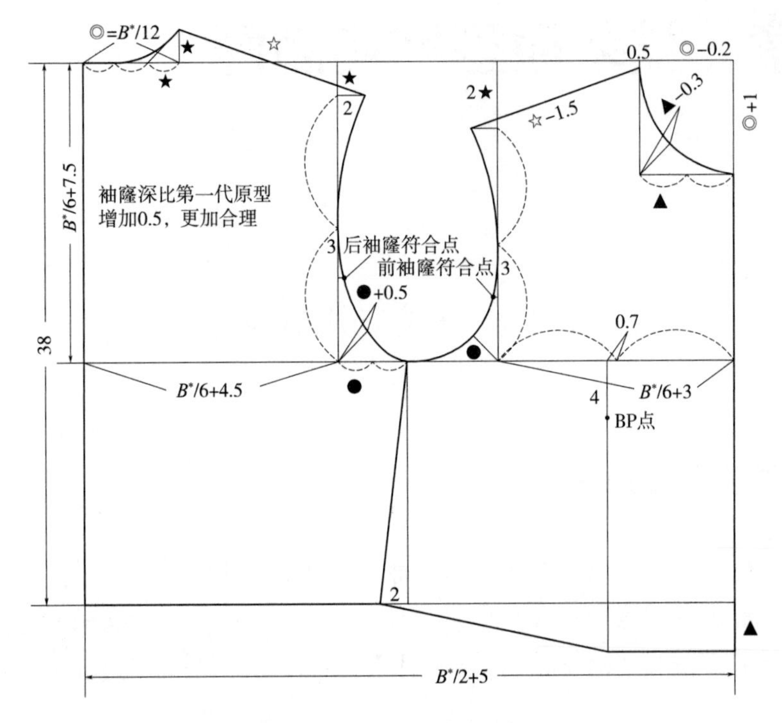

图 1–1　衣身原型结构制图

2. 前片制图步骤

（1）作前领口曲线。自前中顶点竖直向下量取◎ +1cm=8cm 作为前领深点，得前颈点。同时水平量取◎ −0.2cm=6.8cm 作为前领窝宽，同时竖直向下 0.5cm 得前侧颈点，平分前领窝宽，每份记为“▲”，▲ =3.4cm。分别以前领窝深和前领窝宽为邻边作长方形。在长方形左下角平分线上量取▲ −0.3cm 得前领窝标记点，过此点圆顺连接前侧颈点与前颈点，得前领口曲线。

（2）作前肩线。自胸宽线上端点向下量取 2 ★得点，并过点向左作水平线，长度暂且不定。自前侧颈点向此水平线作线段，长度为☆ −1.5cm=12.78cm，交点为前肩点。

（3）作前、后袖窿曲线。分别于胸宽线、背宽线上取前肩点、后肩点与袖窿深线之间垂直距离的中点；平分背宽线到前、后片分界点之间水平距离的一半，记为“●”，于胸宽线、背宽线与袖窿深线所形成直角的角平分线上分别量取●、● +0.5cm，得前、后袖窿弯曲处的两个标记点。用圆顺、平滑的曲线连接前后肩点和上述中点及袖窿弯曲处标记点，得前、后袖窿曲线。

（4）作乳突点（BP 点）、腰线和侧缝线。自前中线沿着袖窿深线取胸宽的中点，同时向左水平移动 0.7cm，然后向下作竖直线交于下平线。同时向下延长此竖直线和前中线，延长数值均为▲ =3.4cm。将下平线与前、后片分界线的交点水平左移 2cm 得点，画出新侧缝斜线，然后将此点顺序连接到前片两条竖直线，得前腰线。

（5）确定前、后袖窿符合点。在背宽线上，肩点至袖窿深线的中点下移 3cm 处水平作对位记号，为后袖窿符合点；在胸宽线上，肩点至袖窿深线的中点下移 3cm 处水平作对位记号，为前袖窿符合点。至此完成女式上装衣身原型。

二、衣袖原型制图原理

1. 确定制图尺寸

测量必要尺寸。袖窿弧长 AH=42cm，其中前 AH=20.5cm，后 AH=21.5cm，袖长 = 52cm。

2. 制图步骤（图 1–2）

（1）确定“两线一肥”。画一条竖直线作为袖中线，取长 52cm，顶点即为袖山顶点。自上而下取 AH/3=14cm 作落山线，并从袖山顶点出发分别向落山线左、右两端取后袖山斜线和前袖山斜线，长度分别为 AH/2+1 和 AH/2，得袖肥。

（2）完成其他基础线。自落山线两端向下作出前、后袖缝直线，并作水平袖摆辅助线。在袖中线上，自袖窿深线上取 3cm 得点，然后将此点以下的袖中线段平分，自中点向上取 1.5cm，作水平线为袖肘线。

（3）作袖山曲线。四等分前袖山斜线，每一份记作“●”，于最上端等分点和最下端等分点处分别垂直袖山斜线向上、向下作垂线段，长度分别为 1.8cm、1.3cm，中点下移 1cm 处作为袖山曲线与斜线相交的转折点；在后袖山斜线上，自顶点向下取“●”，由此得到 8 个袖山曲线的轨迹点，最后用圆顺曲线连接，便完成袖山曲线的绘制。

（4）作袖摆曲线。于前、后袖缝线、袖中线底端向上取 1cm 作点，平分前、后袖摆辅助线，前中点向上取 1.5cm 得点，后中点为切点，共得 5 个轨迹点，最后用平滑曲线描绘得袖摆曲线。

原型虽然是固定尺寸的基本型，但是因人而异，也就是说，每个人都可以建立自己的原型，从这个意义上说，原型是独特的。但是，由于原型中只包含两个人体最基本部位尺寸，当人体净胸围和背长相同，而肩宽、肩斜度、胸宽、背宽、袖窿宽等尺寸不一样时，作出的原型却仍然没有区别，这就需要将原型修正，然后在修正合适的原型基础上再进行成衣结构制图。

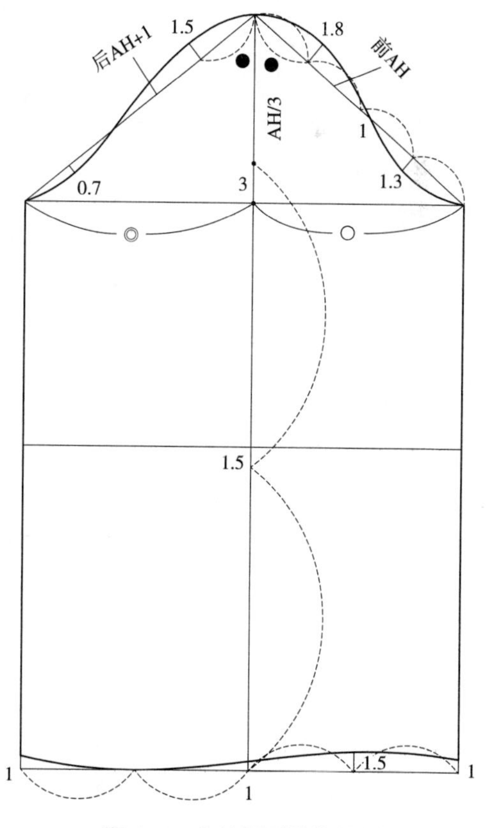

图 1–2　衣袖原型结构制图

第二节　第一代原型结构变化原理

一、第一代原型变化呈合体原型原理

1. 原型变化呈合体造型

以上原型是第一代文化式原型的绘制方法，此原型比较适合亚洲女性使用，在进行宽松或较宽松服装制图时可以直接使用。但在绘制合体服装时，有几个方面需要进行调整才会达到适体的效果。

（1）肩斜度。此原型的肩斜比我国女性普遍偏小，因此原型肩端点需要降低0.3~0.5cm（图 1–3）。

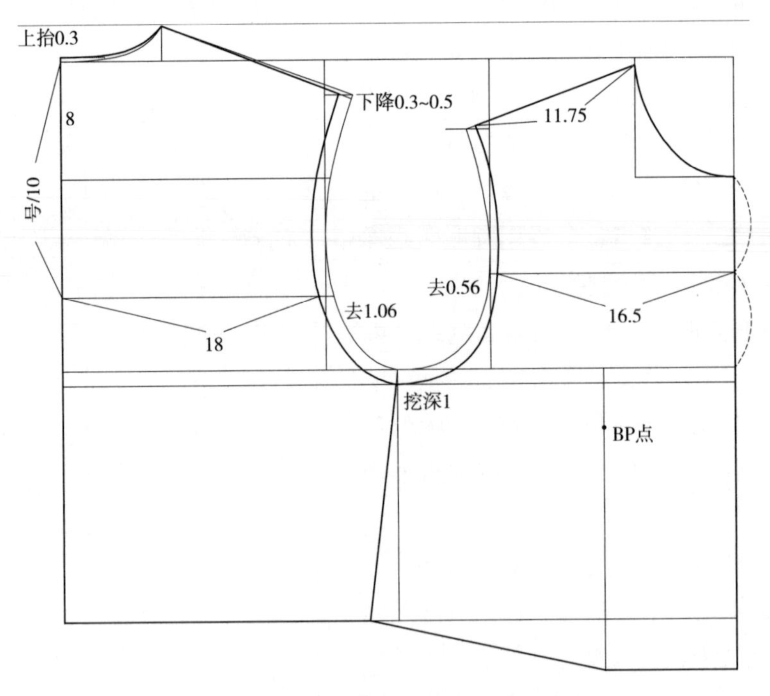

图 1–3　原型变化呈合体造型

（2）后颈点。不修改任何数值，直接利用女上装原型作出的样衣，穿在标准160/84A 的人台上显示，后颈点低于人体后颈点约 0.3cm，所以制图时要上抬 0.3cm。

（3）袖窿深。原型袖窿深偏浅，袖窿容量偏小，尤其绱袖之后袖子紧窄不适，因此需要适当挖深袖窿。

（4）袖窿宽。原型中的前袖窿宽 + 后袖窿宽 =10.63cm，相当于在人体净袖窿宽 10cm 的基础上只有 0.63cm 左右的松量，相对于人体臂部的活动幅度来说远远不够。因此，袖窿宽需要配合胸宽和背宽的减少来实现。

（5）胸宽和背宽。经测量得知，原型前胸宽 =17.06cm，后背宽 =19.06cm，与人体前胸宽和后背宽净值 15.5cm、16.5cm 相差较大，说明原型袖窿部位松量偏多，需要缩减。

①后侧颈点不变，后肩点沿着袖窿弧线降低 0.3~0.5cm。

②后颈点抬高 0.3cm 左右。

③袖窿挖深 1cm 得新袖窿深点。

④原型后中线顶点竖直向下取 160（号）/10=16cm，作水平线交于袖窿弧线，得下背宽横线；同时平分前颈点至袖窿深线间的前中线，过中点作水平线交于前袖窿弧线，得胸宽横线。

⑤分别在胸宽横线和下背宽横线上取前胸宽 15.5cm+1cm（放松量）=16.5cm 得新前胸宽点，取后背宽 16.5cm+1.5cm（放松量）=18cm 得新后背宽点。

⑥过新后背宽点和新袖窿深点画平滑、圆顺且与原后袖窿弧线近似平行的新后袖窿弧线，交新肩线于一点，为新后肩点。

⑦测量后肩线长，并记录为★ =13.25cm；同时自前侧颈点沿肩线取长★ –1.5cm=11.75cm，得新前肩点。

⑧过新前肩点、新前胸宽点、新袖窿深点画平滑、圆顺且与原前袖窿弧线近似平行的新前袖窿弧线。

2. 省道设计

（1）画前腰省。如图 1–4 所示，过 BP 点向前腰直线作垂线，自垂足水平向右取 1cm，所得点直线连接至 BP 点，得腰省右省线；同时自垂足水平向左取 2cm，所得点连至 BP 点得省中线，同时将点连至前后侧缝线下端点得腰线斜线；自省中线下端点向腰斜线取 3cm，所得点连至 BP 点，得腰省左省线。比较两条省线的长度，同时延长或缩短左侧省线使其与右侧省线等长，腰省完成。

（2）画后肩省。自后中顶点向下取 8cm 画水平线；平分后肩线，中点即为肩省右侧省端点，然后自此点沿肩线左取 1.5cm 的省大；平分省大，以中点为垂足向下达水平线画线段，交点即为省尖点；分别直线连接省尖点至两个省端点，肩省完成。

（3）画后腰省。自肩省的省尖点水平向右取 1cm，过点作垂直线相交至腰直线上，自交点左右分别取 2cm，得 4cm 省大；自原型后中上端点向下取 16cm 作水平线，与上述铅直线交点即为后腰省尖点；斜线连接两个省端点至省尖点，得后腰省。

一般情况下，利用原型法制图时，需将侧缝线取齐，同时前、后腰线也要取齐，最好也是最实用的办法便是省道转移。如图 1–5 所示，旋转部分腰省至侧缝部位，形成侧省，使腰线斜线与前后腰水平线平齐，剩余的省量作为腰省存在。这样形成的纸样是最实用的原型。腰省在一般的款式中都能用到，尤其是合体款式中，常将侧缝转移至其他部位，如肩线、领窝、前中、袖窿等，形成肩省、领省、前中省、袖窿省，然后与腰省连

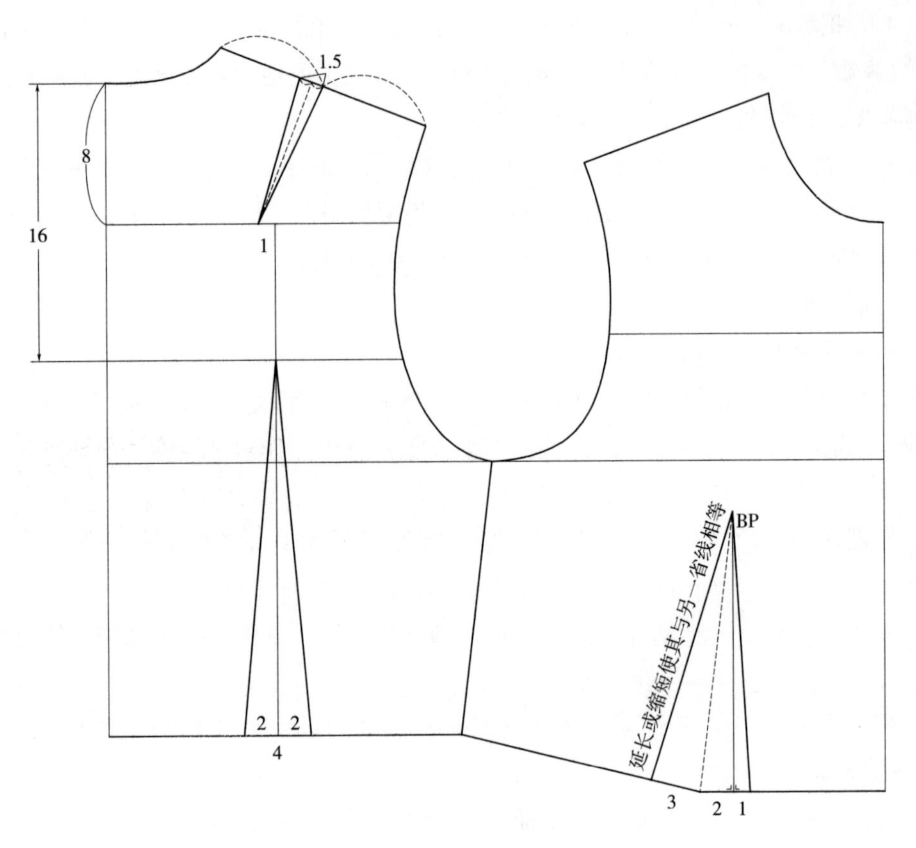

图 1-4　合体原型省道设计

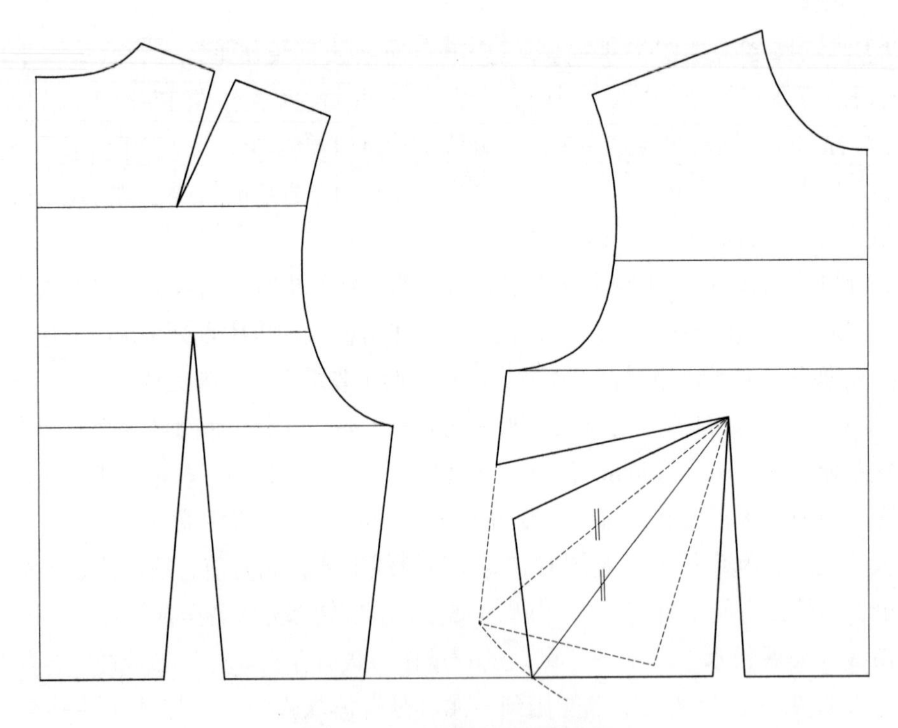

图 1-5　合体原型省道重新分配

接形成分割线。一举三得，方便实用。既能使前、后侧缝等长，又能使前、后腰线在同一水平线上，同时为部分省道转移提供了便利。因此将前腰省分解形成两个省道的分配方法最为方便实用，侧省常常被用来转移形成胸凸省，以消去胸部以上衣片的浮余量，作出胸部以上的立体状态（图 1–6）。

胸凸省是人体腰围线以上的省道，该省的大小是由胸部形态决定的。由于胸部向前突出，颈窝点、锁骨、前肩凸和前腋点都落在胸凸的后面，胸凸与这些落后的点形成厚度落差，厚度落差越大，形成的胸凸省道就越大，反之就越小。胸凸省是体型省，也是平衡省，款式变化时，还能是造型省和功能省，修身收腰的时候又可以是体表长度。凡是厚度的变化都和胸凸省有关。

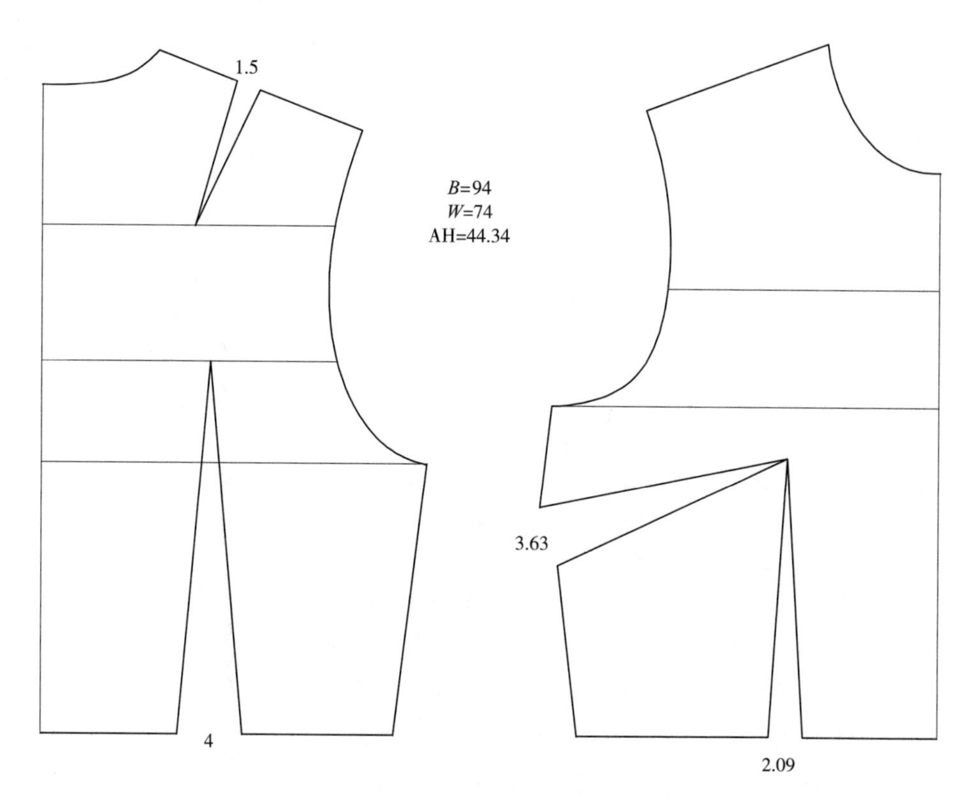

图 1–6 合体文化原型

二、第一代原型变化呈箱型原型原理

箱型原型上有三个省道，前片的胸凸省、后片的肩胛省和肩斜（也可看作省道），衣身的整体平衡就是由这三个省道控制的。当体型和材料一定时，在衣身平衡的前提下，这三个省道的取值是最大值。省道大小的取值会随着造型和功能变化而变化。

1. 箱型原型变化过程

箱型原型变化过程如图 1–7 所示。

（1）后片肩胛省。根据衣身后肩部造型，收省或者将省道转移到过省肩点的分割线中。

（2）后腰省。不做处理，不收省，省量直接作为宽松量存在。

（3）前腰省。转移全部前腰省，形成胸省。胸省的位置可以在肩部、在袖窿、在领窝，具体根据款式需要而定。

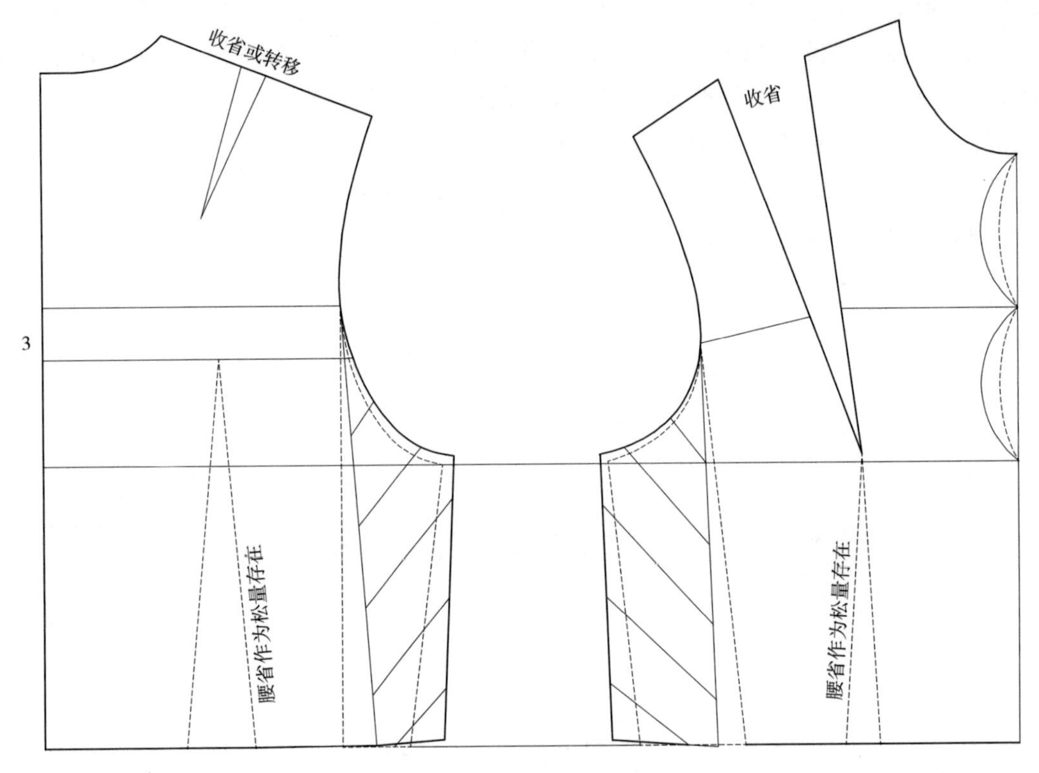

图 1–7　箱型原型变化过程

H 型衣身并不代表不收省。因为人体前部有胸凸的存在，所以不仅存在较大胸腰差，同时人体前部胸围以上也是个较大的倾斜面，不论服装风格是合体还是宽松，人体前倾斜面部位都要保证适体。因此所谓箱型，实际是指胸部和腰部大体呈筒状，胸围以上或包括胸围较适体。保证胸围以上斜面适体的关键技术就是收胸省。

（4）旋转部分衣片呈筒状。过前片胸宽横线（过袖窿深线以上部分中点的水平线）与袖窿弧线的交点作侧缝线的平行线，即为侧缝部位衣片的分割线，形成的侧片也叫腋下片。以此线为准旋转侧片，使侧缝线竖直为止。

2. 箱型原型变化原理总结

（1）只有完整的腋下片作整体旋转时，才不会对袖窿宽造成影响。

（2）合体服装的侧缝线角度不能随意变动，否则会对袖窿宽有影响。

三、第一代原型变化呈 A 型原型原理

A 型服装是在 H 型基础上减小胸省收省量，同时扩大底摆而成（图 1–8）。

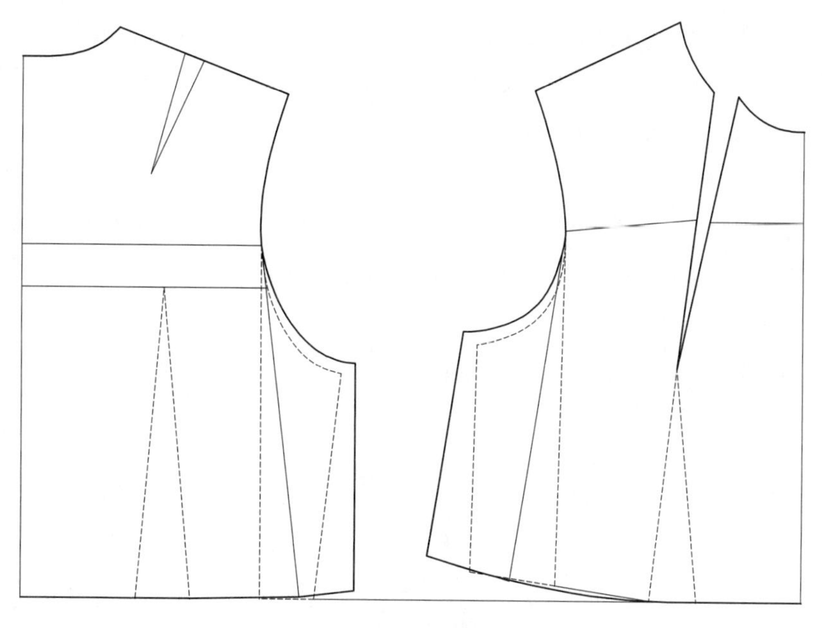

图 1-8　A 型原型

1. 省道处理

（1）后片肩胛省。一般情况下，后肩部不收省，因此后片肩胛省需要处理掉。方法是，后侧颈点开大 0.5cm，后肩点去掉 0.5~1cm，以使前肩线与后肩线基本等长，余量可通过后肩吃势解决。

（2）后腰省。后腰省不做处理，不收省，省量直接作为宽松量存在。

（3）前腰省。部分转移前腰省，形成较小的胸省。胸省的位置可根据款式设计，一般在领窝处较常见。

2. 衣片廓型处理

旋转部分衣片呈 A 型。过前片胸宽横线（过袖窿深线以上部分中点的水平线）与袖窿弧线的交点作侧缝线的平行线，即为侧缝部位衣片的分割线，形成的侧片也叫腋下片。以此线为准旋转侧片，使侧缝线外扩。

第三节　第三代文化式女装原型制图原理

一、第三代文化式女装衣身原型原理

第三代文化式女装原型相比第一代老原型来讲，有几个关键部位的调整，从整体上提高了原型与人体曲线变化的吻合度。同时，领口尺寸变大，以利于颈部基本活动舒适度的需要；肩宽变小，肩斜度略增大，更加适应我国女性普遍肩偏窄小和肩斜偏大的状况；最大的变化是前片的省道，由第一代的腰省分解成第三代的胸省和腰省两个省道。省道的这一变化为省道转移提供了方便。

1. 衣身原型尺寸

首先以 160/82A 为号型标准进行设计。必要尺寸主要包括净胸围 B^*=84cm，净腰围 W^*=68cm，背长 L=38cm，袖长 SL=52cm（不包含袖克夫尺寸）。

2. 制图步骤

（1）作长方形。长为 $B=B^*/2+6$cm=48cm，宽为背长 L=38cm（图 1–9）。

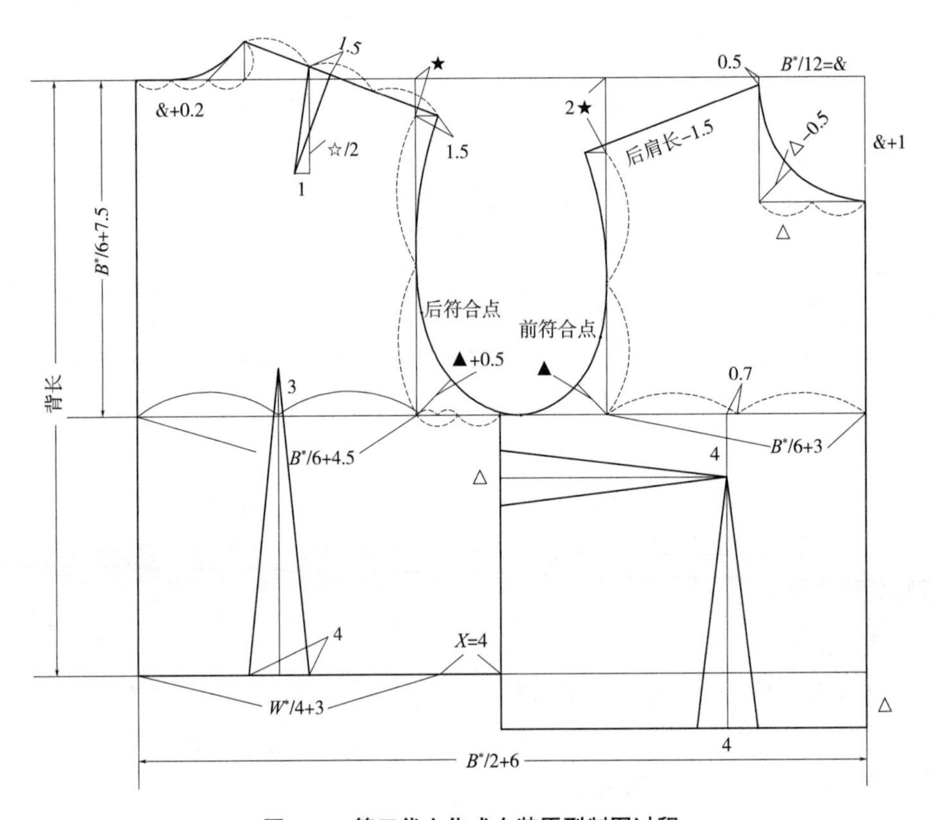

图 1–9　第三代文化式女装原型制图过程

（2）作基本分割。自后中线顶点（后颈点）向下取 $B^*/6+7.5$cm=21.5cm 作袖窿深线，并在袖窿深线上自左、右两端分别取 $B^*/6+4.5$cm=18.5cm、$B^*/6+3$cm=17cm 作背宽线和胸宽线。于袖窿深线中点处向下作垂线交于腰辅助线。

（3）作前领口曲线。自前中顶点向左量取 $B^*/12$=7cm，记为“&”，作为前领宽，并竖直向下 0.5cm 得前侧颈点，作前领深 & +1cm=8cm，得前颈点，过两点作矩形，记 &/2= △ =3.5cm，在矩形左下角平分线上取△ –0.5cm=3cm 得点，过此点、前颈点和前侧颈点作圆顺的凹形曲线，即前领口曲线。

（4）作后领口曲线。自后中线顶点向右量取后领宽 = & +0.2cm=7.2cm，然后自后领宽点竖直向上取后领高 =（ & +0.2）/3 = 2.4cm，记为“★”，得后侧颈点。直线连接后侧颈点至后领窝宽左端 2/3 点处，同时以后领窝宽左端 1/3 点为切点圆顺连接后侧颈点和后颈点，得后领口曲线。

（5）作后肩线。自背宽线顶点向下量取★ =2.4cm，并向右作 1.5cm 水平线段（后肩冲肩量），其右端点即为后肩点，连接后肩点与后侧颈点得后肩线，测量其长度为 13.67cm。

（6）作前肩线。自胸宽线上端向下取 2 ★ =4.8cm 得点，并向左作水平辅助线，过前侧颈点向此辅助线作前肩线，使其长度为后肩长 –1.5cm=12.17cm，得前肩点。

（7）作袖窿弧线。分别于胸宽线、背宽线上取前肩点、后肩点与袖窿深线之间竖直距离的中点，平分背宽线到前、后片分界点的距离，其中一份记为“▲”，于左、右两个夹角平分线上分别取（▲ +0.5cm）和▲得前、后袖窿弯曲标记点，用圆滑曲线连接前、后肩点，以及两个中点、标记点和分界点得袖窿深曲线。

（8）作胸凸点、腰线。在袖窿深线上取胸宽线的中点，向左移动 0.7cm 后向下作腰辅助线的垂线并延长“△ =3.4cm”得点。自垂线上端向下取 4cm 得乳突点（BP 点）。自前中线向下延长△得点，直线连接得前腰线。

（9）确定前、后袖窿符合点。分别于背宽线、胸宽线上的中点处沿着弧线向下移 3cm 得到两个符合点。最后，需要量取前、后袖隆弧长，分别为前 AH=21.01cm，后 AH=21.38cm。

（10）省道量设计。自后中线沿着腰线右取 W^{*}/4+3cm=20cm，后腰余量测得 4cm，即后腰省量，同理算得前腰省量也为 4cm。前乳突量以侧缝省的形式存在，省大为△ =3.4cm。

（11）省位设计。平分后背宽量，过中点作竖直线，向下交于后腰线，向上 3cm 为省尖，后腰省量平分在省中线两端的腰线上。过 BP 点的直线交于前腰线，前腰省量平分在此直线两端。过 BP 点作水平线交于侧缝直线，即为侧缝省省中线，侧缝省大 3.4cm，平分在省中线与侧缝直线交点两侧。最终轮廓如图 1–10 所示。

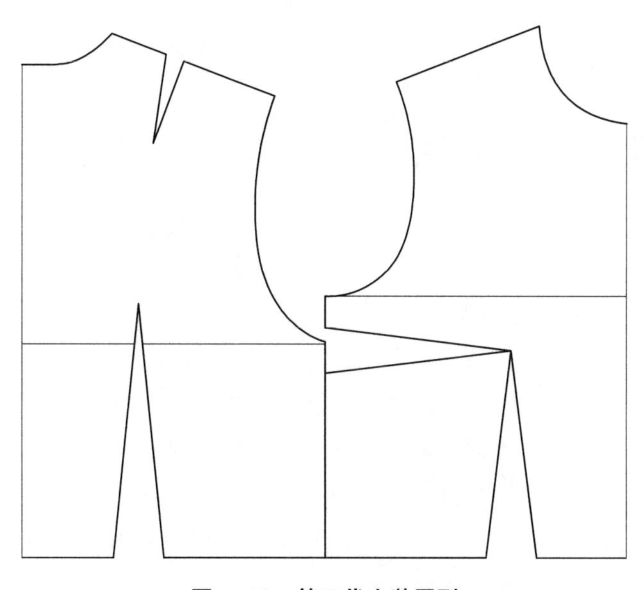

图 1–10　第三代女装原型

二、第三代文化式女装衣袖原型原理

1. 规格尺寸

由衣身原型我们测得袖窿弧长 AH=42.39cm，其中前 AH=21.01cm，后 AH=21.38cm。160/84A 号型的标准袖长 SL=52cm。

2. 制作步骤

（1）确定袖山顶点和袖肥。作一条竖直线作为袖中线，自上取长 SL=52cm，顶点记为袖山顶点，自顶点取长 AH/3 作水平线记为落山线，并从袖山顶点分别向落山线左右两端作长度为后 AH+1cm、前 AH 的线段记为后、前袖山斜线得袖肥。

（2）完成其他基础线。自落山线两端向下作出前后袖缝线，并作水平袖摆辅助线。平分落山线与袖中线交点向上 3cm 至袖中线底端的部分，并于中点向上 1.5cm 得点，过此点作水平线即为袖肘线。

（3）作袖山曲线。四等分前袖山斜线，于第一等分点和第三等分点处分别垂直袖山斜线向上、向下作垂线段，长度分别为 1.8cm、1.3cm；中点下移 1cm 作为袖山曲线与斜线相交的转折点；在后袖山斜线上，自顶点向下取前袖山斜线长度的四分之一，作垂直向上凸起 1.5cm，自下而上取前袖山斜线长度的四分之一，作为后袖山曲线与斜线重合的起点，由此得到 8 个袖山曲线的轨迹点，最后用圆顺曲线连接完成袖山曲线的绘制。

（4）作袖摆曲线。于前后袖缝线底端向上取 1cm 得点，于袖中线底端向上取 1cm 得点，平分前后袖摆辅助线，前中点向上取 1.5cm，后中点为切点，共得 5 个轨迹点，最后用平滑曲线描绘得袖摆曲线。

结构制图过程如图 1–2 所示。

第四节　新文化式原型结构制图原理

一、第七版新文化式原型

第七版新文化式原型是在第六版的基础上于 2000 年推出的，在第六版的基础上结合现代年轻人体型更丰满、曲线更优美的特征，以及第六版原型在理解和应用上的不便之处推出的。新文化式原型是箱型，胸省的大小随胸围大小而异，符合女性体型实际情况，胸省量较第六版明显增大，前后腰节差也明显增大，符合现代女性体型特点，腰省分配更合理，与人体间隙均匀，便于特殊体型的修正。

二、第七版新文化式原型原理

1. 规格设计

成品胸围 B= 净胸围 B^*+ 放松量 12cm=96cm，成品腰围 W= 净腰围 W^*68cm+ 放松量 6cm=74cm，背长 L =38cm（见表 1–1）。

表 1–1　第七版新文化式原型规格表　　单位：cm

项目	号	型（B^*）	胸围放松量	成品胸围	净腰围（W^*）	腰围放松量	成品腰围
尺寸	160	84	12	96	68	6	74

2. 制图方法和步骤

（1）作背长线。取一竖直线段 38cm（图 1–11）。

（2）作下平线。自背长线下端点取 B^*/2+6cm=84/2+6cm=48cm 作水平线段。

（3）定袖窿深。自背长线上端下取 B^*/12+13.7cm=20.7cm 作水平线，即为袖窿深线。

（4）作前中线、上平线。自下平线右端点向上取线段，袖窿深线以上取 B^*/5+8.3cm=25.1cm 确定前片上平线。

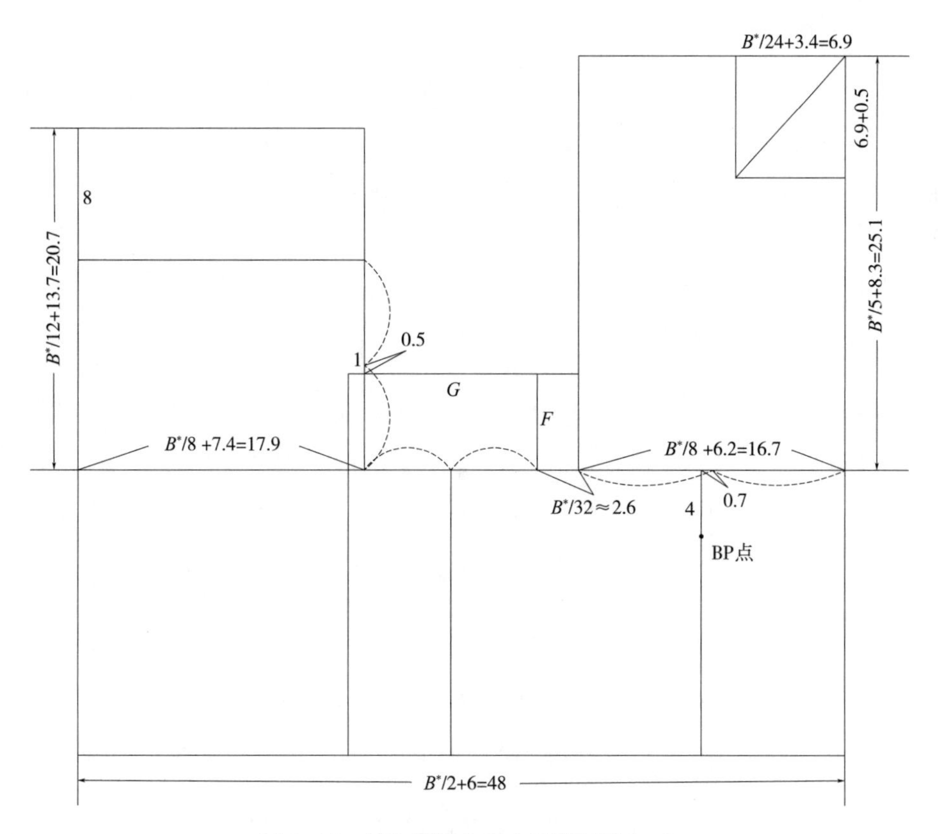

图 1–11　第七版新文化式原型制图（a）

（5）取前胸宽。于袖窿深线上，自右取 $B^*/8$ +6.2cm=16.7cm，画胸宽线。

（6）取后背宽。于袖窿深线上，自左取 $B^*/8$ +7.4cm=17.9cm，画背宽线。

（7）作背宽横线。距背长线上端 8cm 作一条水平线。

（8）作 *G* 线。在背宽线上，于袖窿深线与背宽横线间距的二等分点下移 0.5cm 的点，作水平线，记为 *G* 线。

（9）定 BP 点。二等分胸宽，该等分点往左移动 0.7cm 为省尖点，以此点下移 2~3cm 处为 BP 点。

（10）画 *F* 线。过胸宽向左量 $B^*/32 \approx 2.6$cm 的点竖直向上作 *F* 线，与 *G* 线垂直相交。

（11）作侧缝线。过背宽线与 *F* 线之间袖窿深线的二等分点作竖直线。

（12）取前领宽。自前上平线向左取 $B^*/24$+3.4cm=6.9cm。

（13）取前领深。前领深 = 前领宽 6.9cm+0.5cm=7.4cm。

（14）作前领口弧线。取前领宽与前领深对角线，取三分之一点下移 0.5cm 为标记点，画顺领口弧线（图 1–12）。

（15）作前肩线。量取前肩线与水平线夹角 22°（比值 15∶6），画斜线，交于胸宽线，然后继续取长使其超过胸宽线 1.8cm 得前肩线长。测得前肩线长 =12.37cm。

（16）取后领宽。后领宽 = 前宽领 6.9cm+0.2cm=7.1cm。

（17）取后领高。三等分后领宽，每份记为○，自后领宽端点竖直向上取○，作为后领高，得后侧颈点。

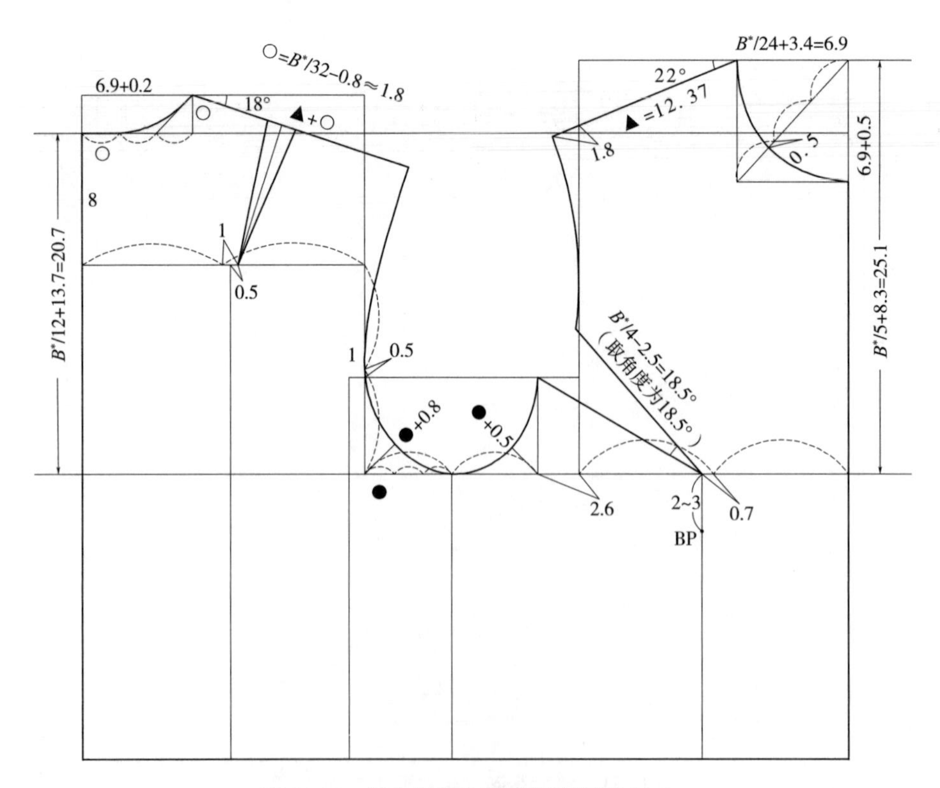

图 1–12　第七版新文化式原型制图（b）

（18）取后肩长。量取后肩线与水平线夹角 18°（比值 15∶5.5），后肩长度 = 前肩线长 + 后肩省量 =12.37+ 后肩省量 =14.17cm，其中后肩省 =B^*/32−0.8cm ≈ 1.8cm。

（19）作后肩省。省尖位于后背宽横线的二等分点右移 1cm 的点，过省尖点向后肩线引垂线段，记为省中线。自垂足沿肩线左右分别取省大的一半，省大为 B^*/32−0.8cm ≈ 1.8cm。

（20）作前胸省 18.5°。连接过 BP 点的省中线与袖窿深线的交点，至 F 线与 G 线交点，得胸省省线长，以省尖点为圆心、省线长为半径画圆弧；同时以省线为起始线向上量取角度为 18.5° 的射线，交圆弧于一点，连接该点至省尖点，得另一省线。胸省完成。

（21）定标记点，画袖窿弧线。三等分前、后片分界线（侧缝线）至背宽线的袖窿深线，每份记为●；作袖窿深线与背宽线夹角平分线，并取长● +0.8cm 得一标记点；作袖窿深线与 F 线夹角平分线，并取长● +0.5cm，得另一标记点。用圆顺光滑的曲线依次连接后肩点、背宽横线以下背宽线的二等分点、夹角标记点、前后片分界点、前夹角标记点，并圆顺连接前肩点至胸省上端省线的端点，得前、后袖窿弧线。

（22）计算胸腰差。半身制图胸腰差 =（B−W）/2=11cm。即前、后片制图中腰部收省量之和应为 11cm（图 1–13）。

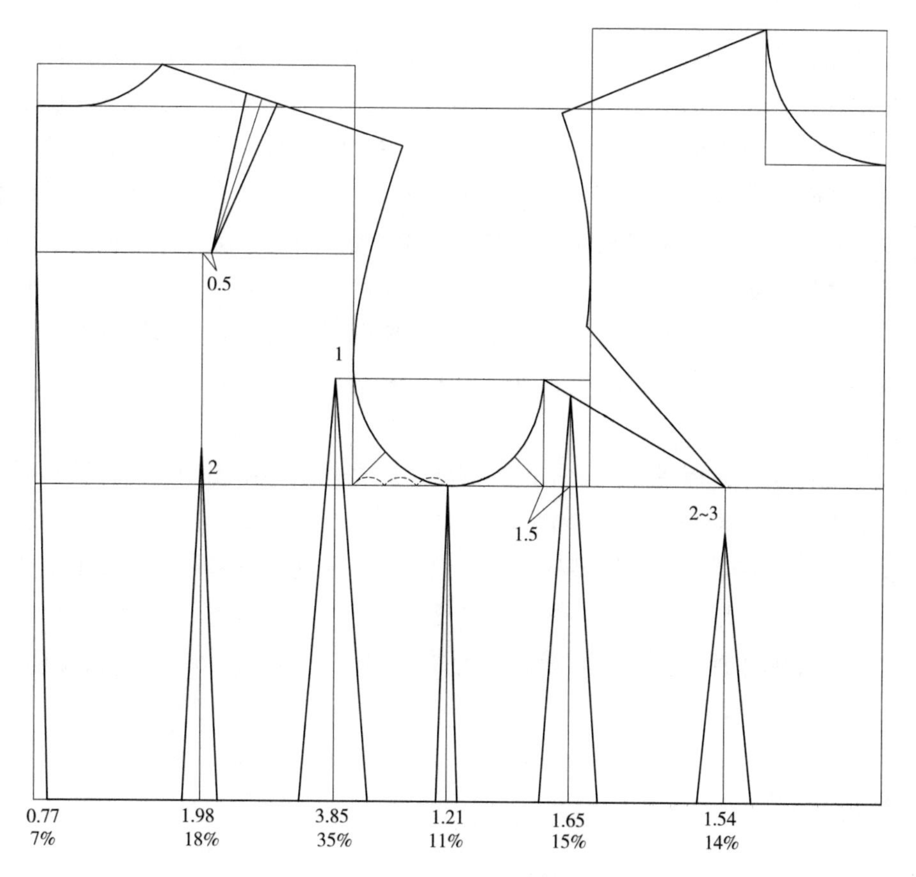

图 1–13　第七版新文化原型制图（c）

（23）胸腰差值的分配。后中省：后腰省：后腰侧省：前后侧缝省：前腰侧省：前腰省=7%：18%：35%：11%：15%：14%。计算出省量分别为：后中省=11cm×0.07=0.77cm，后腰省=11cm×0.18=1.98cm，后腰侧省=11cm×0.35=3.85cm，前后侧缝省=11cm×0.11=1.21cm，前腰侧省=11cm×0.15=1.65cm，前腰省=11cm×0.14=1.54cm。

（24）画省。画省的关键是确定省的省尖点和省中线。后中省——省尖即为后背宽横线与后中线交点，省量分配在后中直线右取0.77cm处。后腰省——省中线延长线位于肩省省尖点所在水平线向左0.5cm处，省尖位于袖窿深线以上2cm处；后腰侧省——省尖点是*G*线反向延长1cm点，自此点竖直向下画线交于腰线即为省中线；侧缝省——省尖点即为袖窿深点，省中线即为侧缝直线；前腰侧省——省中线是自*F*线沿袖窿深线右取1.5cm处所作竖直线，交于胸省线，交点即为省尖点；前腰省——省尖点位于袖窿深线以下2~3cm处。

第五节　新文化式原型变化呈合体原型原理

前面已经总结和分析了第一代和第三代原型及其原理，以及全新原型的原理及应用，本节将继续分析原型——新文化式原型。在服装工艺制作环节，经常会发现一些小问题，如衣服起吊、衣身不平衡、起包、太紧、腰位不对、侧缝与人体不对位等。导致这些问题的关键因素就是成衣制图时没有对原型进行适当的变化。因为大家都知道，日本原型无论是哪一代，其各部位长或宽计算公式的得出和经验值的确定，最直接的依据都是日本女性的身体特征数据，而我们中国女性体型和比例等各方面与日本女性有着或多或少的差异。因此，在利用日本文化式原型进行成衣制图时，首先要掌握原型的制图原理，然后根据经验总结出一套修正原型的原理。尤其在进行合体服装结构设计时，修正原型更加关键和重要。

可以说制约每位制板者制板水平的关键就是原型，原型制图一旦有问题，那么做出的样板一般都会出现这样或那样的问题。

新文化式原型在老文化式原型的基础上做了很多改动，也增加了许多更合理的结构分析和设计。但与老原型一样，在利用新文化式原型进行合体服装设计时，仍然需要作出适当的变化才能做到更加合体而舒适。下面我们便依据新文化式原型的特点对其适体性做出一一的分析和变化。

一、优点分析

第一，袖窿更加窄小而美观。

第二，结构上追求横平竖直。

第三，省道转移利用得好，省道分散合理而适体美观。

第四，新原型体态好，更加挺拔，收腹挺胸，体现比较理想化的体态，更适合礼仪服装。

二、部位分析

1. 新文化式原型变化呈合体状态

（1）前肩线比老原型有所升高，导致一些小问题的出现。侧省合并后上部（袖窿宽部位）打开，袖窿宽增大，则与老原型一样更适体了。

（2）袖窿角度偏大，用的时候要略改小。而前腰省偏小，原因是为了使胸省合并后腰线呈水平状态，一部分省量转移到了袖窿处。

（3）新文化式原型穿上身后，衣服有向后跑的现象。原因是人体腰线倾斜，前高后低，前腰节比后腰节高，而新文化式原型的腰线是水平的。另外，后领窝降低，略不够贴体。

（4）胸部前袖窿处余量较多，会有略起空、服帖度不够的现象发生。

（5）新文化式原型追求腰平、横平竖直。主要表现在：前胸省与袖窿省的大小分配的把握有难度，如做大衣时，袖窿省变小；而做连衣裙时，袖窿省角度应大些，但具体数值不太好把握，需要较多的操作经验方能驾驭。

（6）新文化式原型肩颈点，前比后多2.1cm，缝合肩缝后前胸两侧起空，服帖度不够。老原型肩颈点前比后多0.6cm，肩部较为服帖、舒适。

2. 变化原理与方法（图1-14~图1-16）

（1）关闭前片侧省。方法是剪去省量后合并衣片。

（2）剪掉侧省，再合并便可得到合适的袖窿宽。

（3）后侧省合并一半，同时修正使后侧缝线的角度（倾斜度）与老原型相同。

（4）将一部分袖窿省转移成腰省，使前腰省变大。

（5）将后背部水平剪开，整体抬高，或采用借肩的手法，将前肩下降1cm，后肩抬高1cm。

（6）前腰线略下降。

（7）后肩斜18°左右，偏大，可改小些。

（8）衣身侧缝垂直于地面，而人台上的侧缝向前倾斜，不重合。还需将侧缝做微调，以适体。

经过以上调整之后，新文化式原型与老原型相差无几，变得同样适体。对于制板者来说，老原型衣身结构平衡，收全省之后贴体舒适，只需要将肩斜和胸宽、背宽略做调整便非常实用；利用新文化式原型进行成衣结构制图也有其优点，新文化式原型最大的优点便是省道的利用，分散合理而造型立体自然，只需要按照以上方法作出成衣制图前的调整即可实现舒适适体。

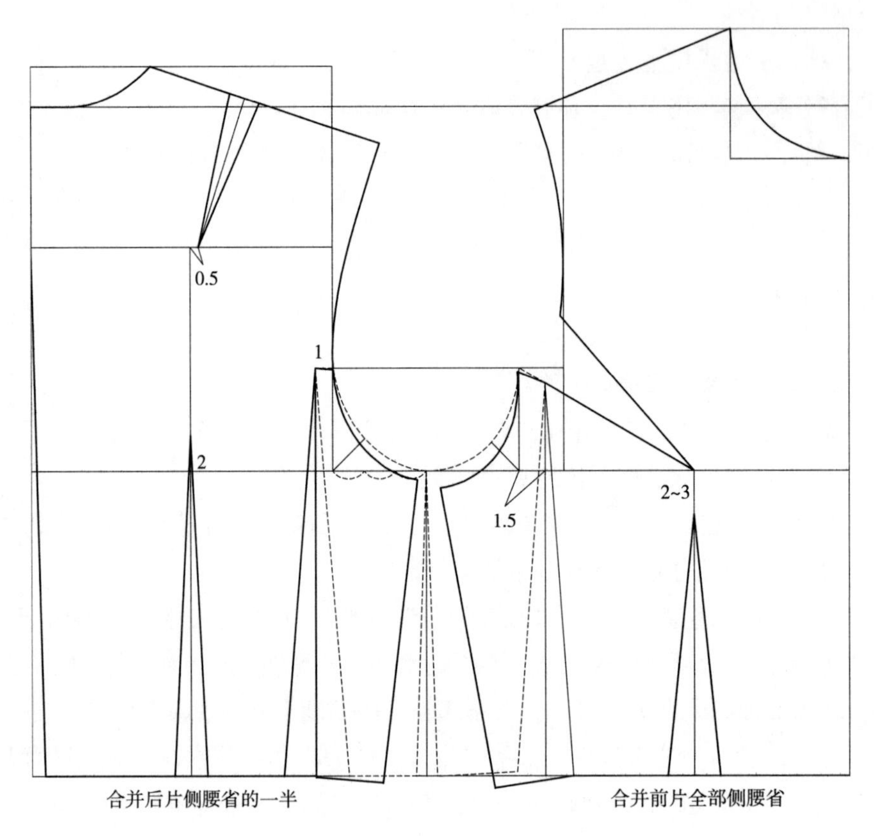

图 1-14　合体新文化式原型（a）

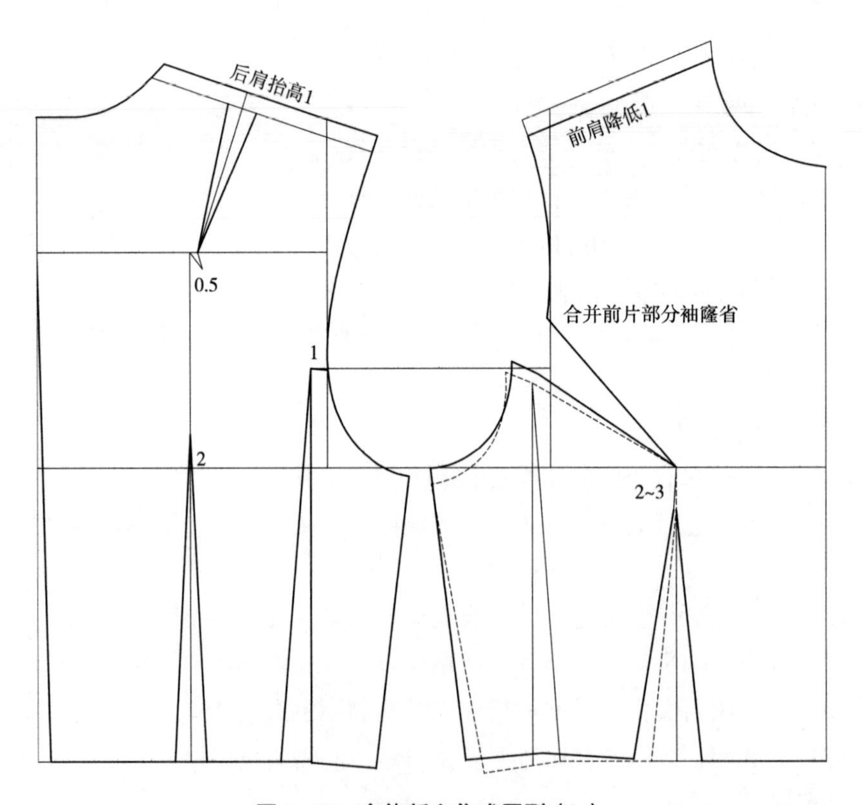

图 1-15　合体新文化式原型（b）

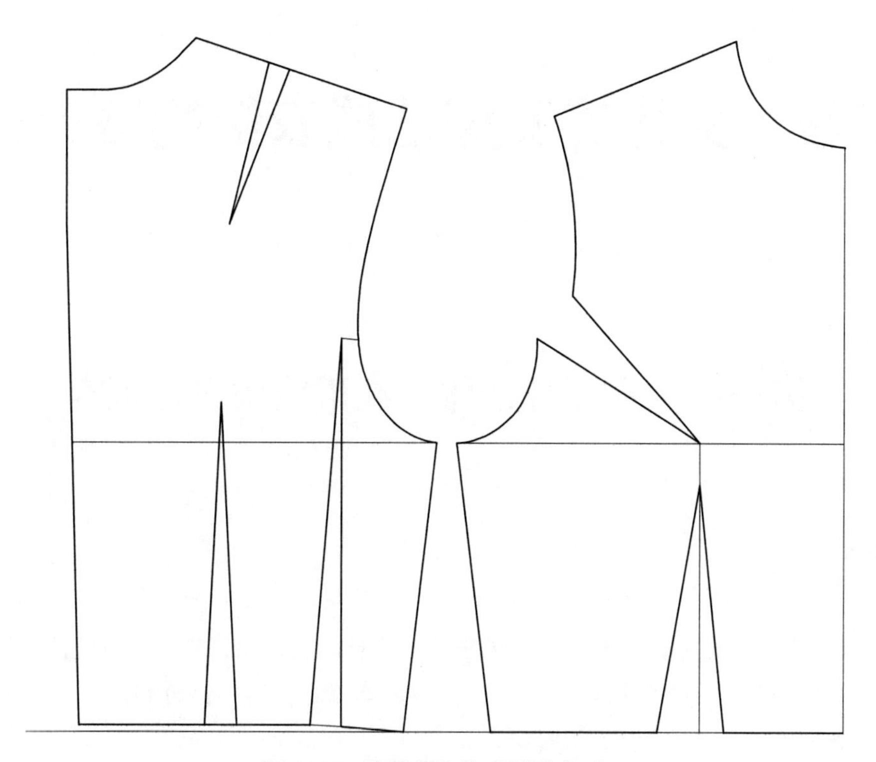

图 1-16　合体新文化式原型（c）

第二章　文化式原型法成衣结构设计研究

第一节　八开身合体连衣裙结构设计研究

一、款式分析

八开身合体连衣裙的款式特点是：八开身，合体收腰风格，连腰型，波浪下摆；前、后各设置对称性分割线；中长裙，合体长袖，无袖肘省；后中设置隐形拉链；领型为圆角翻领；合体袖克夫，普通开衩设计。

二、结构制图

1. 规格设计

八开身合体连衣裙的规格设计见表 2-1。

表 2-1　八开身合体连衣裙规格表　　单位：cm

号型	部位尺寸	胸围 *B*	腰围 *W*	臀围 *H*	肩宽 *S*	衣长 *L*	袖长 SL	袖口围
160/84A	原型尺寸	94	74	90	37.44	38	54	—
	成品尺寸	93	72	96	37.44	93	58	23

2. 衣身结构制图

首先说明，原型采用的是第一代文化式原型修正合体之后的合体文化原型，如图 2-1 所示。详细制图步骤如下。

（1）转省。将侧缝省转移至腋下形成腋下省。

（2）画好框架。自后中顶点取衣长 93cm 画底摆辅助线；取臀长 18cm 画臀围线。

（3）确定胸围大。合体长袖连衣裙的胸围放松量为 10cm，修正后的原型胸围放松量也是 10cm 左右，故合体原型胸围即为成品胸围，不必修改。

（4）领口与肩线。肩部保留 1cm 肩胛省（若款式中没有肩胛省，采用分散消除的方法从侧颈点和肩点去掉省量），剩余 0.5cm 作为后肩吃势缝去。

（5）画后中线和侧缝线。在原型腰省量不改动的情况下，原型腰围比成品腰围小2cm，这个量可以在后中腰部去掉。底摆向外摆出 5cm，画顺侧缝线。

（6）画分割线。如图确定分割线与前、后袖窿处的起始点，分割线分别经过腰省的左右端点，底摆摆出 4cm 的量，把摆角修正呈直角。

（7）画摆线。摆线垂直于后中线和分割线，弧度平缓，自然圆顺。

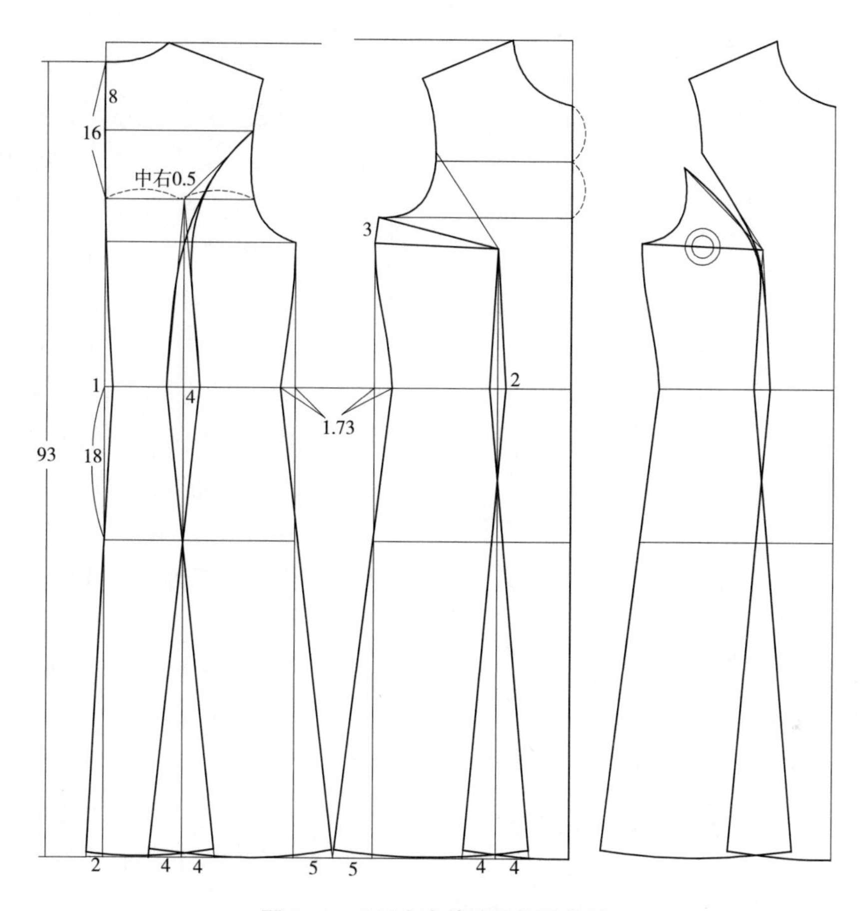

图 2-1　八开身合体连衣裙结构图

3. 衣袖结构制图（图 2-2）

（1）量取衣身前、后袖窿弧线长记为前 AH=21.88cm，后 AH =22.46cm（假设合体衣身袖窿取值）。

（2）袖山吃势定为 1.5cm。袖山高 =0.75 平均袖山高 ≈ 13.9cm（平均袖山高 = 18.5cm）。成品袖长 SL=58cm。

（3）作一竖直线作为袖中线，上端点为袖山顶点。自袖山顶点向下取袖山高 = 14cm，作落山线，后袖山线在此基础上低落 1cm；自袖山顶点向下取长 58cm–3cm（袖克夫宽）=55cm，作袖口水平辅助线。

（4）取袖山斜线。自袖山顶点向落山线分别取前袖山斜线 = 前 AH–1cm+2/5 吃势 = 21.48cm；后袖山斜线 = 后 AH–（1.2~1.3）+3/5 吃势 =22.16cm。同时作袖缝直线。

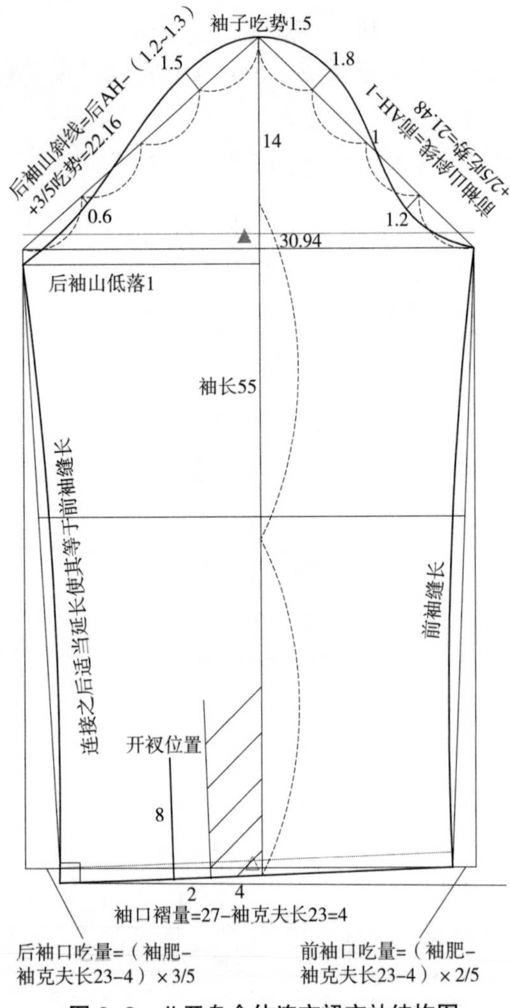

图 2-2　八开身合体连衣裙衣袖结构图

（5）作袖山曲线。四等分前袖山斜线，中点沿直线下落 1cm 作为转折点；上下等分点处分别垂直于前袖山斜线向上凸出 1.8cm 和向下凹进 1.2cm；同时四等分后袖山斜线，于上下两个等分点处分别垂直于后袖山斜线向上凸出 1.5cm 和向下凹进 0.6cm，然后用平滑圆顺的曲线连接袖肥端点（注意后袖肥端点是在低落 1cm 的落山线上）和各个凹凸点，得袖山曲线。

（6）量取前后袖口吃量。后袖口吃量 =（袖肥 – 袖克夫长 –4cm）× 3/5；前袖口吃量 =（袖肥 – 袖克夫长 –4cm）× 2/5；并以此为端点作出前后袖缝斜线。

（7）作前后袖缝弧线。将前后袖缝斜线分别向袖中线凹进适当的弧度，得到弧度平缓、圆顺的袖缝弧线。量取前后袖缝弧线之差，一般情况下，后袖山弧线略短，处理方法为延长后袖缝弧线使其长度等于前袖山弧线为止。

（8）引出袖口弧线。分别于前后袖缝弧线垂直引出一条弧度平直、合理自然的袖口弧线。

（9）量取袖口弧线的长度。袖口弧线与袖克夫的差值可以设定为袖口褶量。另外，在袖口褶偏后侧设计开衩位置及长度。

需要说明的是，袖山吃势根据款式和面料自由掌握，可根据款式需要增加或减小，以作出袖山部位的不同饱满状态。当面料较厚时，袖山吃势也会随之偏大些。

第二节　短袖较合体连衣裙结构设计研究

一、款式分析

短袖较合体连衣裙款式如图 2-3 所示。

图 2-3　短袖较合体连衣裙款式图

短袖较合体连衣裙造型较为合体，款式简洁，线条流畅。前设袖窿省与腰省，后设腰省以突出腰部造型，一片式短袖，小一字领，前 V 字形挖口，侧缝绱隐形拉链。

二、规格设计

短袖较合体连衣裙规格设计见表 2-2。

表 2-2　短袖较合体连衣裙规格表

单位：cm

号型	部位尺寸	后衣长	胸围	腰围	臀围	肩宽	袖长
160/84A	原型尺寸	38	84	68	90	37.44	—
	成品尺寸	89	94	78	98	37	20

三、原型法结构制图

1. 衣身结构设计

（1）原型测量并与成衣尺寸对比分析。首先测量关键部位数值并记录（图 2-4）。

总肩宽 = 前肩宽 a+ 后肩宽 b=37.44cm（成衣肩宽 37cm，后面缩短肩长时，肩宽同时缩短）；总 AH=44.34cm（较合体风格）；B=94cm（成品胸围 94cm）；W=78cm（成品腰围 78cm）；然后画新省线——袖窿省线。

（2）转省。将合体原型侧省转移至袖窿形成袖窿省；前腰省大保持不变；后腰省大要根据原型腰围和成品腰围作出相应的调整（图 2-5）。

图 2-4　测量合体原型相关尺寸

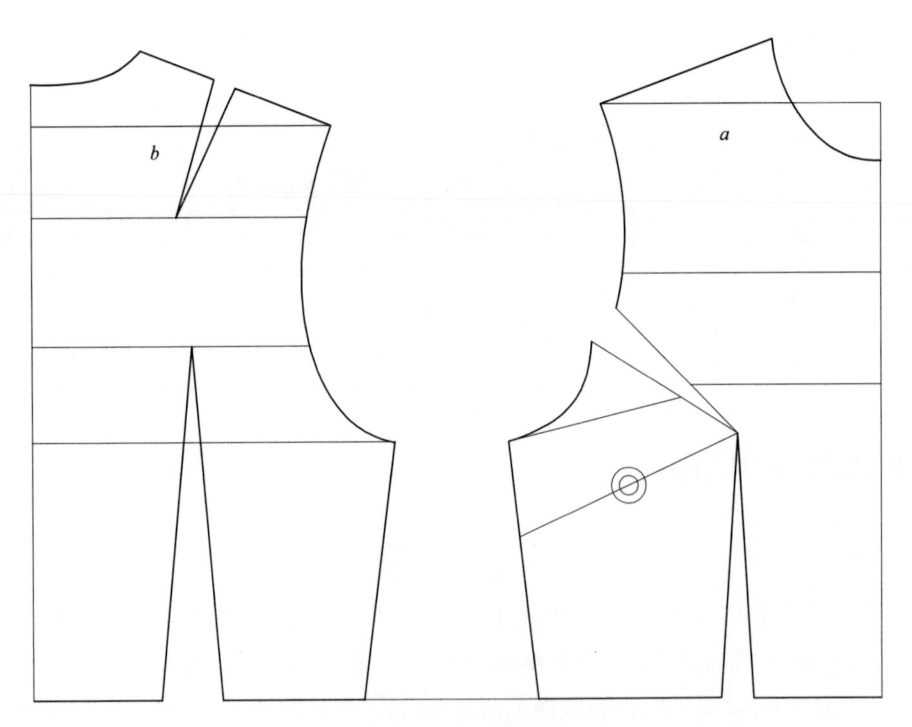

图 2-5　省道转移

（3）在原型上根据款式做调整。

①确定裙长 89cm，臀围线位置（臀高 18~19cm，此处取值 18cm）。

②确定胸围大。较合体短袖连衣裙的胸围放松量为10cm，修正后的原型胸围基本放松量也是10cm左右，故合体原型胸围即为成品胸围，不必修改。

③绘制领口和肩线。根据款式特点，后片无肩胛省，故应以改变后肩线长的方法修去后肩胛省量。处理方式是：后领口开大0.5cm，肩点处缩短0.5cm，而后肩胛省省大是1.5cm，剩余的0.5cm作为后肩线的吃势存在。后肩点的缩短使得肩宽也减少了0.46cm，恰好去掉了合体原型肩宽比成衣肩宽多出的0.44cm，存在0.02cm的误差，此处忽略不计。

④绘制后袖窿弧线，前袖窿省尖点缩进2cm（图2-6）。

⑤确定前后臀围大、腰围大，绘制前后侧缝线以及下摆线。前、后臀围分别取 $H/4$=24.5cm；底摆在臀围大的基础上摆出2cm的量；用凹凸有致的圆顺弧线将臀围端点、摆点连接至腰围右端点，完成侧缝弧线；侧缝上取1cm并垂直侧缝线和前后中线引出底摆弧线。

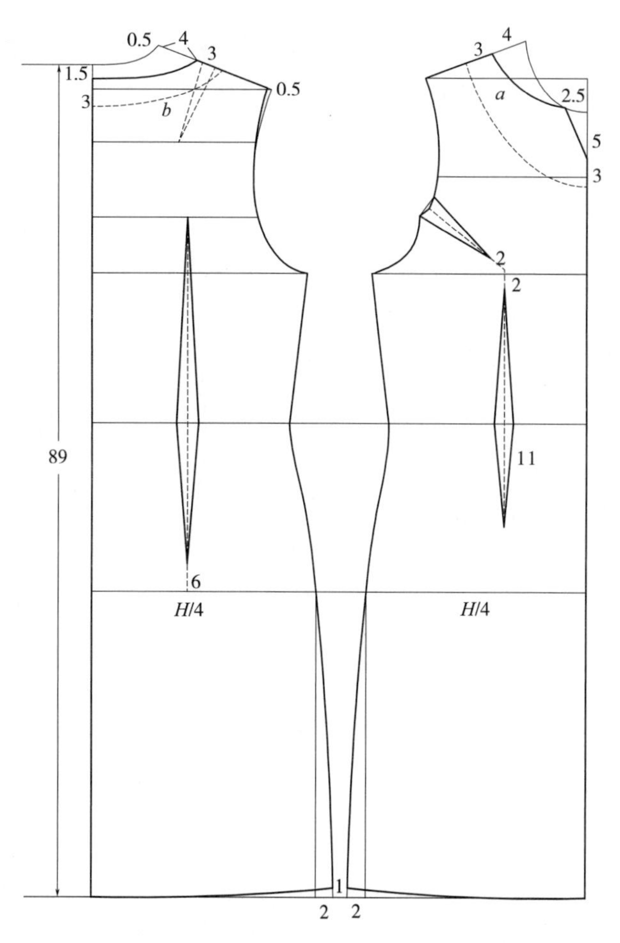

图2-6　短袖较合体连衣裙衣身结构制图

⑥绘制腰省。前腰省大保持不变；后腰省大的取值 = 前后腰围直线之和 − 前腰省大 − 成品腰围 /2=43.51−2.1−39=2.41cm。

以上制图过程可在一定程度上代表着原型法成衣结构制图的一般步骤。一般情况下，首先根据款式需要，确定新省线的位置，然后转移省道；再画好基本框架，如取衣长、定臀高，将结构制图的横向和纵向基本结构画好；接下来很重要的一个步骤是确定胸围，方法是：对比原型胸围和成品胸围，根据“前紧后松”原则或具体的款式要求合理分配需要增减的胸围差值；然后确定肩线长，挖深、开大前后领口，画顺新领窝弧线；确定肩点和袖窿深点之后，画顺新袖窿弧线；然后根据胸腰差值合理分配前、后腰省大，作出腰省；最后取臀围，定摆量，画侧缝线。

2. 袖子结构设计

（1）确定袖山高（图2-7）。

测量得衣身制图中的后AH=22.6cm，前AH=21.38cm，前、后袖窿深的平均值AHL= ▲ =20.4cm。袖山高取平均袖窿深的3/4=20.4cm × 3/4=15.3cm，作落山线。

（2）画袖长线。自袖山顶点向下量取袖长 =20cm，画袖口基础线。

（3）定袖肥。分别取前 AH、后 AH+0.5cm，连接袖山顶点到袖底线，从前后袖宽点向下画至袖长线。

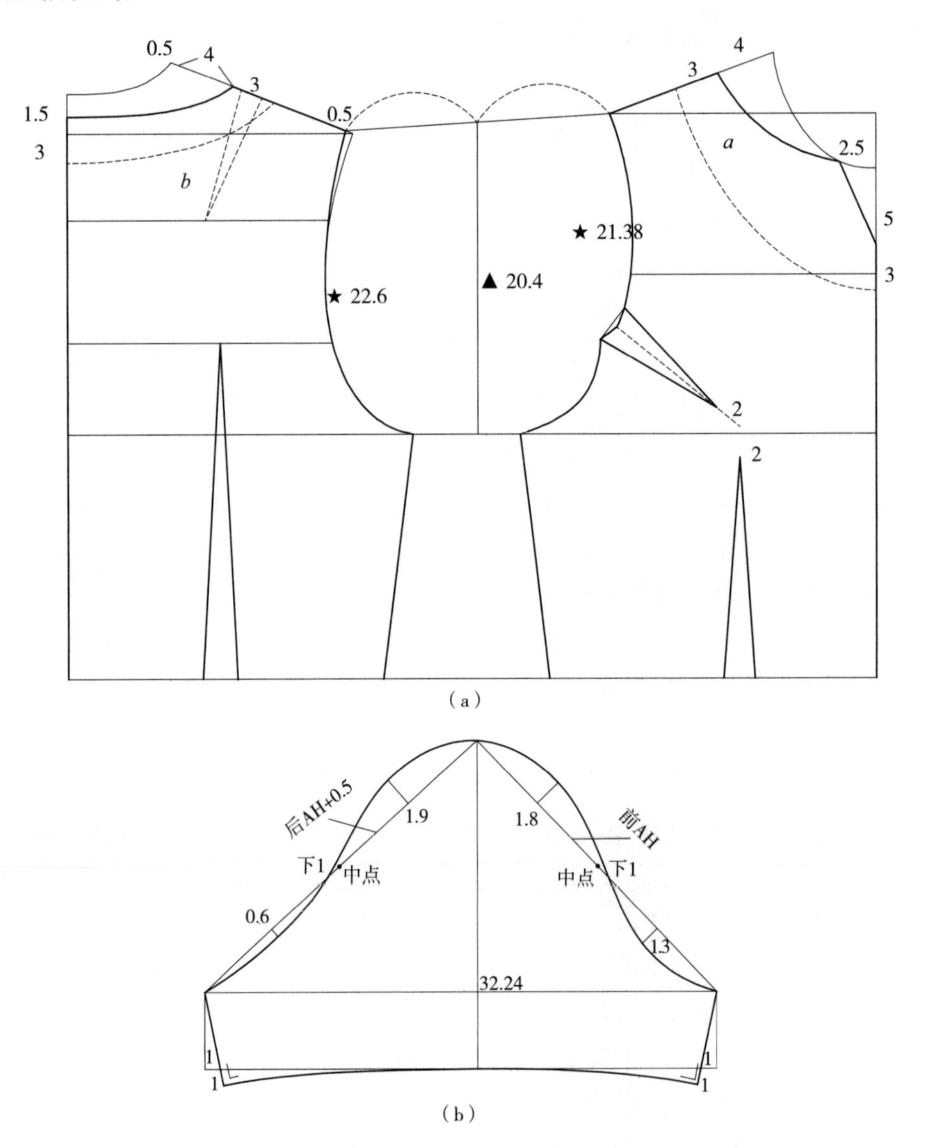

图 2-7　连腰型连衣裙衣袖结构制图

（4）画袖山弧线。根据前后袖山斜线，画顺袖山弧线。如图所示，分别四等分前、后袖山斜线，前、后第一等分点分别垂直向上 1.8cm、1.9cm；前、后中点均沿斜线下降 1cm 作为曲线转折点；前、后下等分点分别垂直斜线向下取 1.3cm、0.6cm；用饱满、圆顺的弧线连接袖山顶点与以上标记点至落山线两端点，得袖山弧线。

（5）画袖侧缝线和袖口弧线。袖缝自袖宽线向里收进 1cm 为袖口尺寸，连接袖侧缝直线并延长 1cm，直角处理画袖口弧线。

第三节　落肩袖棒球衫结构设计研究

一、款式分析

落肩袖棒球衫款式特点为紧摆罗纹领口，紧摆底摆贴边，紧摆袖口；较宽松风格；短款；前中拉链（图 2–8）。

图 2–8　落肩袖棒球衫

二、规格设计

落肩袖棒球衫的规格设计见表 2–3。

表 2–3　落肩袖棒球衫规格表　　单位：cm

项目	号	型	胸围松量	成品胸围	衣长	袖长	落肩量
尺寸	160	84	36	120	52	41	10

三、合体原型法结构制图

1. 后片制图步骤

（1）利用合体文化原型进行结构制图。

（2）后中降低 1cm 得后颈点（图 2–9）。

（3）后侧颈点开大 1.5cm，后肩整体平行抬高 0.5cm；圆顺后领窝弧线。因为肩部有 0.5cm 的借肩（肩线偏前），根据经验，当后肩抬高 0.5cm、前肩相应降低 0.5cm 时，肩线位置较合理美观。

（4）抬高后的后肩点加宽 1cm 得后肩加宽点。然后延长肩线 10~12cm（根据款式取值），这里取 10cm 得袖山顶点，然后继续延长 41cm 得袖长线，垂直于袖长线取袖口宽 17cm。

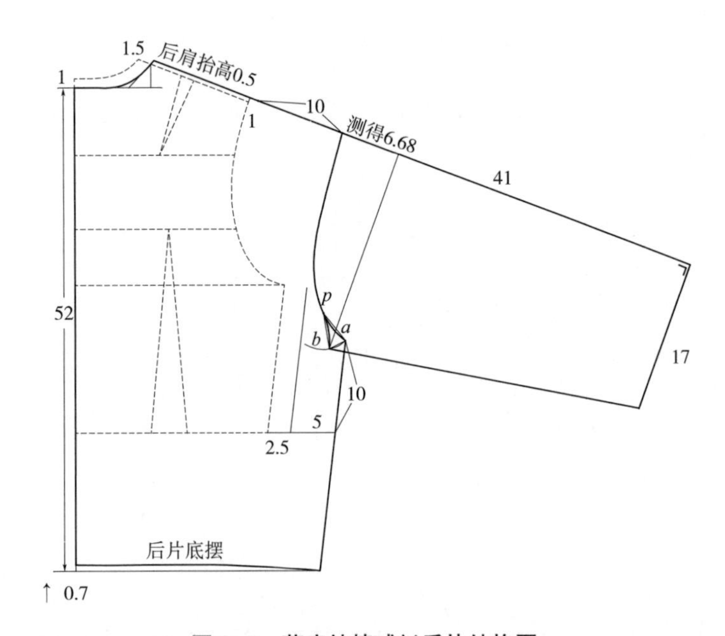

图 2–9　落肩袖棒球衫后片结构图

（5）取后衣长等于 52cm（可根据款式调整衣长），画后片水平底摆线。根据经验，一般棒球衫在腰围以下 12~15cm 较普遍，也可适当加长。

（6）作后侧缝线。画后侧缝线的平行线，距离 2.5cm，然后继续画 5cm 的平行线，得侧缝直线，与底摆直线相交。

（7）延长原腰线至侧缝直线。并向上取 10cm 得袖窿深点。

（8）画袖窿线。过袖山顶点垂直于肩线引出袖窿弧线，圆顺连接至腋下点，得后袖窿弧线。

（9）取袖山高，作落山线。自袖山顶点沿着袖长线取合适的袖山高，并垂直于袖长线画垂线，得落山线。这里所说合适的袖山高是指落山线与袖窿弧线所形成的交点位置，因为这里袖中线并未下落，相对平直，所以袖底部与衣身重合部位较少为宜；如果袖中线下落，装袖角度变小，会考虑重合部位较多为宜，因为要保证手臂抬起时袖子的容量充足。测得后袖山高 =6.68cm。

（10）作袖山弧线。在袖窿弧线上取一转折点 p，距离袖窿深点较近。直线连接 p 至袖窿深点得线段 a；以 p 点为圆心、a 为半径画弧，交于落山线，得线段 b；过点 p 向线

段 b 的下端点作弧线，要求与点 p 至袖窿深点的弧线长度相等，弧度相反，与落山线相切，并能与 p 点以上的袖窿弧线圆顺相连，呈一条自然的弧线。

（11）作袖底线。直线连接线段 b 的下端点至袖口下端点得袖底直线。

（12）画底摆线。后片底摆上凹进 0.7cm（经验值）。底摆弧线自侧缝斜线底端垂直引出，最后水平引至后中线，即与后中线垂直。

2. 前片制图步骤

（1）首先款式中无省，故需先将前片改造成无胸省原型，前腰省可作为放松量存在，不做处理（图 2–10）。

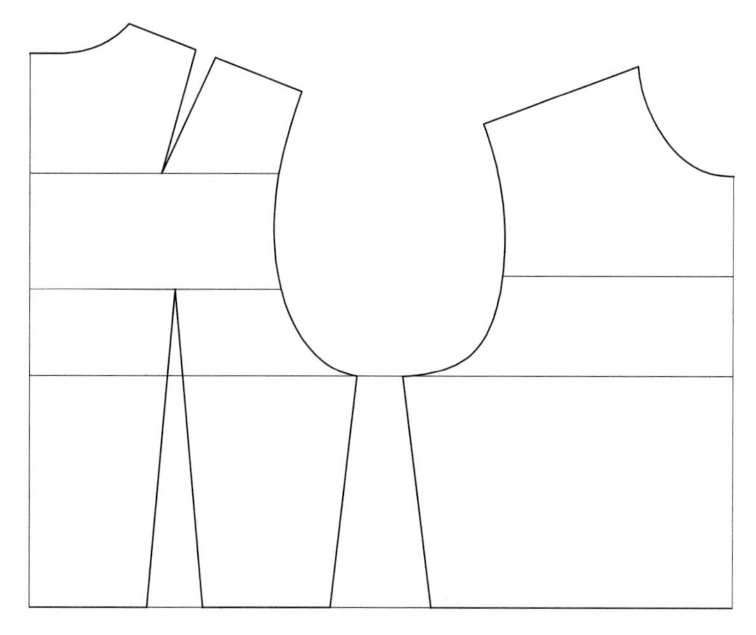

图 2–10 前后片对位方式

（2）省道转移。将胸省转至腰间形成前片腰省。前片根据面料可选择设置撇胸。一般情况下，如果是条纹面料，不会设计撇胸；如果是无条纹的面料，可以设计撇胸。

（3）作侧缝斜线。将前片侧缝按照后侧缝线的角度做出侧缝斜线，可用直线测量法或者角度量取法。

（4）定侧缝线长。沿侧缝线量取侧缝长度 = 后侧缝线长度 ≈ 16.1cm。画出底摆直线，与前中线相交为止。

（5）将前片的袖窿深线和腰线与后片一一对齐（图 2–11）。

（6）将前片翻转（或合理使用对称工具）至前中与后中对齐。此时，前侧缝线与后侧缝线，前底摆直线与后片底摆直线也一一重合。

（7）前片领窝挖深 2cm，开大 1.5cm，画出圆顺的领窝弧线（图 2–12）。

（8）前肩线整体平行下降 0.5cm，并将肩点加宽 1cm 得前肩加宽点。

（9）自前肩加宽点沿所在直线延长 10cm，后垂直于此线段向下作垂线段 1cm，作为前肩下落量，记为袖山顶点。

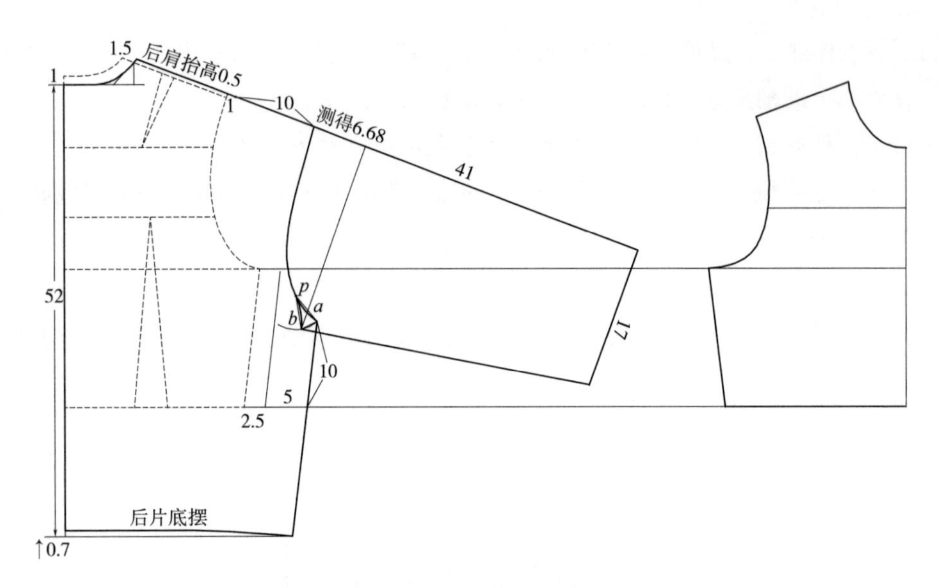

图 2-11　落肩袖棒球衫前后对应关系图

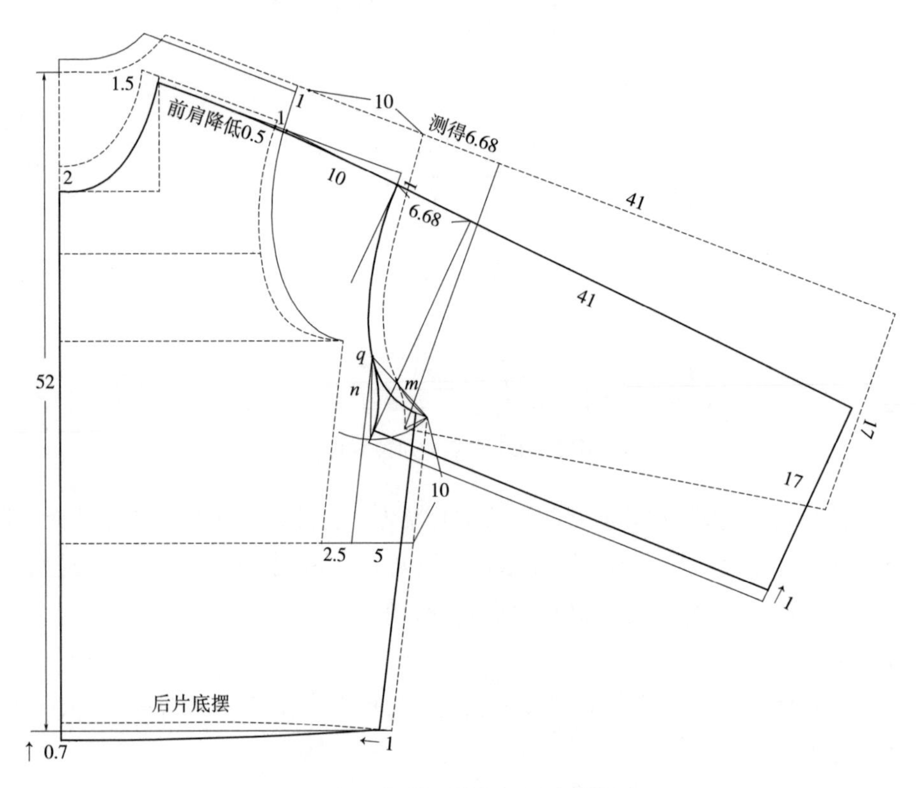

图 2-12　落肩袖棒球衫前片结构图

（10）将前肩加宽点与前肩下落点直线连接，并自袖山顶点沿所在直线取 41cm 作为袖长，垂直袖长线作袖口直线 17cm。

（11）取袖山高，作落山线。自袖山顶点沿着袖长线取袖山高 = 后袖山高 =6.68cm，作垂线即为落山线。前片落山线与前袖窿弧线所形成的交点位置距离袖窿深点比后片远，因为前袖中线下落了 1cm，装袖角度变小，所以袖底部与衣身重合部位变多。这是由于要充分考虑手臂抬起时袖子的容量要充足。

（12）作前袖窿弧线。过袖山顶点垂直于肩线引出袖窿弧线，圆顺连接至腋下点，得后袖窿弧线。

（13）作袖山弧线。在袖窿弧线上取一转折点 q，此点可取新前袖窿弧线与距离原侧缝斜线 2.5cm 的平行线之交点，距离袖窿深点较远些。直线连接 q 点至袖窿深点得线段 m；以 q 点为圆心、m 为半径画弧，交于落山线，得线段 n；过点 q 向线段 n 的下端点作弧线，要求与 q 点至袖窿深点的弧线长度相等，弧度相反，与落山线相切，并能与 q 点以上的袖窿弧线圆顺相连，呈一条自然的弧线。若袖山弧线下端点正好与线段 n 下端点重合时，合理的弧度不能达到袖山和袖窿两段弧线相等的目的，那么可以适当延长袖山弧线。

（14）作袖底线。直线连接线段 n 的下端点至袖口下端点得袖底直线。

（15）画顺肩线。将肩直线与落肩部分自然圆顺连接，并与袖长线衔接呈一条自然、光滑、圆顺的弧线。

为了与借肩的结构相符合，前片侧缝和袖底处也同样做了收缩处理。处理方案是：后片不变，前片收缩 1cm，同样也形成 0.5cm 的借势。线段 n 的下端点与袖山弧线的下端点不重合。

（16）作袖底线。直线连接袖山弧线下端点至袖口下端点，然后平行缩减 1cm，得前袖底线。

（17）作底摆弧线。前片底摆弧度与后片相反，下凸 0.7cm。侧缝缩减 1cm 交于后底摆弧线，得侧缝斜线。底摆弧线要求跟后片一致，与前中线垂直、与侧缝线呈钝角，平缓圆顺。

第四节　花瓶领合体西装结构设计研究

一、款式分析

花瓶领合体西装，收腰、适体、美观，前摆为弧形，底摆略外扩，前后片对称分布领口至底摆的分割线，领型为连身合体小立领，袖型为合体一片袖结构，整体造型类似花瓶形状，小巧精致、优雅美丽（图 2–13）。

图 2–13　花瓶领合体西装款式图

二、规格设计

花瓶领合体西装规格设计见表 2–4。

表 2–4　花瓶领合体西装规格表　　单位：cm

项目	号型	胸围	腰围	衣长	袖长	肩宽
尺寸	160/84A	96	77	58	56	39

三、制图步骤

花瓶领合体西装的制图过程是在合体文化原型的基础上进行结构制图。

1. 后片制图步骤

（1）颈侧点向上取 3.5cm，同时向左取 2.5cm 得领侧点。领后中点位于领侧点水平线以下 1.5cm 处，弧线连接领侧点与领中点得领上口线。原肩点上抬 1cm，颈侧点直线连接至新肩点得后肩线。修改后肩省大 1cm，同时调整省尖位置，目的是使两条省线等长，同时省尖仍然交至背宽横线上。圆顺连接领侧点至肩线，使之与肩线形成圆顺自然的整体（图 2–14）。

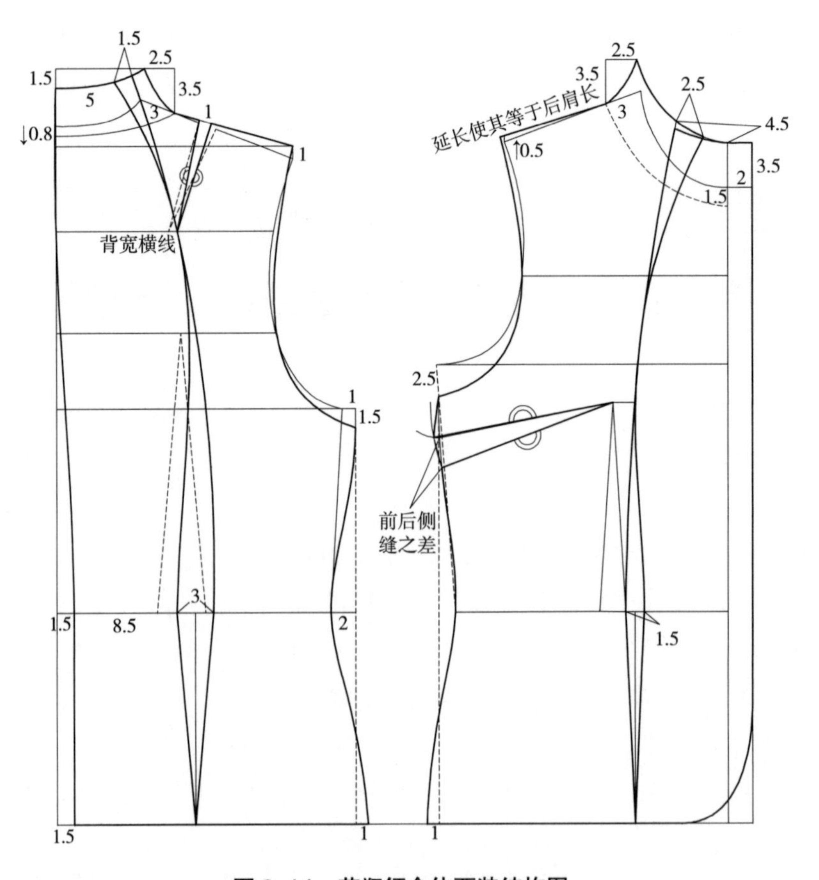

图 2–14　花瓶领合体西装结构图

（2）调整后片胸围，画袖窿弧线。已知合体老原型胸围是 94cm，而此款成衣胸围是 96cm，显然需要将合体老原型整体胸围增大 2cm，则半身制图需要增大胸围 1cm，由于 1cm 数值偏小，根据衣身制图“前紧后松”的原则，只将后片胸围增大 1cm，前片胸围不做改变即可。如图 2–14 所示，将后片胸围增加 1cm。同时，挖深袖窿 1.5cm，圆顺连接后肩点与新袖窿深点，得后袖窿弧线，测得长度为 25.2cm。

（3）取衣长。自后中顶点向下取长 58cm 得衣长。

（4）画侧缝弧线。以新侧缝直线辅助线为依据，腰围处内收 2cm，底摆外扩 1cm，圆顺连接各标记点，得后侧缝弧线。

（5）画后中曲线。后腰与底摆同时内收 1.5cm，以背宽横线与后中线交点为切点，圆顺自然地画出后中曲线。

（6）画后片分割线。首先确定分割线所包含腰省的位置。自后中曲线与腰线交点右取 8.5cm 为省位起始点，继续右取 3cm 为省大，向下取省中线，画出腰围以下的省边直线。自后领上口线左端，沿着上口线右取 5cm 得点，然后圆顺连接至省大右端点，与腰围以下右端省直线自成一体，得后侧片分割线。后片分割线起始点位于后侧片分割线起始点右侧 1.5cm 处，形成交叉重叠，然后圆顺连接至腰省省大左端点处，并与下端省线连成一体，得后片分割线。

（7）将肩省转移至分割线中。

2. 前片制图步骤

（1）作连身小立领。首先领口开大 3cm，领深挖深 1.5cm，然后自新侧颈点上抬 3.5cm，接着右取 2.5cm 得领侧点，前肩点抬高 0.5cm，自领侧点圆顺连接至前侧颈点，并画前肩线，延长肩线使其与后肩线等长。取搭门 2cm 并向上 3.5cm 得领前中点，圆顺连接至领侧点得领上口线。

（2）画袖窿弧线。向下挖深袖窿 2.5cm，圆顺画出前袖窿弧线。

（3）画侧缝线。腰围端点不变，仍以前片合体老原型为准，底摆外扩 1cm，圆顺画出前片侧缝弧线。

（4）画前侧缝省。测量前后侧缝弧线之差，差值即为前侧缝省的省大。修改合体老原型中侧缝省下端省线，使省大等于前后之差。然后调整上端省线位置，使之与下端省线等长，且严格保证前后侧缝弧线等长。做法是，先以 BP 点为中心，以下端省线长为半径作弧，然后以袖窿深点为中点，以侧缝省线以上的原侧缝线长度为半径作弧，两弧交点即为所求。连接此交点至袖窿深点即可完成。

（5）画门襟止口线与底摆线。修正门襟止口线与底摆线夹角成圆顺美观的造型即可。

（6）画前片分割线。自前中线上端点沿着领上口线取值 4.5cm，为前中片分割线起始点，原前腰省右端点作为新腰省的左端点，省大取值 1.5cm，作省中线，并向下画出省边直线。自前中片分割线起始点，圆顺自然地连接至腰省右端点，得前中分割线。前侧片分割线起始点位于前中分割起始点右侧 2.5cm 处，形成交叉重叠，然后将前侧片起始点圆顺连接至腰省左端点，完成前侧片分割线。

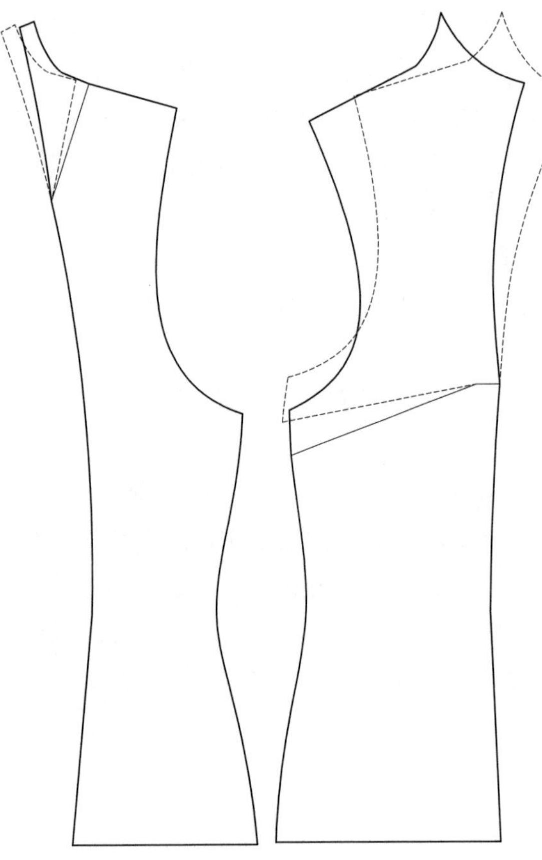

图 2–15 花瓶领合体西装分片图

（7）合并侧缝省至分割线中。首先需要添加辅助线，做法是过 BP 点水平引直线至前分割线，然后转移省道至分割线中（图 2–15）。

3. 袖子制图步骤

袖子结构制图应采用合体一片袖制图方法，详细制图过程如图 2–16 所示。

（1）利用袖原型进行制图，并量得前、后袖肥为○、◎；

（2）将袖山高抬高 2cm 并修顺袖山弧线。

（3）确定袖中斜线。当袖子作贴身设计时，需要充分考量肩膀的自然前倾和弯曲度，整个结构设计的目的是将袖中线下端向前移，前、后袖缝线作出前倾的趋势，后袖肘作省以使前后袖缝弧线等长，袖子合体。因此，原型袖口直线辅助线中点处需要向右移 2cm 得点，并将袖中线与落山线交点与此点连接，得新袖中斜线。于上述步骤中所作点向左、向右分别取垂直于袖中斜线的垂线段◎ –4cm、○ –4cm。

（4）前、后袖缝于袖肘线处分别凹进和凸出 0.7cm 得出袖弯形状。作出前、后袖缝弧线，并量取前后袖缝弧线长度之差，作为袖肘省量。

（5）作袖肘省。取后袖袖肥中点作为后袖肘省的省尖点，并于此点向后袖缝弧线作垂线段，得垂足，并以垂足为中点作省大，作出两条省线，得袖肘省。基本所有的贴身

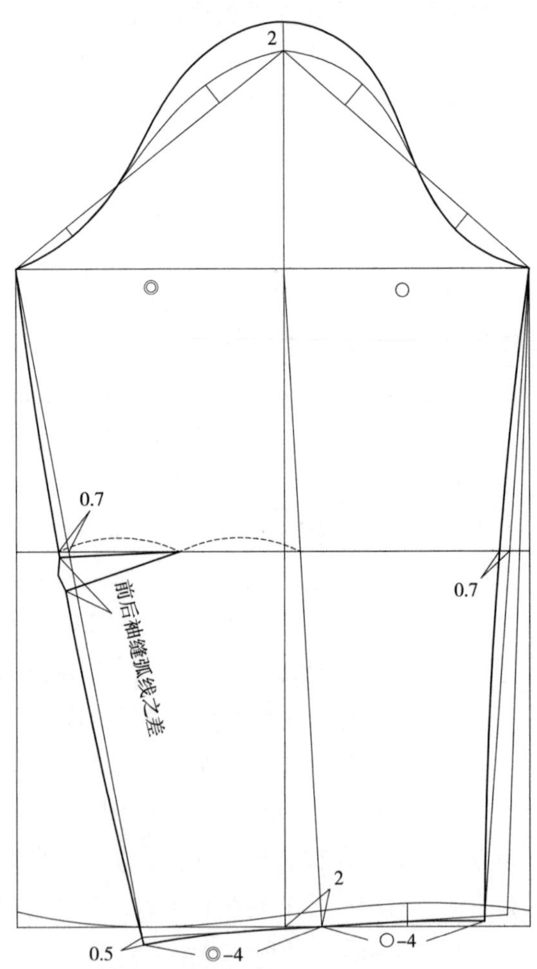

图 2–16 合体一片袖结构图

造型一片袖都可以使用此法进行袖子结构设计，关键是确定省尖点和省大，省大即为后袖缝弧线与前袖缝弧线之差。

当然，不是所有的合体一片袖都有袖肘省。如果袖子款式是合体的，但没有设计省道或因面料为厚重的呢料不适合设计省道，那应当按照无省合体一片袖的结构设计方法进行设计。

第五节　折线分割合体西装结构设计研究

一、款式分析

折线分割合体西装的款式特点：戗驳领，下摆八字角打开，单排门襟一粒扣；前衣身腰围线以下设计独特的折线分割线，下端斜向侧缝的分割线处可设计口袋开口，后衣身设计对称的分割线，下端开衩设计；袖型为合体两片袖结构（图 2–17）。

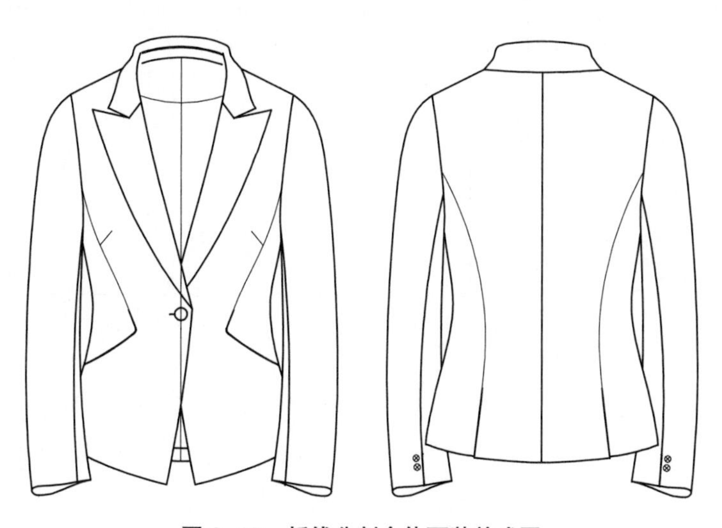

图 2–17　折线分割合体西装款式图

二、规格设计

折线分割合体西装以 160/84A 为号型标准进行制图时，各部位尺寸设计如表 2–5 所示。

表 2–5　折线分割合体西装规格表　　单位：cm

项目	衣长	背长	胸围	腰围	肩宽	袖长	袖口围
尺寸	60	39	96	80	39	59	26.5

三、制图过程分析

1. 衣身结构设计分析

衣身结构制图过程中的四个难点。

（1）在利用第一代文化式原型进行结构制图时，如何设计前、后片腰位的对位方式关系到衣身能否平衡。一般情况下，在进行合体服装结构设计时，应将前后片的所有省道全部且合理地利用，才能在保证衣身合体的情况下，同时保证衣身结构平衡。具体的操作方法较多，需要根据款式风格灵活掌握。这里采用的方法是设计袖窿分割线辅助线，然后将腰省部分转移至袖窿处，具体以转移之后前侧缝斜线的倾斜角与后侧缝斜线的倾斜角相等为原则，然后将袖窿省分为三部分，分别转移至前肩、前领窝和袖窿处（图 2–18）。

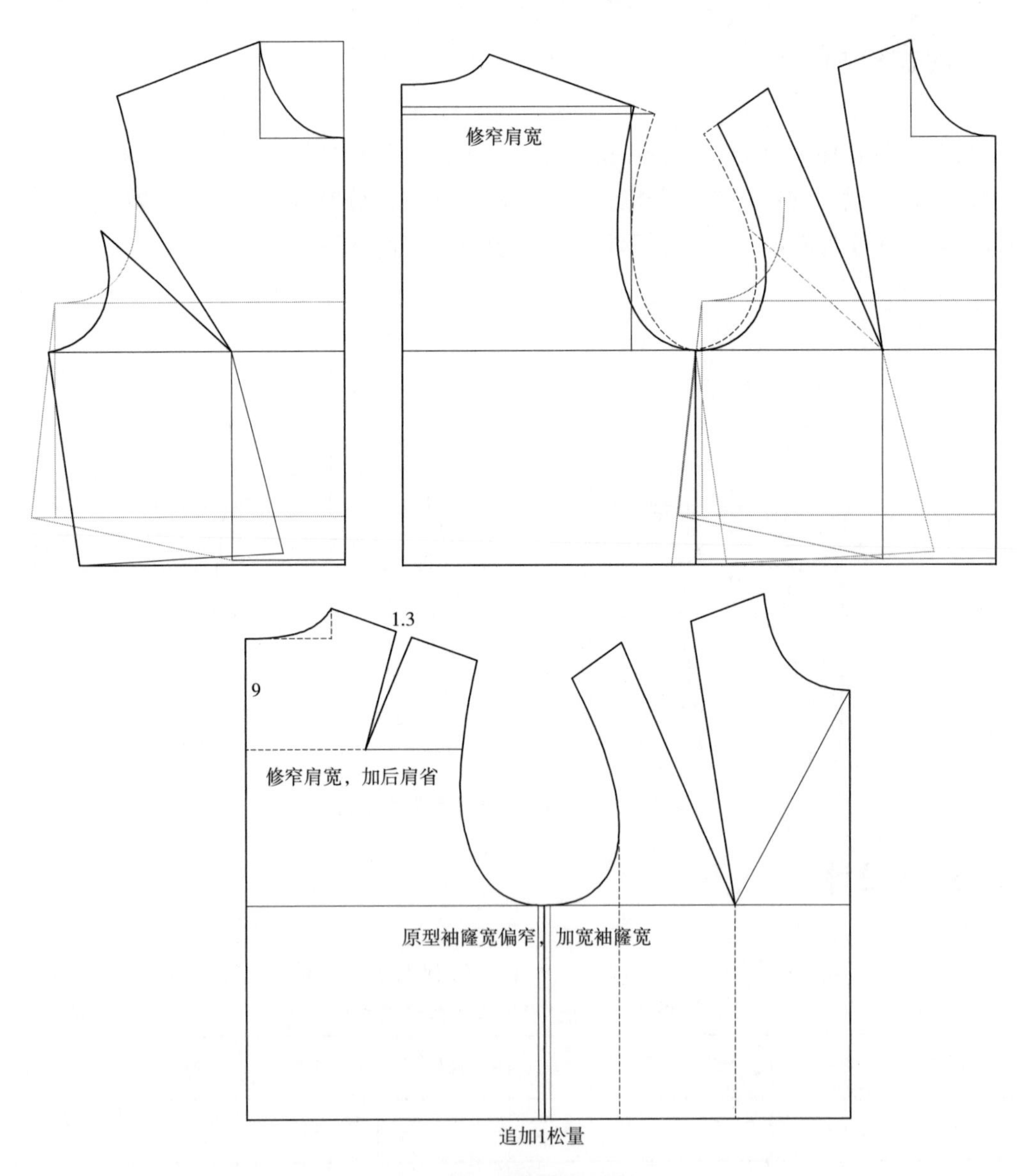

图 2–18　原型变化过程

（2）如何处理后肩胛省道并保证前后肩长相等？我们知道，原型中后肩线比前肩线长，因此后片存在肩胛省量，而此款西装不存在肩省，因此需要将后肩省转移到其他位置，可以过省尖点作辅助线交至袖窿弧线，然后将肩省转移至袖窿处，形成袖窿省。而实际上衣身袖窿处无省，因此我们直接忽略此省，将省量作为袖窿宽松量存在，修顺新袖窿弧线便可完成。

第二种处理肩省的方法是分散转移，如图 2-19 所示，将肩省量等分为三部分，分别转移至领窝和袖窿处，剩余的一份仍然保留，作为后肩凸势存在。

后领座的走低使前肩线缩短，因此需要适当延长前肩长，使前、后肩长相等。

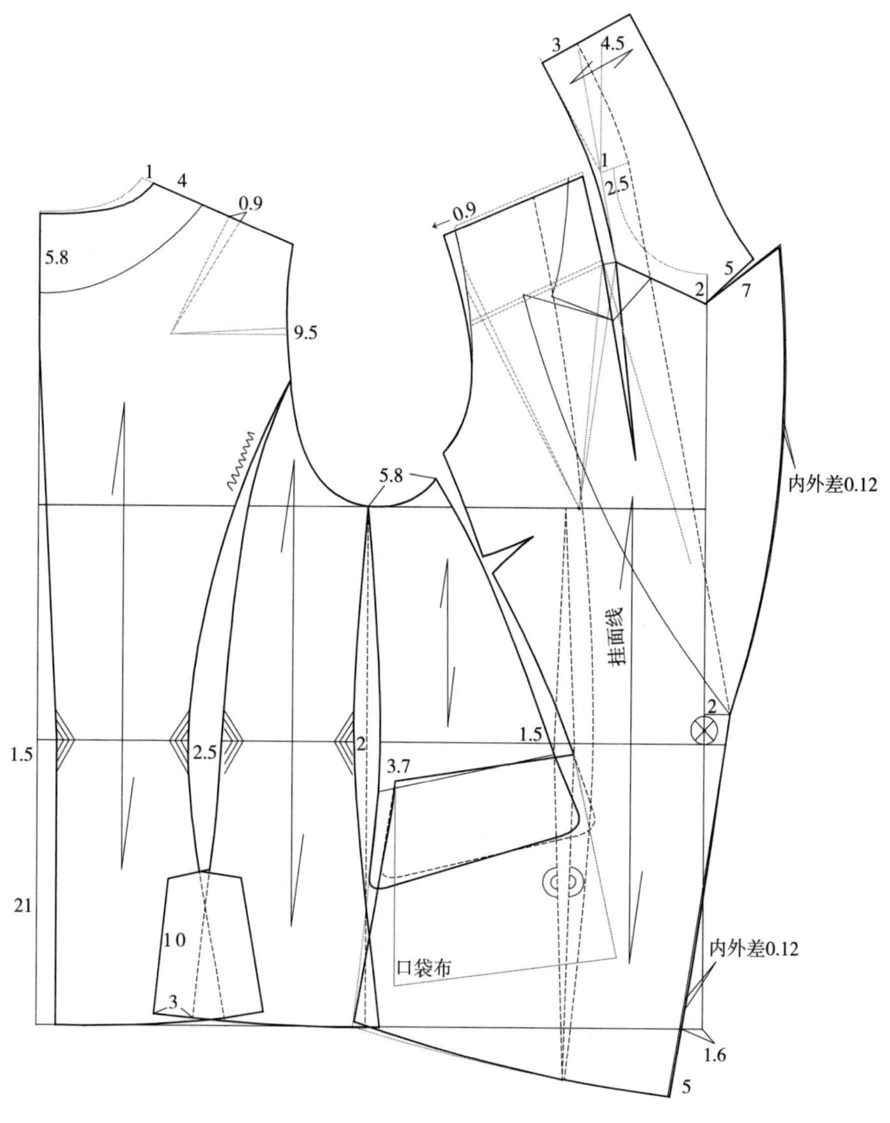

图 2-19　折线分割合体西装衣身结构图

（3）根据款式得知，翻立领的领座部分较为立挺，也就是说领座部位与肩线的角度更小一些，距离人体颈部更偏远一些，这样的设计对于合体西装来说，对颈部的活动限制更小，更有利于颈部的活动需要。因此，在结构的处理上就应当把领座设计得更深一些，领座下口线不是从原型侧颈点开始取值的，而是自原型侧颈点向下取 1cm 的位置开始反向取领座宽 2.5cm。这样的结构设计便实现了领座偏立挺的状态。

（4）大袋袋盖的结构。大袋袋盖与衣身侧片连裁而成，袋盖部分反面留出相应的缝份与里子缝制在一起。袋盖以上的侧缝部分与后片侧缝上部缝合，袋盖以上的前分割线部分则应与前片分割线缝合。注意处理好袋面向袋里的窝势，以保证袋盖平服、贴顺，不会出现袋里反吐、起翘的现象。

2. 衣袖结构设计分析

衣袖结构设计的关键要素主要包括袖山高、袖肥的确定和大小袖弯的设计。

（1）袖山高的确定。衣袖合体度应与衣身一致，因此，袖山高 =5/6 平均袖山高（前后肩点至袖窿深线垂直距离之和的一半）–1cm。

（2）袖山斜线取值。一片袖结构中，常常取前袖山斜线 = 前 AH，后袖山斜线 = 后 AH+1cm。而这里取前袖山斜线 = 前 AH–1.5cm，后袖山斜线 = 后 AH。这样得到的袖肥在 32cm 以内，符合合体袖型的袖肥标准。

（3）前袖山弧线的凹凸程度。因为袖型合体，为保证袖山部位足够的容量，前袖山斜线凹凸程度偏大，凸起部位和凹进部位的数值均取 2.3cm 左右。

四、制图步骤

1. 衣身制图步骤

（1）原型变化过程见图 2–18。首先，沿着 BP 点所在竖直线剪开纸样但不剪断。然后，旋转纸样，形成袖窿省，旋转时势必会合并腰省，但不涉及所要合并的腰省数值，具体以旋转之后前侧缝线与竖直线的角度和后侧缝斜线与竖直线的角度相等为依据。

（2）合并袖窿省，形成肩省，修窄肩宽。袖窿省起到便于衔接前后步骤的作用。同时减小前后肩宽数值，使得前肩宽 =11.5cm，后肩宽 =12.8cm。因此，计算得出后肩省量 =1.3cm。

（3）画后肩省，袖窿加宽。后肩省位于后肩中央，省尖交到后颈点以下 9cm 的水平线上，省中线垂直于后肩线，省量 1.3cm。成品胸围取值 96cm，比一代原型胸围多 2cm，因此，在半身制图中，胸围需要在侧缝处追加 1cm 的量。

（4）转移后肩省。款式图中后肩部不设省道，故将后肩省部分转移至袖窿处，剩余 0.9cm 的后肩省作为肩部松量存在。

（5）开大领窝。前、后领窝同时开大 1cm，圆顺连接后领窝弧线。前肩线沿着肩点加宽 0.9cm，以保证前后肩线等长。

（6）取衣长，作后中曲线。延长后中线使其长度为 60cm，后腰处收进 1.5cm，后腰下部为直线造型。

（7）作侧缝曲线。侧缝处前、后片均内收 1cm，底摆均摆出 1cm 左右，自然圆顺地画出侧缝弧线即可。

（8）后分割线。上端开口位于距肩点9.5cm处，腰间所含省道位于后腰线中点，省大2.5cm平分中点两端。两条分割线底端交叉重叠量为2~3cm，开衩高度10cm，开衩宽3cm。

（9）前分割线和口袋开口线。距离前袖窿深点5.8cm处为分割起始点。分割线所含前腰省量1.5cm，平分在胸凸直线与腰线的交点两端。将起始点分别作直线连接至腰省两端点，并分别延长0.8~0.9cm，然后直线至前侧缝弧线与腰线交点以下约3.7cm处，得前片折线分割线和口袋开口线。

（10）按照图2–19画出口袋垫带布和口袋布形状。

（11）作领。驳点位置在腰位以上2~3cm处。自前颈点沿着前肩线延长2.5cm，直线连接至驳点得驳折线。过侧颈点向上作驳折线的平行线段，长度等于后领窝弧长。然后做倒伏量，此处倒伏量大约在3cm较为合适，不宜过大，因为接下来我们会将肩省转移至其他部位，包括领底线处。然后，圆顺画出领底弧线。垂直于领底线作领座宽3cm和翻领宽4.5cm。自侧颈点处，沿着驳折线的平行线向下取约6.7cm，然后直线连接至前领窝点以下约2cm偏左处得串口线。接下来作领缺嘴，领缺嘴的角度为5°~6°，与串口线形成夹角为钝角。具体数值可根据款式和喜好掌握。

（12）分解转移前肩省量。少量肩省量转移至前袖窿处，形成袖窿松量。一部分转移至串口线上端点处，形成一个较为隐蔽的肩省，为了达到隐蔽的目的，再将转移后的肩省移位使用，使得省尖点被驳领覆盖。最后一部分肩省则转移至前片折线分割线中，既合理处理了肩省，使得服装合体度更好，同时符合款式设计需要。

（13）门襟止口线。驳点直线连接至前中线底端内收1.6cm处，并延长5cm得前门襟止口线。垂直门襟止口和前侧缝线，圆顺作出底摆弧线。

2. 衣袖制图步骤（图2–20）

（1）首先确定袖山高。六等分前后片的平均袖山高，自上第一等分点下端0.9~1cm处，作水平线，此线至袖窿深线（即袖子的落山线）之间的竖直距离即为袖山高，测得约为14.3cm。作一竖直线作为袖中线。

（2）取袖长。自袖山顶点取袖长59cm，作水平袖口线。

（3）作袖山直线。自袖山顶点分别向落山线作袖山斜线，前袖山斜线 = 前AH–1.5cm，后袖山斜线 = 后AH。然后测得袖肥为31.69cm。过落山线两端点作垂直线交至袖口线。

（4）作袖山弧线。四等分前袖山斜线，过第一等分点作垂直凸起2.3cm，中点作为袖山弧线与直线的交点，过第三等分点作垂直凹进2.2~2.3cm。同理，四等分后袖山斜线，过第一等分点作垂直凸起1.5cm，过第二等分点下移1cm的点作为袖山弧线的转折点，过第三等分点作垂直凹进1.2cm。然后将以上标记点与袖山顶点圆顺连接，得袖山弧线。

（5）确定袖肘线。平分袖中线，自中点向下移2cm处作水平线，即为袖肘线。

（6）作大袖内袖缝弧线。过前袖山斜线的下端四分之一等分点作水平线，交袖山弧线一点，过此点作竖直线交至袖口线。平分此线右侧的落山线，过中点作竖直线，向下交至袖口线，上交袖山弧线于一点，此点即为大袖内袖缝弧线的上端点。此线与袖肘线交点左取 1cm，即为大袖内缝弧线于袖肘线上的端点。过前袖缝直线下端点向上取 1.48cm，所得点即为大袖内缝弧线的下端点。将以上三个端点圆顺自然地连接，得大袖的内袖缝弧线。

（7）作大袖袖口线。记大袖袖口宽度为“a”，小袖袖口宽度为“b”，则得方程 $a+b=26.5$cm，然后设定大小袖口宽度之差，如这里取 $a-b=5$cm（实验证明大小袖差值在此数值附近较为合理美观），通过两个方程可计算出 $a=15.75$cm，$b=10.75$cm。当然，一般我们作图时尺寸只精确到小数点后一位，因此，可以适当重新分配 a 和 b 的取值。例如，取 $a=15.5$cm，$b=11$cm，或者取 $a=15.7$cm，$b=10.8$cm 等。但要保证袖口总围度基本无变化。自内缝弧线下端点垂直引出线段 a，即为大袖口线。

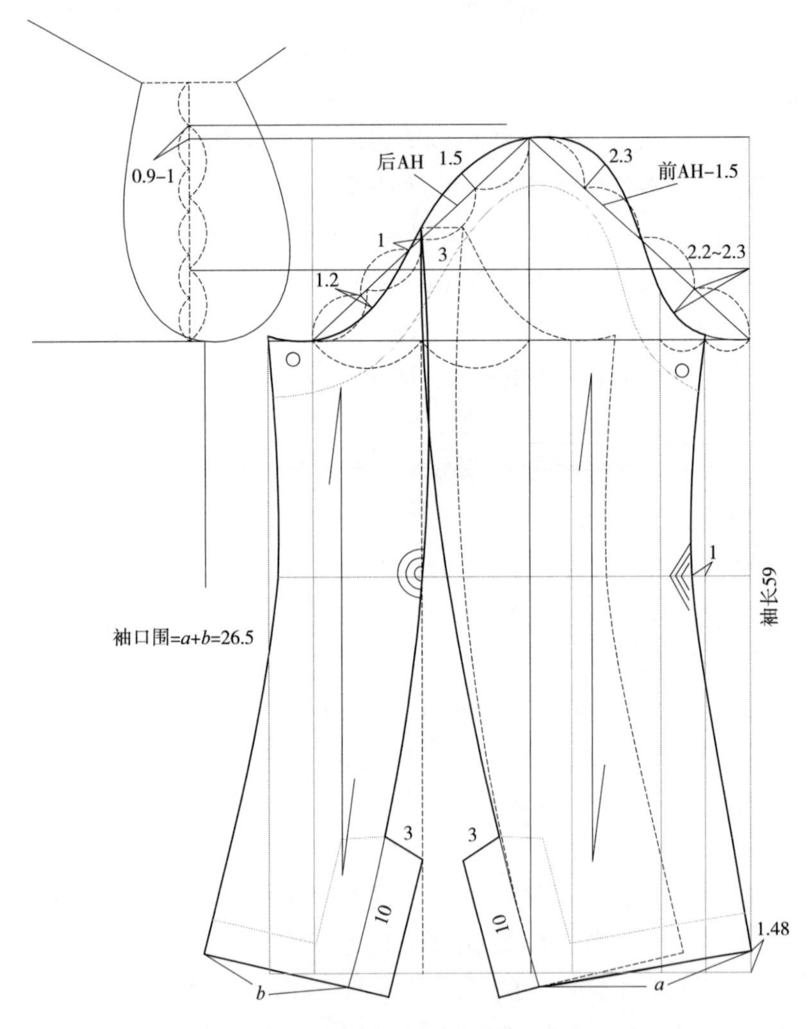

图 2-20　折线分割合体西装衣袖结构图

（8）作大袖外袖缝弧线。平分后袖肥，过中点作竖直线，向下交至水平袖口线。向上交至袖山弧线，得大袖外袖缝弧线上端点，过此点圆顺连接至袖口直线，得大袖外袖缝弧线。

（9）作小袖外袖缝弧线。过大袖外袖缝弧线上端点向右作水平线段 3cm，然后将此点圆顺连接至大袖袖口直线左端点，得小袖外袖缝弧线。

（10）作小袖袖山弧线。以前袖靠近大袖内袖缝弧线的竖直线为对称轴，将大袖内缝上端点右侧的袖山弧线对称到左侧，然后圆顺连接至小袖外袖缝弧线上端点，得小袖袖山弧线。

（11）作小袖内袖缝弧线。首先垂直于小袖外袖缝弧线下端点，作袖口线，取值为 b，然后过袖口右端垂直引出圆顺且与大袖内缝弧度相似的弧线段，交于小袖山弧线右端点，得小袖的内袖缝弧线。注意保证大小袖内缝弧线长度基本一致。

（12）对称小袖。以过大小袖外缝上端 3cm 水平线段的竖直线为对称轴，将小袖作对称处理。

（13）作袖衩。分别自大小袖外缝下端上取 10cm，作宽度为 3cm 的袖衩。

第六节　O 型短袖连衣裙结构设计研究

一、款式分析

O 型短袖连衣裙为合体风格，腰线断开；泡泡短袖，袖山碎褶多，袖山部位耸起，廓型性强；立领，前中不闭合，前、后衣身领窝处抽碎褶；裙身为小波浪裙（图 2–21）。

图 2–21　O 型短袖连衣裙款式图

二、规格设计

O 型短袖连衣裙规格设计见表 2-6。

表 2-6　O 型短袖连衣裙规格表　单位：cm

项目	衣长	胸围	腰围	臀围	背长	袖长	肩宽	袖口围
尺寸	106	94	74	98	38	22.6	38	34

三、结构设计研究

1. 衣身结构设计研究

O 型短袖连衣裙结构制图方法为原型法，采用的是第一代文化式女装原型。根据 O 型短袖连衣裙的款式特点，领口需要做开大挖深处理。如图 2-22 所示，前、后领口均开大 3.5cm，后领口挖深 3cm，前领口挖深 5cm，然后圆顺作出前、后领窝弧线。为满足合体袖窿的舒适度，袖窿深加深 1cm，圆顺袖窿弧线。

此款服装不设省道，需将前后片全部省道处理掉。根据款式特点，前后领窝处有自然褶，这里将省道转移至领口，使得领口尺寸增大，然后在工艺上对其作缝缩处理，形成自然褶皱。

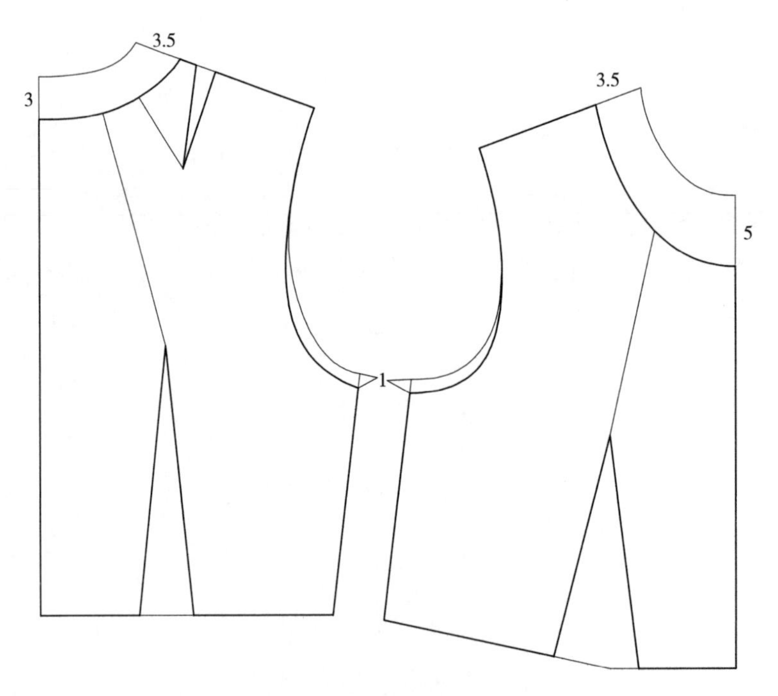

图 2-22　第一代文化式女装原型结构变化图

衣身制图见图 2-23。

（1）转省。后片肩省和后腰省转移至领口，前片腰省转移至前领口。然后分别沿着领口省的走向圆顺画出前、后领窝弧线，同时画顺腰线。

（2）作臀围线，取臀围。将衣身腰围线低落 0.7cm，作为裙身腰围线。自腰线下取 18cm 作臀围线。取前臀围 = 后臀围 =H/4=24.5cm。

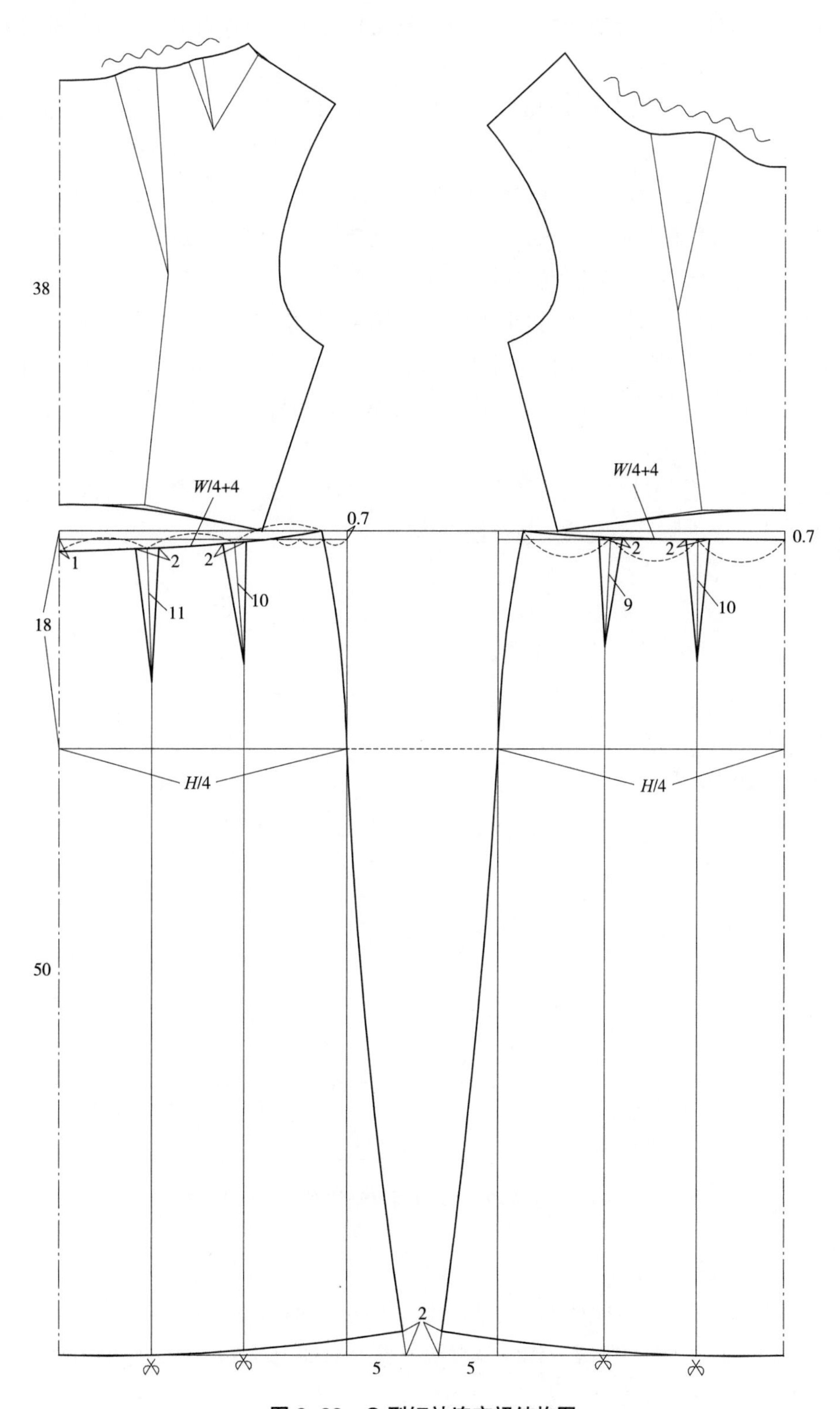

图 2–23　O 型短袖连衣裙结构图

（3）后腰围线。人体前腰高后腰低，腰侧部高于腰中部。因此，后腰中部在整个腰围中最低，常低于腰围线 1cm，一般后腰侧部应高于裙身腰围线 0.7cm，称为“起翘”。取后腰围 = 腰围 /4+4cm（省道量）=22.5cm，然后垂直于后中线引出圆顺的腰弧线至侧缝起翘处，得后腰围线。

（4）前腰围线。前腰比后腰高，不用作低落，只需将侧缝作 0.7cm 起翘。取前腰围 = 腰围 /4+4cm（省道量）=22.5cm。垂直于前中线引出圆顺自然的前腰弧线。

（5）前、后侧缝弧线。首先取臀围以下裙长 50cm，作裙下口直线，过臀围端点作出侧缝直线。前、后片底摆均摆出侧缝 5cm，然后将腰端点、臀围端点与下口线端点圆顺连接，并于摆线处上翘 2cm（为摆点）得前、后侧缝弧线。

（6）作底摆弧线。过摆点垂直于侧缝线和前后中线引出圆顺的底摆弧线。

（7）作腰省。分别三等分前、后腰围线，并过每一个等分点垂直于腰线引出省中线。省中线长度分别为：后腰中省 11cm、后腰侧省 10cm、前腰中省 10cm、前腰侧省 9cm。省大均为 2cm。

（8）分割线。分别过前、后片 4 个省的省尖点作竖直线交于底摆线。然后合并 4 个省道，底摆展开，形成所需小波浪褶量（图 2–24）。

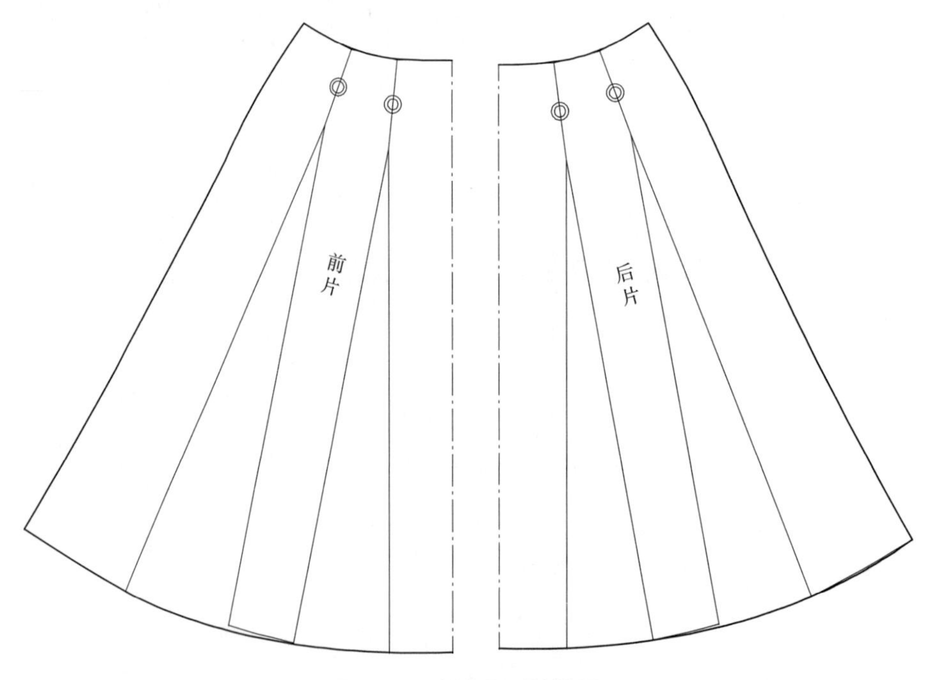

图 2–24　裙身展开结构图

2. 衣袖结构设计研究

从图 2–24 中测得前 AH=21.43cm，后 AH=22.3cm。袖山高 AH/3 ≈ 14.6cm。

（1）取袖山高，作袖中线。作一竖直线，自上取袖山高 14.6cm，作落山线。然后取落山线以下袖长 8cm（图 2–25）。

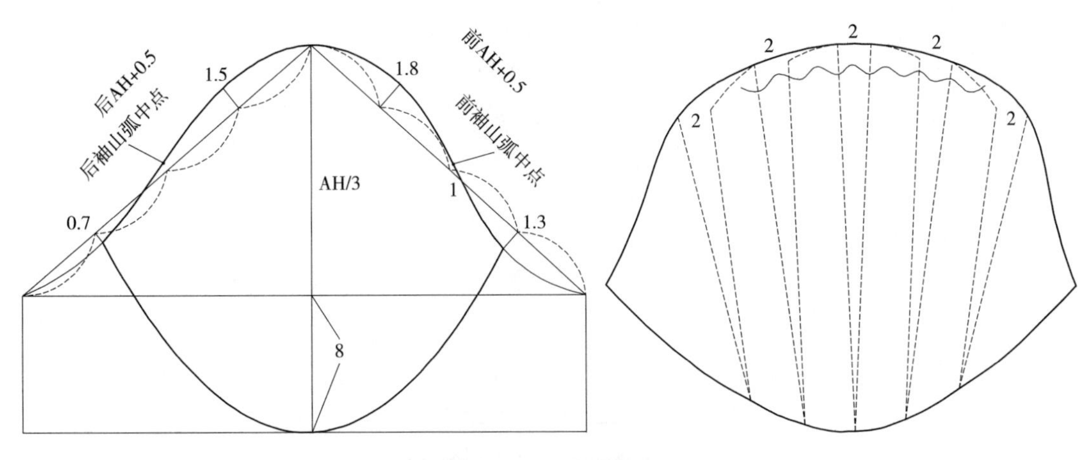

图 2–25　衣袖结构图

（2）袖山斜线。自袖山顶点分别向落山线两侧取袖山斜线。其中，前袖山斜线 = 前 AH+0.5cm，后袖山斜线 = 后 AH+0.5cm。

（3）袖山弧线。四等分前、后袖山斜线。前袖山弧线凸起 1.8cm、凹进 1.3cm，后袖山弧线凸起 1.5cm、凹进 0.7cm，然后圆顺画出即可。根据款式可知，衣身袖窿并不是绱整袖，而是腋下部位无袖敞开。因此，袖山也在前、后袖山弧线凹进点处断开，过这两点圆顺连接至袖中底端点，得袖口弧线。

（4）展开袖山呈泡泡袖结构。在袖山线上，以袖中线为中心，向袖山弧线两端均匀设计 4 条分割线，分割线间的距离可自由掌握，以符合款式特征、合理美观为原则。然后自袖山向下呈扇形展开，每条分割线展开量为 2cm 或以上，具体根据肩泡多少而定。然后，圆顺袖山弧线完成制图。

需要说明的是，袖口弧线的形状也可根据个人理解进行调整，如弧度可大可小，也可调整呈凹凸不一的曲线造型。

第七节　O 型七分袖箱型上衣结构设计研究

一、款式分析

O 型七分袖箱型上衣衣身为箱型，廓型感较强。袖型为宽松 O 型连身袖，袖长为五分袖，袖口设计三个省道，已作出收口造型；无绱领，但领窝处为不对称弧线设计，可翻折形成不对称有领造型；对襟拉链设计，衣身偏短；后中断开（图 2–26）。

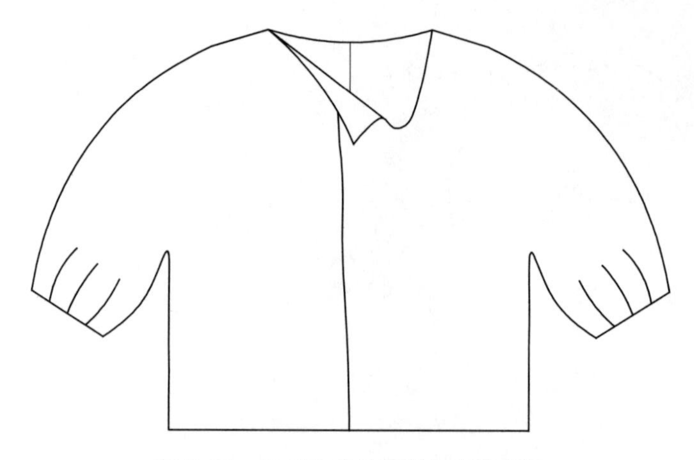

图 2-26　O 型七分袖箱型上衣款式图

二、规格设计

O 型七分袖箱型上衣规格设计见表 2-7。

表 2-7　O 型七分袖箱型上衣规格表

单位：cm

项目	衣长	胸围	腰围	肩袖长	袖长	背长	袖口围
尺寸	44	98	96	38	36	38	26

三、结构设计研究

1. 箱型原型结构变化研究

原型采用箱型原型，如下图 2-27 所示。

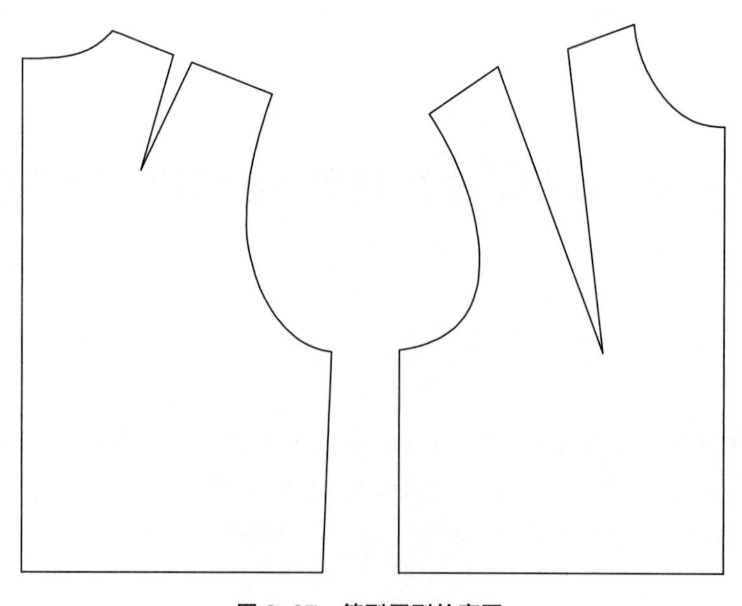

图 2-27　箱型原型轮廓图

首先需要依据 O 型七分袖箱型上衣规格表对箱型原型做以下处理。

（1）胸围。经测量得知，箱型原型胸围与成品胸围一致，故无须增大或减小。

（2）加宽肩宽。沿着肩线加宽 1cm。

（3）加深袖窿深。前袖窿深均加深 6cm，然后圆顺画出袖窿弧线，后袖窿同样加深 6cm（图 2–28）。

（4）转省。前片肩省转移至袖窿处，形成袖窿省，而袖窿省量作为前袖窿松量存在，并不收省。

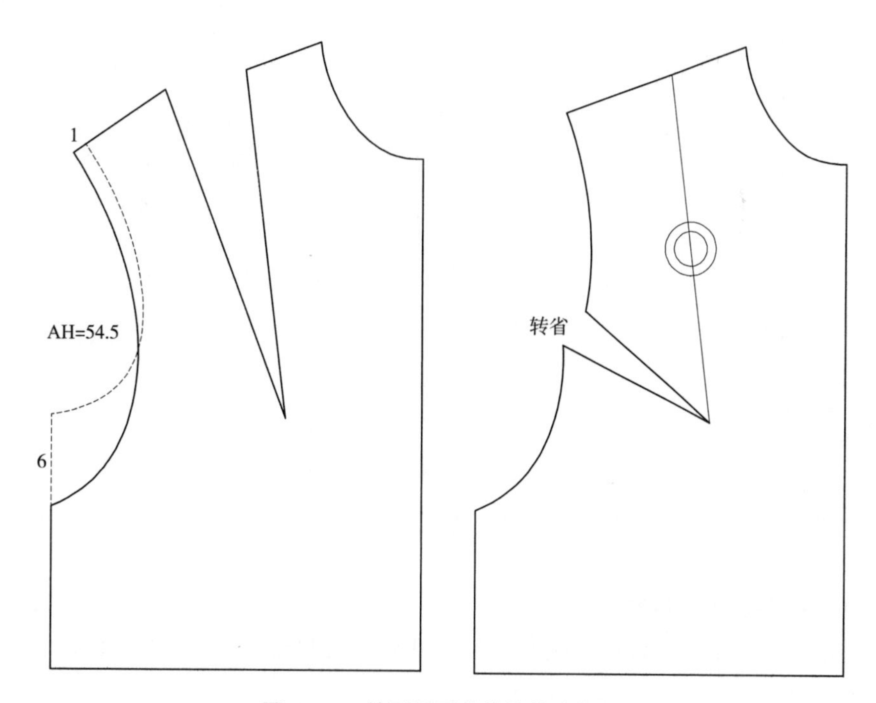

图 2–28　箱型原型前片结构变化图

2. 后衣身及衣袖结构设计研究

（1）后领口。挖深 4cm，开大 5cm，并整体抬高 0.5cm，圆顺领窝。

（2）后肩线。后肩直线在抬高的基础上取值 8cm（图 2–29）。

（3）取袖长。过后肩点分别做水平和竖直线段均为 10cm，连接对角线并平分，连接肩点和对角线中点并延长，使袖长线 =36cm。

（4）作 O 型袖中线。肩袖长线作中部凸起处理，形成 O 型造型。凸起最大处为 5~6cm 较为常见。

（5）取衣长。腰围线以下取衣长 10cm，作出水平底摆线。

（6）作袖口。垂直袖长线取袖口宽 13+2.7（袖口省量）=15.7cm。四等分袖口直线，在每个等分点处垂直袖口取省中线 8cm，省大平分在省中线两端，大小均为 0.9cm。

（7）袖缝线。圆顺连接袖口下端点至袖窿深点修正，使其与侧缝线相连成一体。

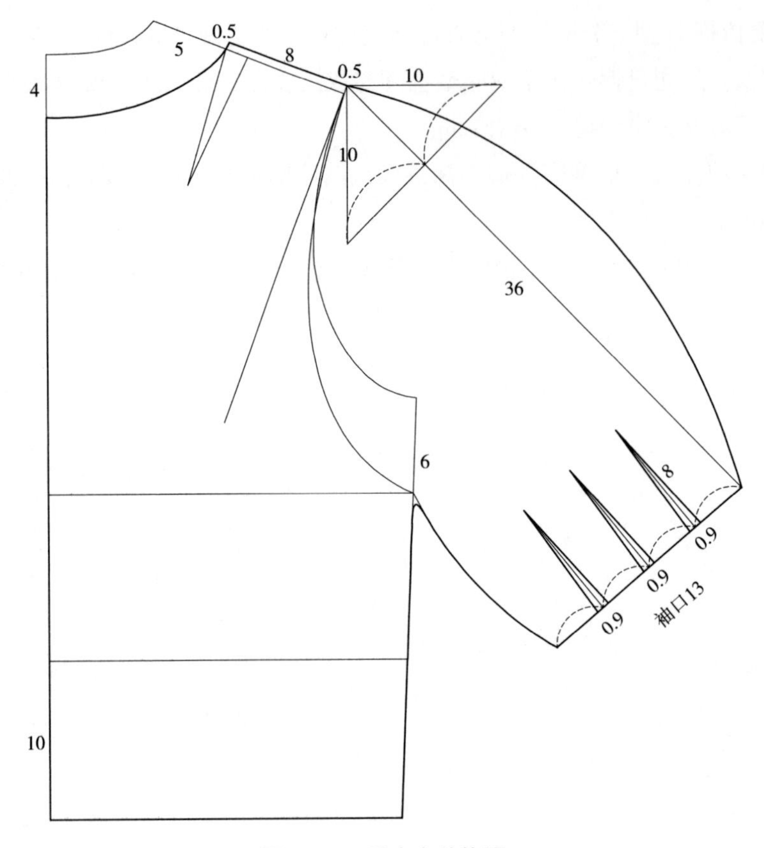

图 2-29　后衣身结构图

3. 前衣身及衣袖结构设计研究

（1）前肩线。沿着前袖窿弧线向上延长 0.5cm，过此点向肩线画前肩直线，使其等于 8cm，得前侧颈点。

（2）前领窝。前中线向上延长 2cm 得点，直线连接右前片侧颈点至此点，并延长适合的长度，如 2.5~3cm，然后将端点用圆顺合理的凹弧造型连接至左前片的侧颈点，如图 2-30 所示，完成不对称前领窝造型。

（3）作前袖。过前肩点分别做水平和竖直线段 10cm，连接对角线并平分，连接肩点和对角线中点并延长，使袖长线 =36cm。

（4）作 O 型袖中线。肩袖长线作中部凸起处理，形成 O 型造型，凸起最大处为 5~6cm 较为常见。

（5）取衣长。腰围线以下取衣长 10cm，作出水平底摆线。

（6）作袖口。垂直袖长线取袖口宽 13+2.7（袖口省量）=15.7cm。四等分袖口直线，在每个等分点处垂直袖口取省中线 8cm，省大平分在省中线两端，大小均为 0.9cm。

（7）袖缝线。圆顺连接袖口下端点至袖窿深点修正，使其与侧缝线相连成一体。

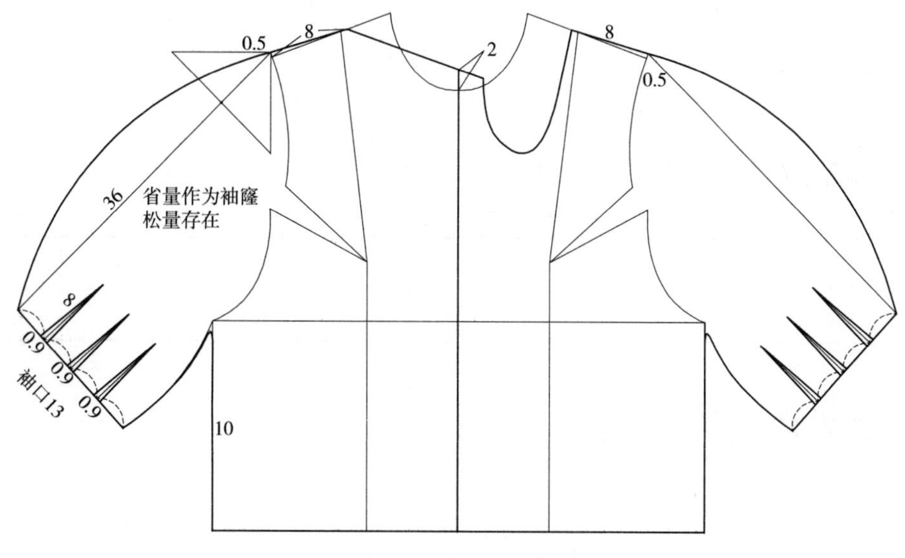

图 2-30　前衣身结构图

第八节　错层对褶连衣裙结构设计研究

一、款式分析

错层对褶连衣裙衣身由两层面料构成，里面一层为无袖合体造型，外面一层为落肩宽松披肩造型。连衣裙腰间两端分别带褶，靠近中间的褶较小，性质类似“裥”，向着中线方向折倒；靠近侧缝的褶较长，以扇形褶自上而下展开；两层面料在腰间相连成一体，腰线断开，有育克；裙身为大 A 字造型，前后片中部分别设计三个对褶，对褶上部压缝，下面自然打开形成 A 字廓型（图 2-31）。

图 2-31　错层对褶连衣裙款式图

二、规格设计

错层对褶连衣裙规格设计见表 2–8。

表 2–8　错层对褶连衣裙规格表　　单位：cm

项目	衣长	胸围	腰围	背宽	胸宽	肩宽	褶大
尺寸	100	92	74	35	33	38	5

三、结构设计研究

1. 内层衣身结构设计研究

首先原型采用的是合体原型。

这种款式一般会把内层合体结构的省道设计在外层可覆盖的部位，因此需要将合体原型中的侧缝省转移至隐蔽的部位，如肩部。如图 2–32 所示，将侧缝省转移至肩点部位。

（1）领窝。后领窝开大 4cm，后领高降低 1cm，圆顺画出后领窝弧线。前领窝开大 4cm，前领挖深 3cm，圆顺画出前领窝弧线（图 2–33）。

（2）减小肩宽。首先将前、后肩宽均减小 3cm，得新的前后肩线和肩宽，然后需要把前肩省转移至新的肩点处。

（3）新袖窿弧线。提高袖窿深点 2cm，过前、后肩点和新袖窿深点圆顺画出袖窿弧线。袖窿深点抬高与缩短肩线（相当于抬高了肩点）有直接关系，肩点抬高，袖窿弧线拉长，内层服装要做到合体，就需要保证袖窿弧长与原型相差不大，因为原型袖窿弧长虽为中型结构，但却较合体。

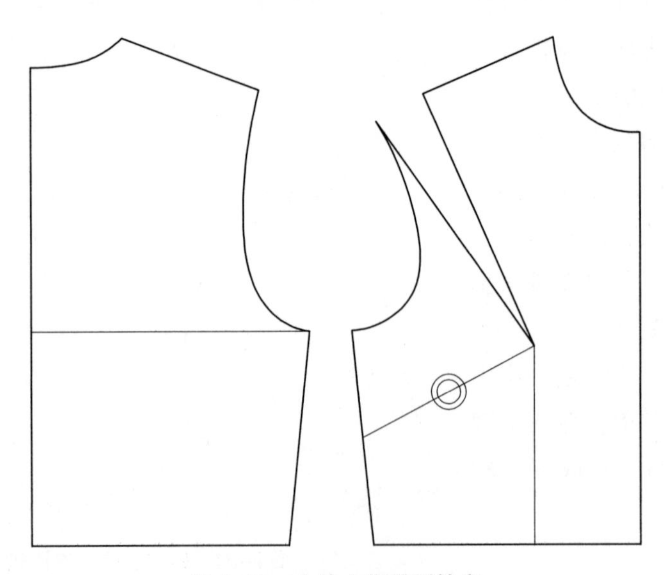

图 2–32　合体文化原型转省

（4）取衣长。取后中线长 100cm，作底摆直线。

（5）作后腰省道。后腰省位于腰线中间或偏侧缝的位置，省大 2.5cm，省尖位于原袖窿深线以上大约 6cm，即新袖窿深线以上 2.8cm 的位置。腰围线以下的省长 11cm，并过此省尖点作竖直分割线。腰育克宽度为 2~2.5cm，于后中线处低落 1cm。

（6）作前腰省道。前腰省位于过 BP 点的竖直线与腰线交点两侧，省大 2.5cm，省尖点即 BP 点。腰围线以下的省长是 12cm，并过此省尖点作竖直分割线。腰育克宽度为 2~2.5cm，于前中线处抬高 1cm，以完美符合人体前腰高后腰低的优美姿态。

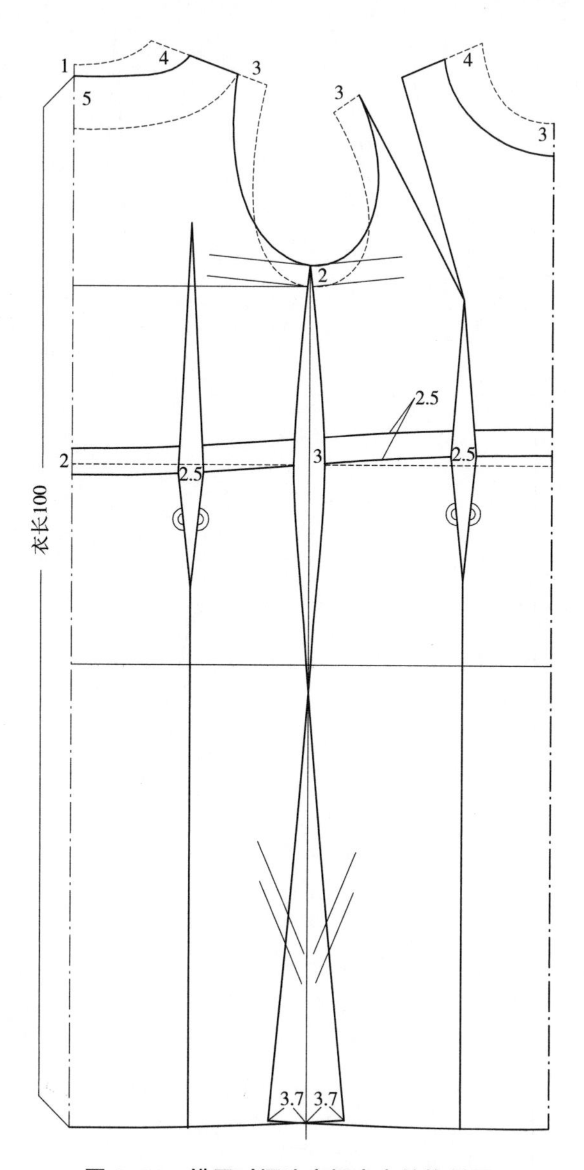

图 2–33　错层对褶连衣裙衣身结构制图

2. 外层衣身结构设计研究

外层服装是在内层基础上加以改造完成的，操作过程如下。

（1）延长后肩线 10cm（图 2-34）。

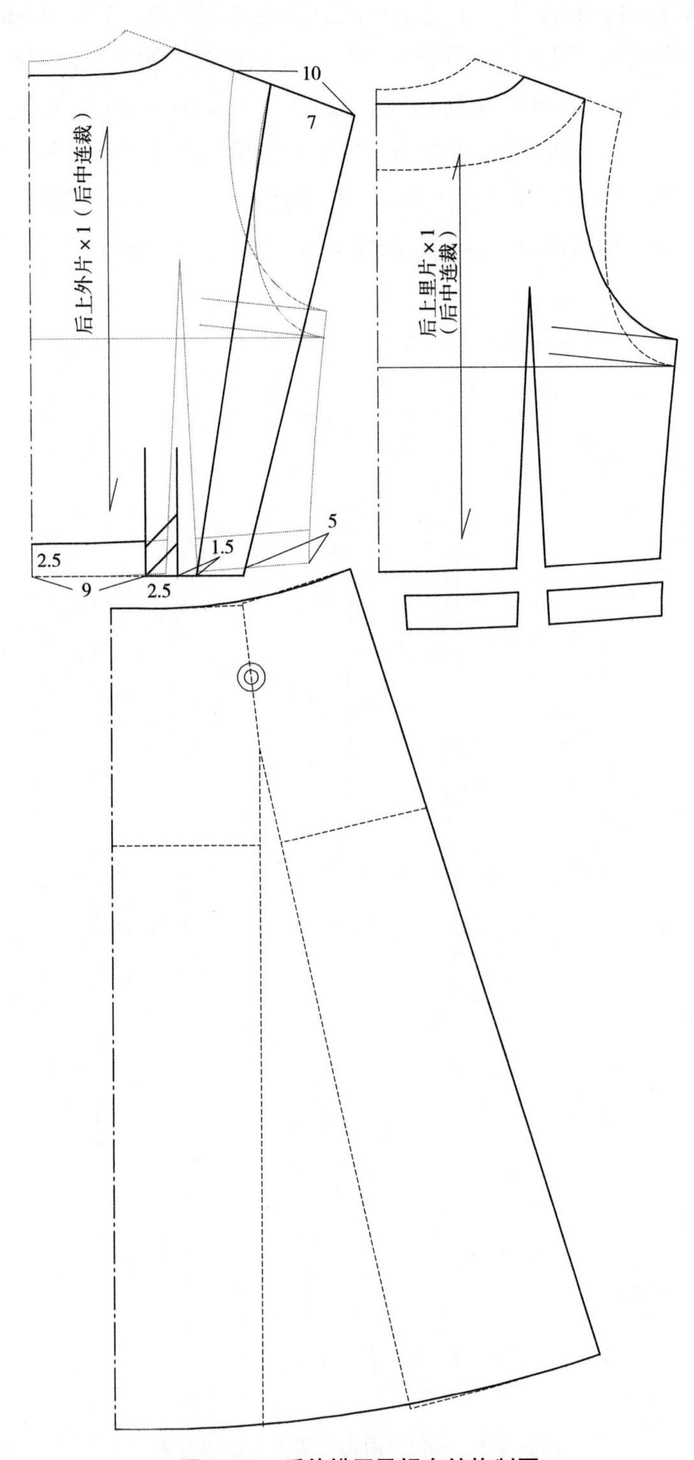

图 2-34　后片错层及裙身结构制图

（2）作袖口斜线。于内层腰围侧端点内取约 5cm 得点，将此点与延长后的新肩点直线连接并延长，使其与后腰线处于同一水平线上。

（3）作后褶。距离腰线端点约 9cm 处作 2.5cm 宽的小褶，折倒方向向后，向右间隔 1.5cm 作第二条褶线，直线连接至距离肩点 7cm 处。

（4）后裙片转省。合并后裙片的腰省，下端沿着分割线自然打开呈 A 字造型。

（5）延长前肩线 10cm（图 2-35）。

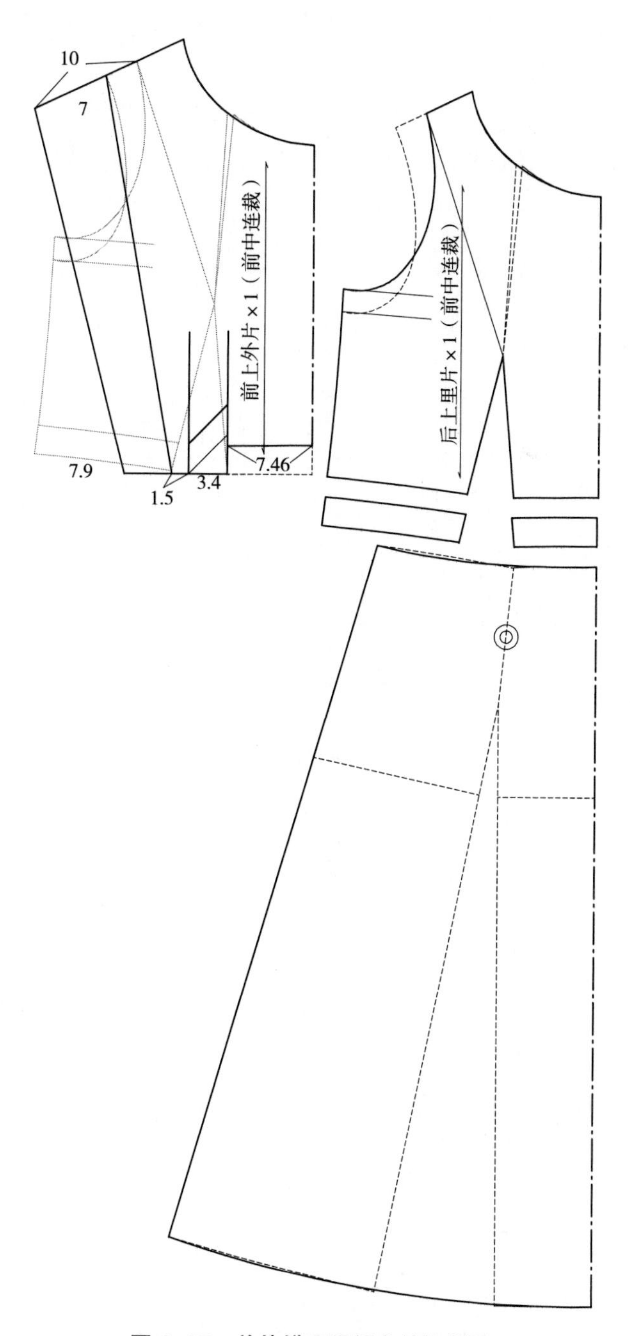

图 2-35　前片错层及裙身结构制图

（6）作袖口斜线。于内层腰围侧端点内取 7.9cm 得点，将此点与延长后的新肩点直线连接并延长，使其与前腰线处于同一水平线上。

（7）作前褶。距离腰线端点 7.5cm 处作 3.4cm 宽的小褶，折倒方向向后，向左间隔 1.5cm 作第二条褶线，直线连接至距离肩点 7cm 处。

（8）前片内层转省。将内层前片的肩省转移至腰省中。

（9）前裙片转省。合并前裙片的腰省，下端沿着分割线自然打开呈 A 字造型。

（10）处理后衣身和裙片。合并后腰育克使其呈一片式造型。沿着后片褶线展开后片外层的肩褶，展开量视褶量大小而定，这里取值 3.5~4cm。以裙身对褶以后中心线为对称轴向两端展开，共 3 个褶。每个对褶总量为 20cm，对褶之后每个褶的开口深度量为 5cm。每个对褶上端 12cm 为缉缝长度，下端自然开口。详细制图细节与尺寸如图 2-36 所示。

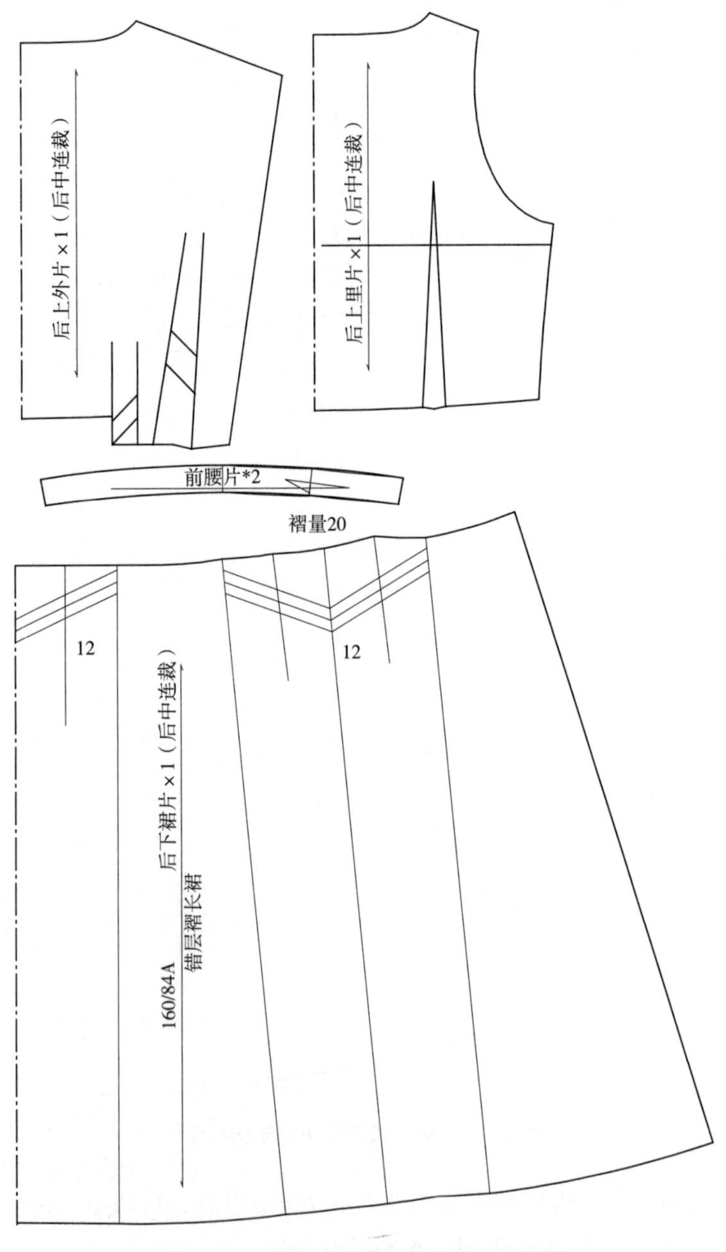

图 2-36　错层对褶连衣裙后片分片制图

（11）处理前衣身和裙片。合并前腰育克使其呈一片式造型。沿着前片褶线展开前片外层的肩褶，展开量视褶量大小而定，这里取值 3.5~4cm。裙身对褶以前中心线为对称轴向两端展开，共 3 个褶。每个对褶总量为 20cm，对褶之后每个褶的开口量为 5cm。每个对褶上端 12cm 为缉缝长度，下端自然开口。详细制图细节与尺寸如图 2–37 所示。

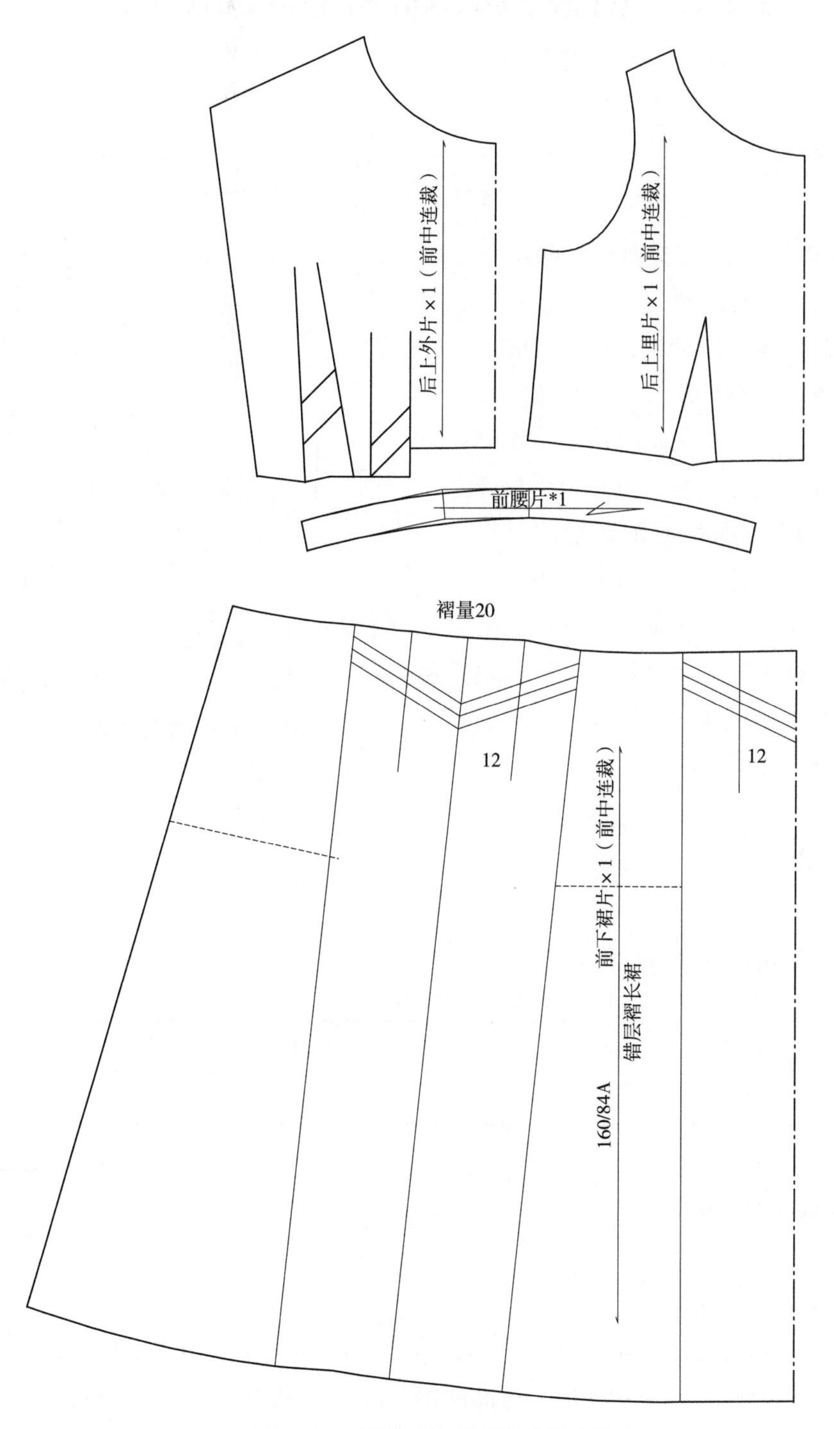

图 2–37　错层对褶连衣裙前片分片图

第九节　创意卡腰吊带裙结构设计研究

一、款式分析

如图 2–38 所示，此款创意卡腰吊带裙结构较为复杂，臀围及以上部位合体性强，前胸部是低胸开口造型，前片对称分布着一个腰省和弧形分割线，分割线中设计省道，可使腰部造型更加立体。臀围上下的位置设计横向分割线，也是上半身合体造型和下半身不对称波浪造型的分界线。分割线以下设计了一层偏短的小荷叶边裙摆，增加了一丝活泼俏皮的气息。裙摆的设计大气而美观，大波浪加不对称设计，在柔美的基础上增加了韵律感，美丽而不单调，个性又不失优雅。

图 2–38　创意卡腰吊带裙款式图

二、规格设计

创意卡腰吊带裙规格设计见表 2–9。

表 2–9　创意卡腰吊带裙规格表　　单位：cm

项目	胸围	腰围	胸围松量	腰围松量	衣长	背长
尺寸	90	70	6	2	128	38

三、结构设计研究

1. 衣身结构设计研究

此款创意卡腰吊带裙采用原型法结构制图，原型采用的是合体原型。那么，首先就要对比合体原型的胸围、腰围数值与成品胸围、成品腰围的关系。测量得知，合体文化式原型胸围 92cm、腰围 74cm，而成品胸围 90cm、成品腰围 70cm。因此，需要对合体文化式原型稍做处理。

如图 2–39 所示，胸围的处理本着“前紧后松”原则，将前片胸宽去掉 1cm 即可。腰围总减少量为 4cm，故将前腰省增大 2cm，这样便可实现成品腰围 70cm 的目的。同时，需要将侧缝省转移至肩部形成肩省，以免在设计前片曲线分割线时影响分割线的完整性。

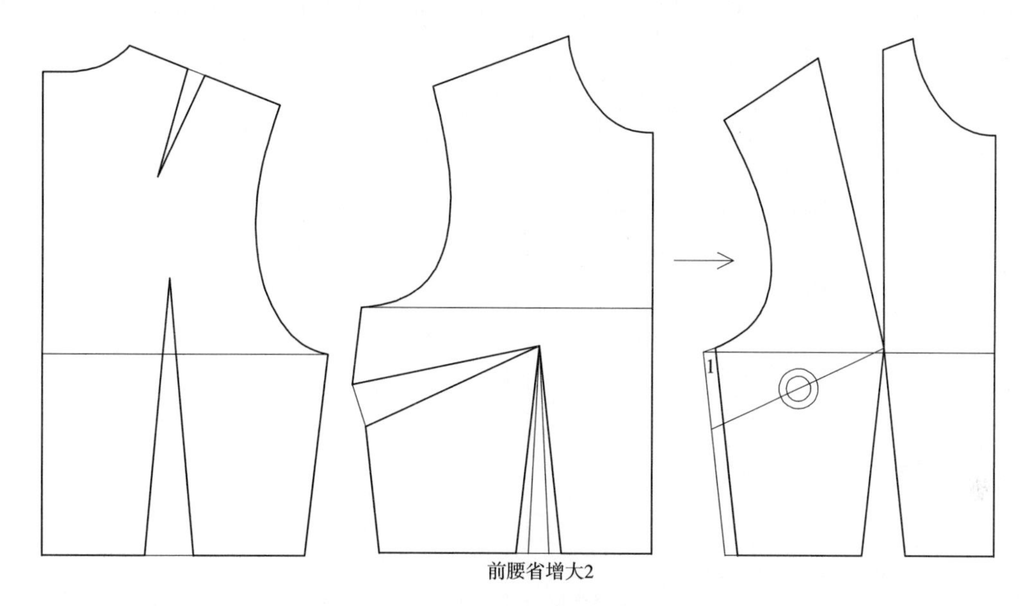

图 2–39　合体文化式原型结构变化图

衣身制图过程如图 2–40、图 2–41 所示。

（1）取衣长、臀长和臀围。腰围以下 18cm 作臀围线，取基本臀围 92cm。其中，前臀围 = 后臀围 =$H/2$。臀围以下取衣长 72cm，圆顺画出侧缝线和底摆直线。

（2）作横向分割线。于前片左侧缝和后片左侧缝取腰围以下 10cm 得分割线起点，圆顺连接至对侧臀围端点处，得横向分割线。

（3）作裙身省道。裙身省道延续前、后上衣身的省道位置和大小，省尖交在横向分割线上。

（4）取肩长，作袖窿弧线。自前、后肩点沿着肩线方向取 3cm，然后反方向取 2cm 作为肩线长，将肩线抬高 0.2cm 得肩点。自肩点圆顺连接至袖窿深点，得袖窿弧线。

（5）作前、后领开口弧线。后领深点位于后腰省尖以上 2.5cm 处，自此点圆顺连接至肩线长内端点，得后领开口弧线。前领深点位于袖窿深线以下 3cm 处，自此点圆顺连接至前肩线长内端点，中间经过一个标记点，是过 BP 点的竖直线位于袖窿深线以上约 3.7cm 的点，作出款式图中的弧线造型。

（6）设计前片分割线。首先，将前片的肩省转移至腰省中。然后缩小腰省 1.5cm，缩小的省量由分割线中所包含的腰省量来充当。分割线上端点为袖窿深点，下端点位于缩小后的新腰省左端 3.5cm 处，然后自此点取省大 1.5cm，最后将袖窿深点分别圆顺连接至省大两端点，即完成前片分割线。

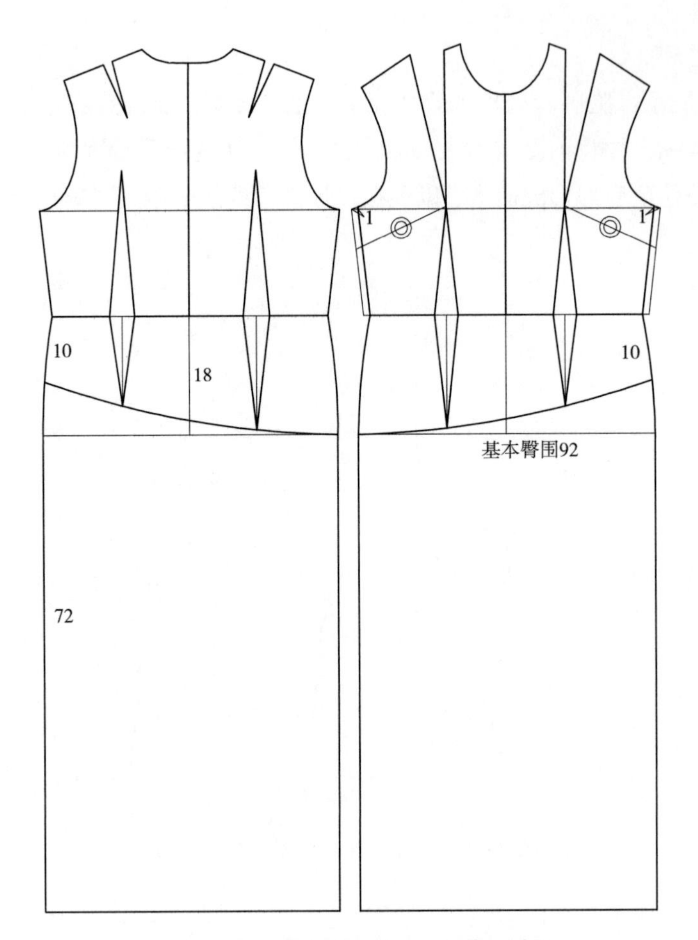

图 2-40　创意卡腰吊带裙分割线设计图

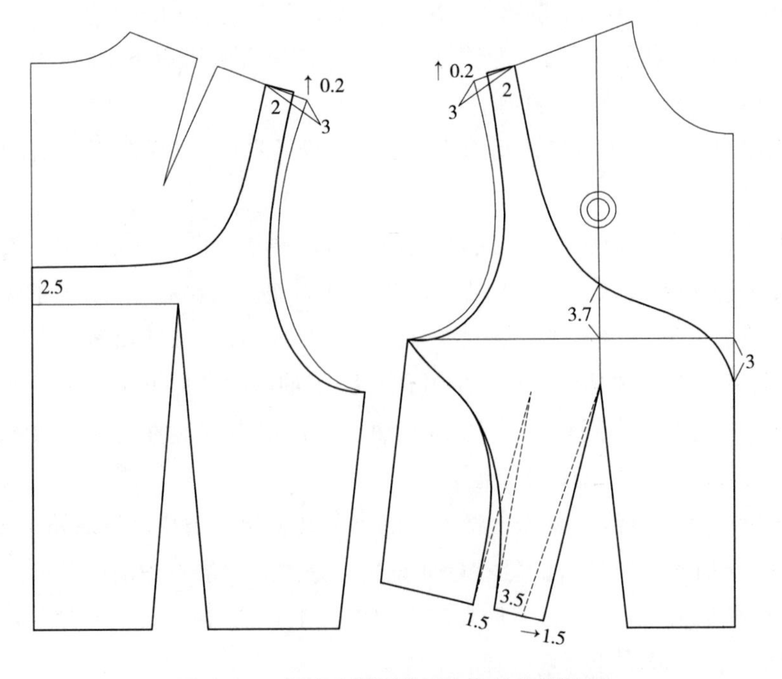

图 2-41　创意卡腰吊带裙衣身结构设计图

2. 裙身结构设计研究

（1）设计小荷叶边。在前、后片分割线处，靠近左侧取荷叶边长 11cm，与侧缝线形成的角度可自由掌握，但不宜过大或过小，以保证此处荷叶边的褶量与整体相符。靠近右侧取荷叶边长 15cm。圆顺连接两边。其中，后片小荷叶边与裙腰一致，保持后中线断开（图 2–42）。

（2）设计前、后小片。自前、后片左侧缝横向分割线处下取 33cm 起，画弧形分割线至对侧腰省省尖附近，由此形成的弧线三角区即为前、后小片。

（3）设计前、后裙片。自小片下端取裙片长边 52cm，与侧缝夹角略小于小荷叶边与侧缝的夹角，对侧短边取长 33cm，角度同样略小于同侧小荷叶边与侧缝的夹角。直线连接长边与短边得下摆辅助线。

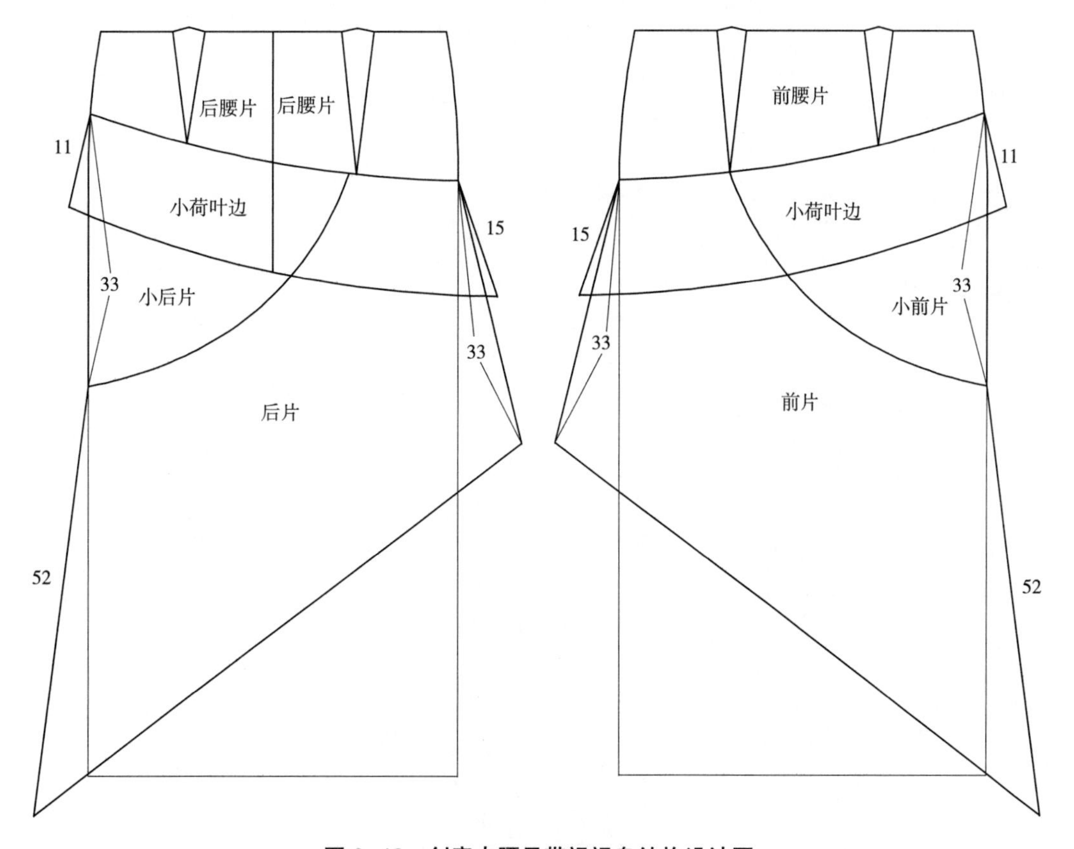

图 2–42　创意卡腰吊带裙裙身结构设计图

（4）展开小荷叶边。对前、后片小荷叶边进行剪切、展开处理，形成足够的扇形褶量。其中，前片展开 5 个褶，每个褶量 4cm，总共 20cm 褶量；后片后中线两边分别展开 2 个褶，每个褶量 5cm，总褶量也是 20cm（图 2–43）。

（5）展开裙片。前、后裙片同样均匀展开 4 个扇形褶，平均每个褶展开量为 15cm（图 2–44）。圆顺画出底摆弧线。

（6）创意卡腰吊带裙分片图如图 2–45 所示。

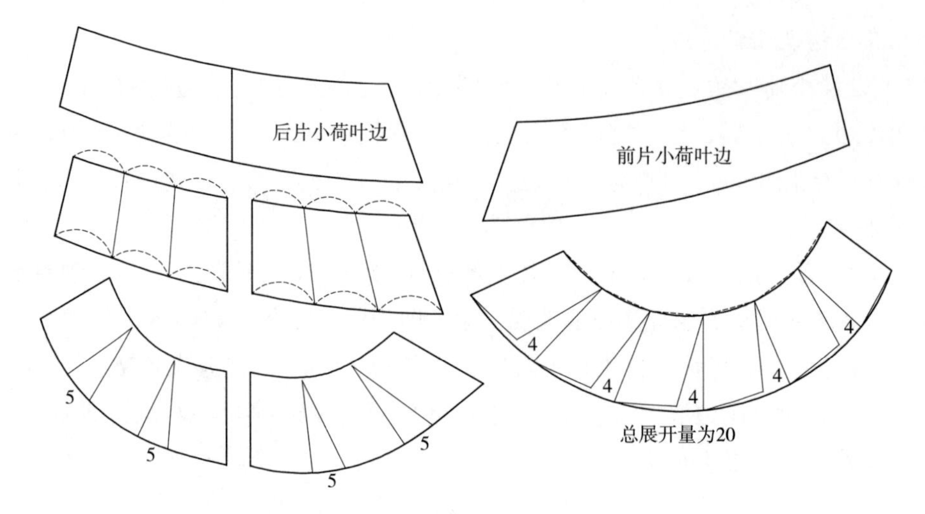

图 2-43　小荷叶边展开结构图

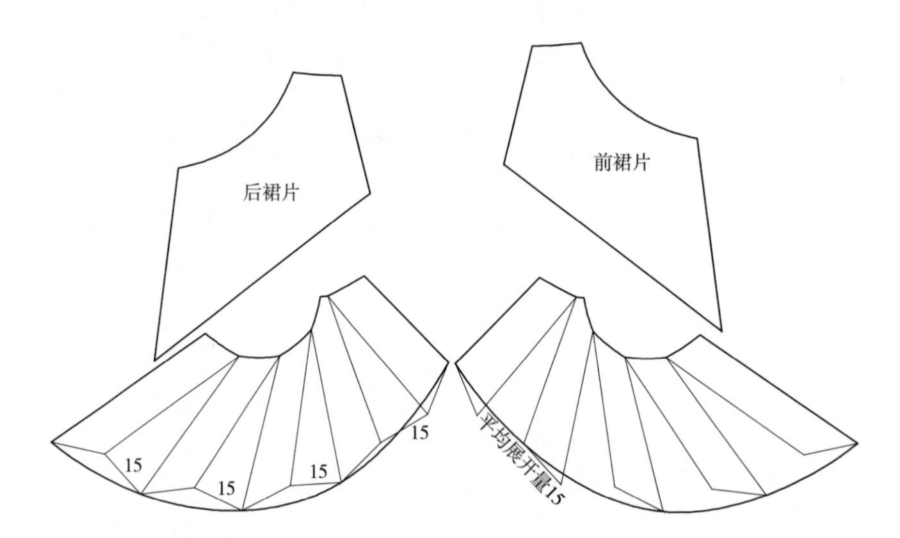

图 2-44　裙片展开结构图

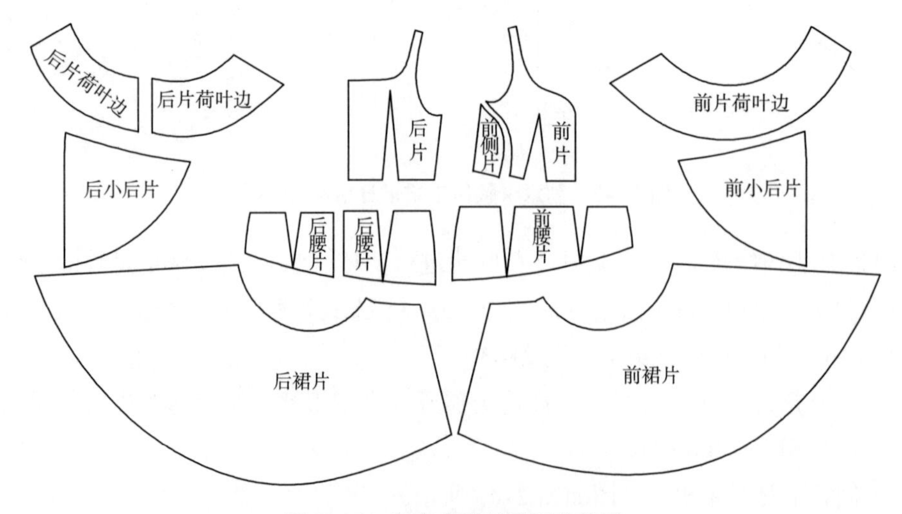

图 2-45　创意卡腰吊带裙分片图

第十节 翻驳领短袖合体连衣裙结构设计研究

一、款式分析

本款翻驳领短袖合体连衣裙是中长款断腰型连衣裙，侧缝处装拉链；开口型小翻驳领，单排门襟一粒扣；前后片分别设计对称的腰省，裙片前后中部抽碎褶，裙身为筒裙；较合体短袖（图 2–46）。

图 2–46 翻驳领短袖合体连衣裙款式图

二、规格设计

翻驳领短袖合体连衣裙规格设计见表 2–10。

表 2–10 翻驳领短袖合体连衣裙规格表 单位：cm

项目	衣长	胸围	腰围	袖长	肩宽	袖口围	领围	臀围
尺寸	86	92	70	28	50	30	40	95

三、结构设计研究

1. 衣身结构设计研究

翻驳领短袖合体连衣裙原型采用的是第一代文化式女装原型。根据款式需要，首先将原型中的前腰省和后肩省作如图 2-47 所示的处理。

（1）后肩省转移至袖窿弧线中，形成袖窿松量。

（2）前腰省部分转移至肩领处，形成肩领省。对省尖作移位处理，使之隐蔽在驳折线左侧、翻领之下。同时转省之后使得前后片腰围线处在同一水平线上。

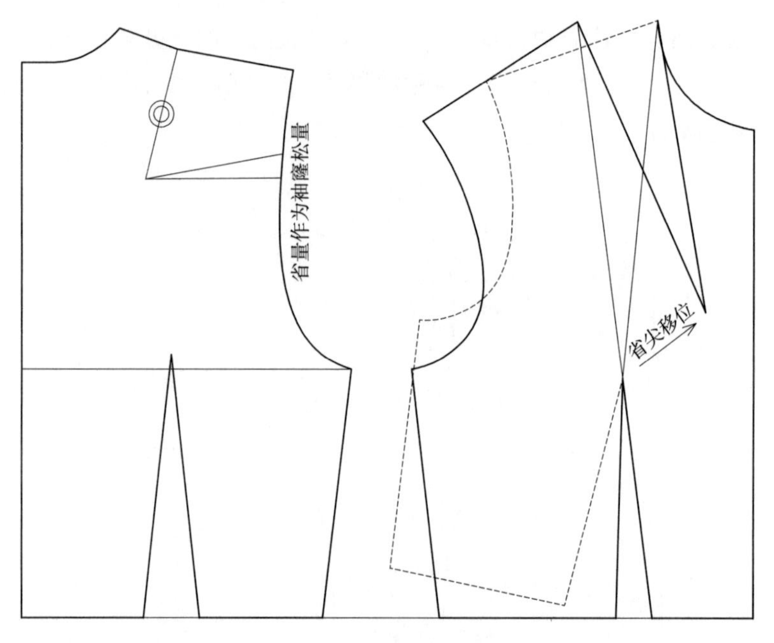

图 2-47 第一代文化式女装原型结构变化图

（3）修正领窝弧线，画肩线。在原后领窝的基础上，加宽后领宽至 N（领围）/5−0.5cm=7.5cm，记为“○”，后领高则为○ /3=2.5cm。直线连接侧颈点至肩点得后肩线，测得后肩长 =12.3cm。前肩修正使其长度等于后肩长。前领窝深为○ +0.5=8cm。前领窝宽为○ −0.2=7.3cm（图 2-48）。

（4）后中曲线。后中于腰间内收 2cm，画顺后中曲线。

（5）前门襟止口。门襟取宽 2cm 作门襟止口线并向上延长 2cm 得点，沿着肩领省向下取 4cm 得点，直线连接两点得翻领串口线。

（6）作翻领。首先测得后领窝弧长△ =8.21cm，记肩领省左侧省线长为 a，右侧自省尖至与串口线交点的省线长为 b，则翻领领底弧线 $+b=a+$ △，由此计算翻领领底弧线长度 $=a+$ △ $-b$=13.82cm。向下作串口线的平行线交至肩领省左侧省线，并自交点取 3.7cm 作为领缺嘴高。然后过串口线左端点作一条水平线，自领缺嘴高的端点向水平线作直线段，使其长度为 4cm 得点。过此点作竖直线段，长为 13.82cm，然后以此点为圆心，以

13.82cm 为半径画弧，取弦长约 7.3cm 得点，即为领底弧线上端点。自竖直线段下端点相切于直线引出圆顺、平缓的领底弧线，然后垂直于领底弧线引出 2cm 的领座宽和 3.5cm 的翻领宽，最后圆顺画出翻领外轮廓线。

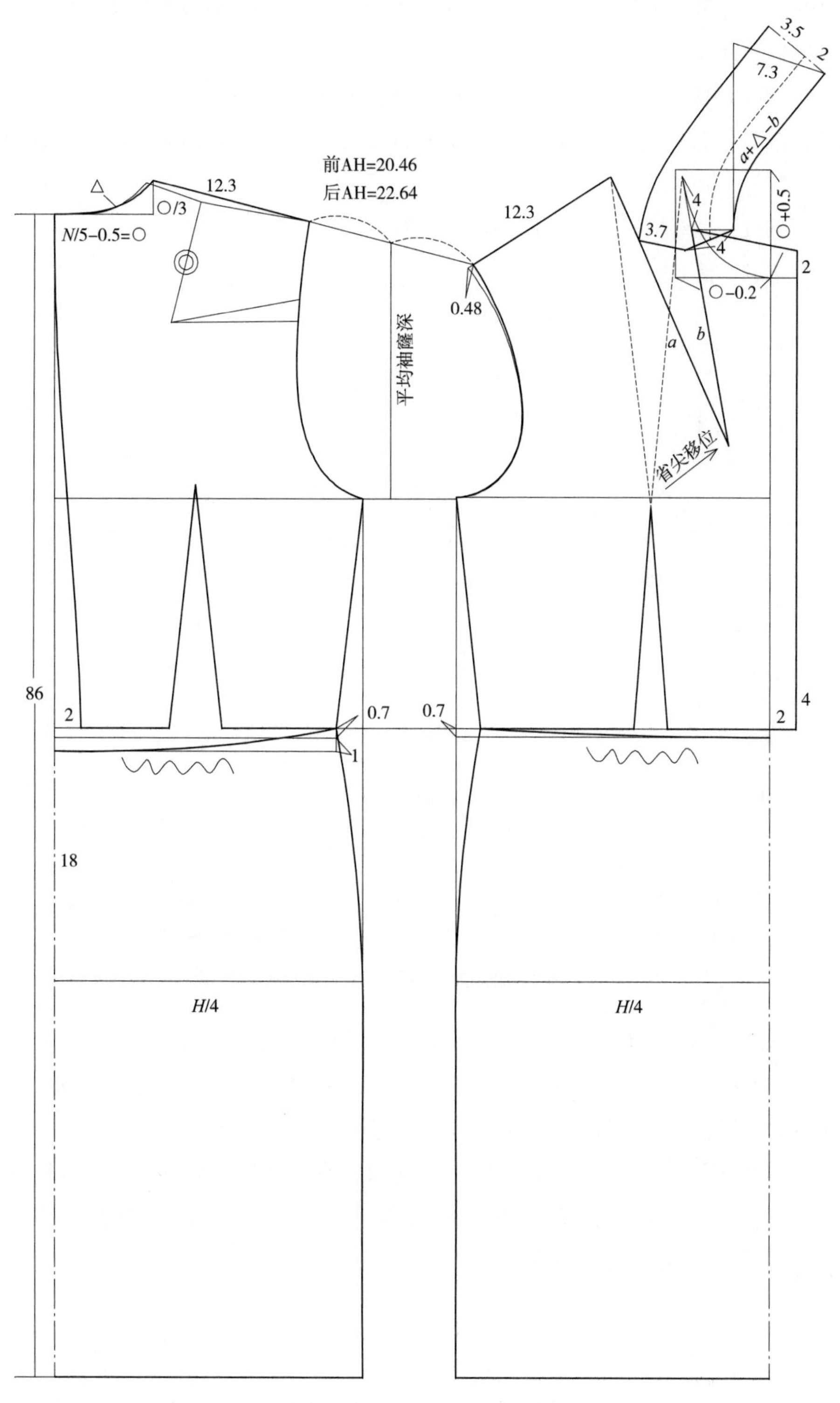

图 2–48　翻驳领短袖合体连衣裙衣身衣领结构设计图

（7）作裙片。取衣长 86cm。后腰中间低落 1cm，后侧缝起翘 0.7cm，取臀长 18cm、臀围 *H*/4，画出后裙片。前裙片侧缝起翘 0.7cm，画好前裙片。

（8）测量平均袖窿深和袖窿弧长。连接前、后肩点并平分，过中点作竖直线交至袖窿深线即可。经测量，平均袖窿深 =18.9cm，前 AH=20.46cm，后 AH=22.64cm。

2. 衣袖结构设计研究

（1）作袖山斜线。五等分平均袖窿深，并取 4 份作为袖山高，约为 15cm（图 2–49）。过袖山顶点作前袖山斜线 = 前 AH–0.2cm=20.26cm，作后袖山斜线 = 后 AH+0.1cm=22.74cm。

（2）取袖长。取袖长 28cm，作袖口水平线。

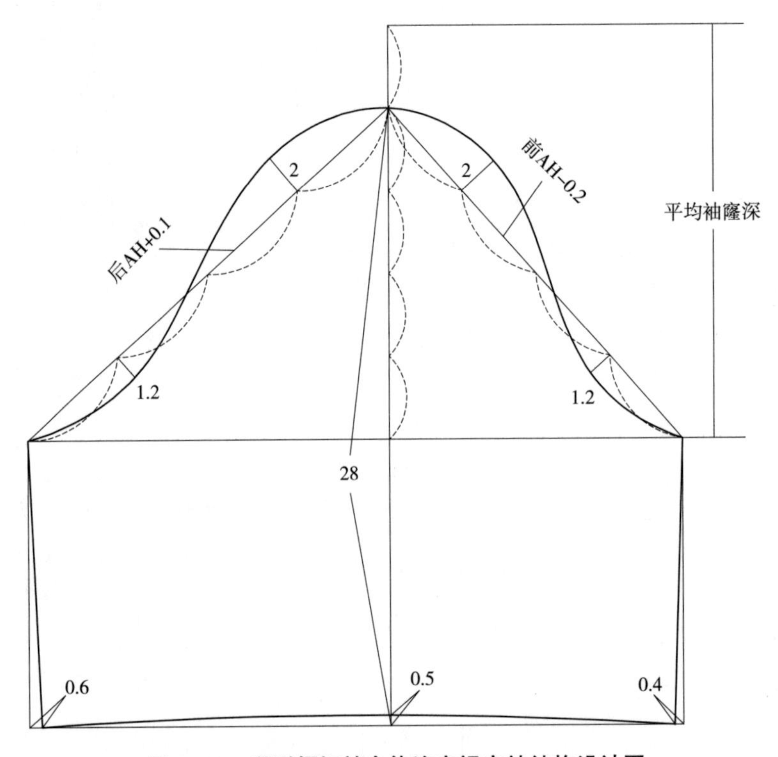

图 2–49　翻驳领短袖合体连衣裙衣袖结构设计图

（3）作袖缝线和袖口弧线。过前、后袖山斜线与落山线交点作竖直线，为袖缝辅助线。前袖缝辅助线下端内收 0.4cm 作前袖缝直线，后袖缝辅助线下端内收 0.6cm 作后袖缝直线。袖口水平线在袖中线处向上凹进 0.5cm，即完成袖口弧线。

（4）作袖山弧线。分别四等分前袖山斜线和后袖山斜线，前袖山弧线凸起量 2cm、凹进量取 1.2cm，后袖山弧线凸起量取 2cm、凹进量取 1.2cm，然后圆顺连接以上标记点和袖山顶点，得袖山弧线。注意袖山部位的饱满性。

第十一节　盖肩领无袖衫结构设计研究

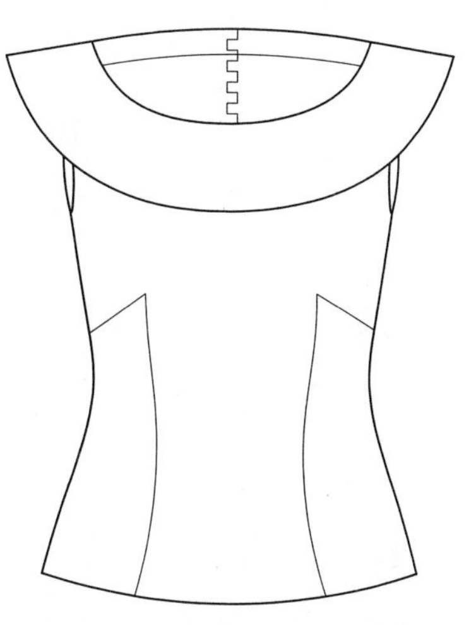

图 2-50　盖肩领无袖衫款式图

一、款式分析

此款为盖肩领无袖衫，无袖，袖窿合体；领子类似云肩，披在肩、前胸和后背处，肩部较平，尾部翘起；衣身领口开口较大，前领口造型类似椭圆形；前衣身通过设计侧缝省和腰省达到合体效果，后衣身设计腰省；后中绱拉链（图 2-50）。

二、规格设计

盖肩领无袖衫规格设计见表 2-11。

表 2-11　盖肩领无袖衫规格表　　单位：cm

项目	衣长	胸围	腰围	背长	臀围	肩宽
尺寸	57	92	73	38	98	38

三、结构设计研究

1. 衣身结构设计研究

本款盖肩领无袖衫衣身结构制图采用原型法，原型使用的是合体原型，此款原型中前衣身包含一个侧缝省和一个腰省，后片则是腰省，正与盖肩领无袖衫相符。测得合体原型胸围为 92cm，故无须调整；腰围为 76cm，比盖肩领无袖衫的腰围大 3cm，因此，需要增大合体原型的前片腰省量，如图 2-51 所示，前腰省由原来的 1.5cm 修改为 3cm 即可。

（1）修领窝。后领窝开大 4.5cm，挖深 2cm，修顺后领窝。前领窝开大 4.5cm，挖深 2cm，修顺前领窝。后片保留肩省，既可以达到合体的目的，又可以隐蔽在盖肩领之下（图 2-51）。

（2）前领。过前侧颈点作水平线段 9cm，前颈点竖直下取 8cm，分别得盖肩领在肩部和前胸部的宽度，圆顺连接即得前领。

（3）腰省量。后腰省量保持不变，前腰省量增大至 3cm。

（4）取臀长和臀围。腰围以下取臀长 19cm，取前臀围 = 后臀围 =$H/4$=24.5cm。

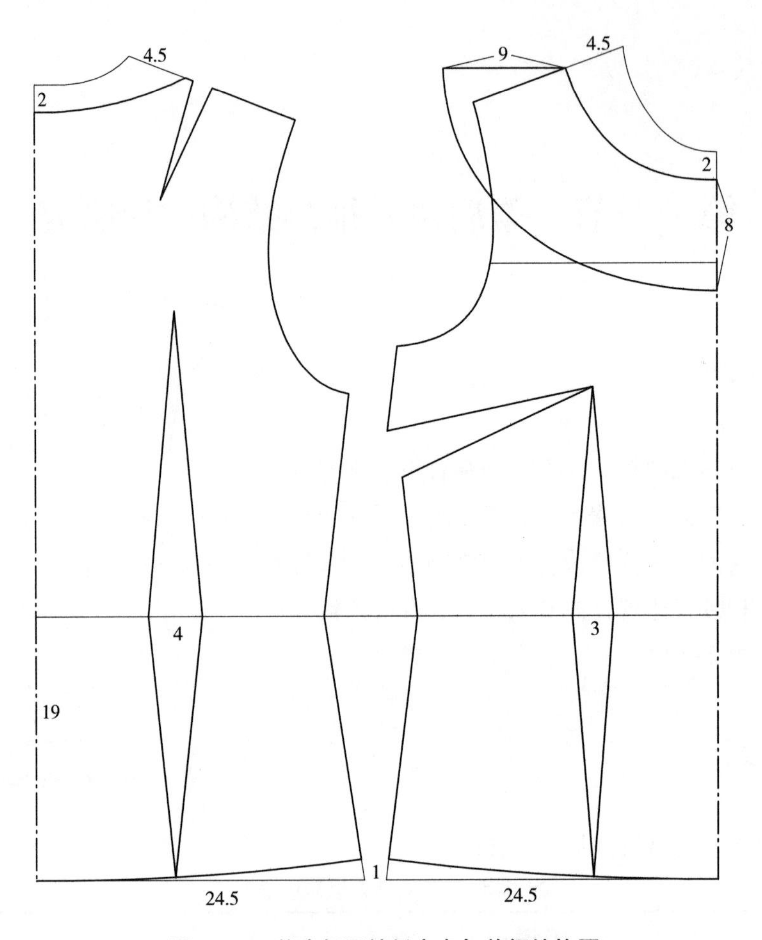

图 2-51　盖肩领无袖衫衣身与前领结构图

（5）底摆弧线。先直线连接腰端点至臀端点，得侧缝线。侧缝底部取起翘量 1cm，垂直于侧缝线和前中线、后中线引出圆顺的底摆弧线。

2. 后领结构设计研究

后领的结构设计不能直接在带肩省的后片上进行，后盖肩领需在后片缝合省道的基础上完成，因此我们先把后片肩省转移至袖窿处，以作出缝合省道之后的肩部造型，进而便于准确作出后领。

（1）转移肩省。如图 2-52 所示，将肩省转移至袖窿处。

（2）作后领。首先将后肩点提高 1cm，然后经过此点和后侧颈点取后肩长 9cm。后中心线处与前片一致，取领宽 8cm，最后圆顺连接后中和肩部的领宽线，得后领。

（3）盖肩领无袖衫分片见图 2-53。

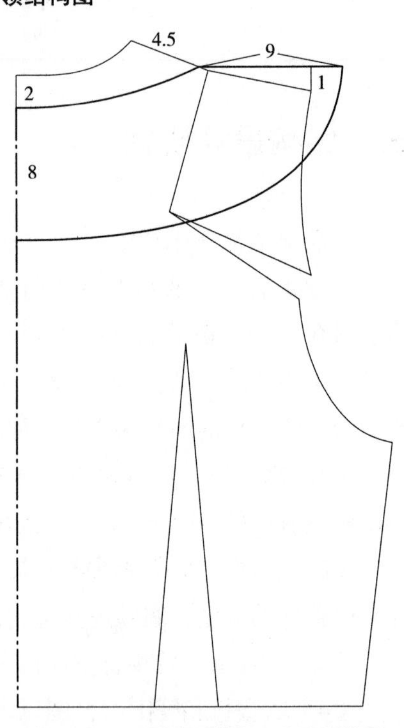

图 2-52　盖肩领无袖衫后领结构图

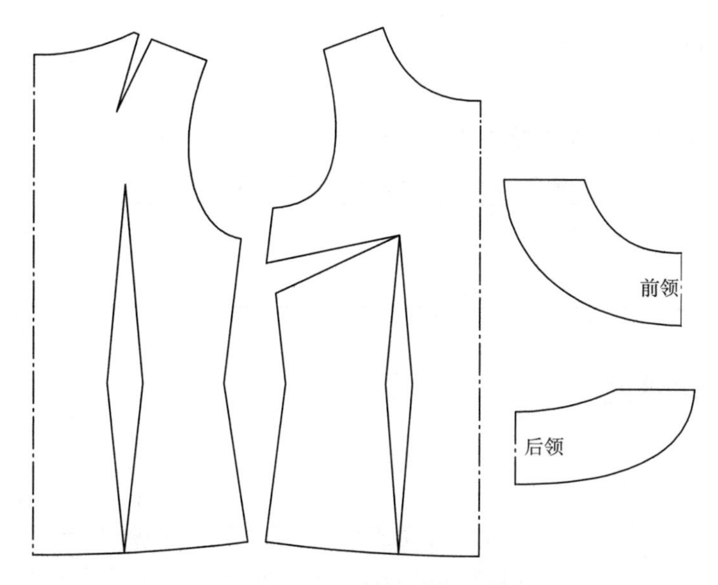

图 2-53 盖肩领无袖衫分片图

第十二节 无领修身小外套结构设计研究

一、款式分析

本款无领修身小外套整体造型合体美观，无领，袖型为合体两片袖，袖长偏长；腰部斜向分割，后中断开；腰部以上衣身前、后均设计对称的袖窿分割线，腰部以下前后不对称，整体为A字扩摆造型。其中，前片设计规则的顺褶，后片设计一条对称的分割线，门襟为单排门襟5粒扣，衣身前长后短（图2-54）。

图 2-54 无领修身小外套款式图

二、规格设计

本款无领修身小外套规格设计见表 2–12。

表 2–12　无领修身小外套规格表　　单位：cm

项目	衣长	胸围	腰围	背长	袖长	肩宽	袖口围
尺寸	56	91	76	38	56	38.5	30

三、结构设计研究

1. 衣身结构设计研究

此款无领修身小外套采用文化式原型进行结构制图。成品胸围是 91cm，比合体原型胸围小 1cm，理论上应缩小合体原型胸围 1cm。但实际上，根据款式需要，在设计前后分割线和后中曲线时，胸围自然会有所损失，正好可以达到无领修身小外套的胸围尺寸，故不需要对原型胸围做任何特殊处理。

如图 2–55 所示，后片不设肩省，后肩点缩短 1cm，剩余 0.5cm 的余量作为吃势存在，以做出后肩窝势。将前片侧缝省转移至袖窿中部，然后将袖窿省和前腰省连省成缝。

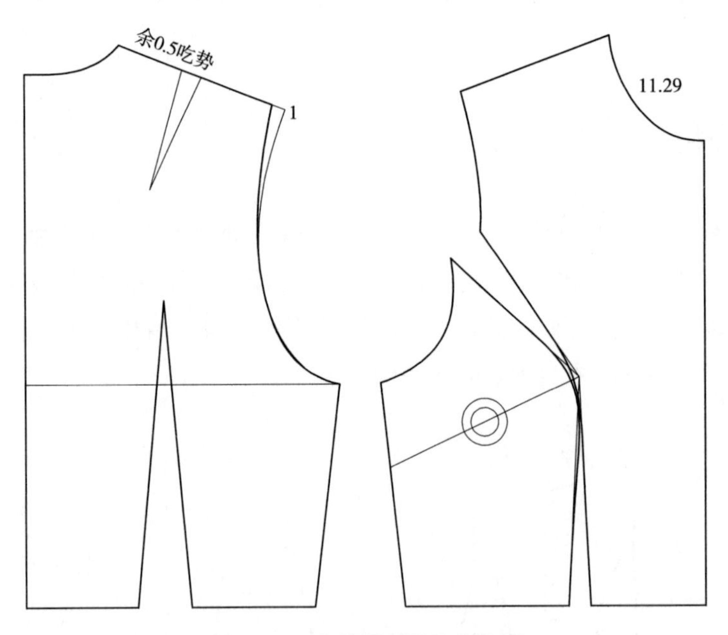

图 2–55　合体原型结构变化图

衣身结构制图如图 2–56 所示。

（1）修正领窝。后领窝开大 1.5cm，加深 1cm，圆顺后领窝弧线。前领窝开大 1.5cm，挖深 1.2cm，圆顺前领窝弧线。

（2）自后颈点取衣长 56cm，作前、后底摆直线。

（3）后中曲线。后中腰间内收 1.5cm，底摆处内收 0.5cm，然后圆顺画出后中曲线。

（4）后腰分割线。腰侧点直线连接至后腰低落 1.5cm 处，得后腰分割线。

（5）后袖窿分割线。三等分原后颈点以下 8cm 的水平线与后腰省尖点所在水平线之间的后袖窿弧线，第一等分点为分割起始点，作分割线，交至腰部分割线，分割线所含腰省量于右侧减少 1.5cm。

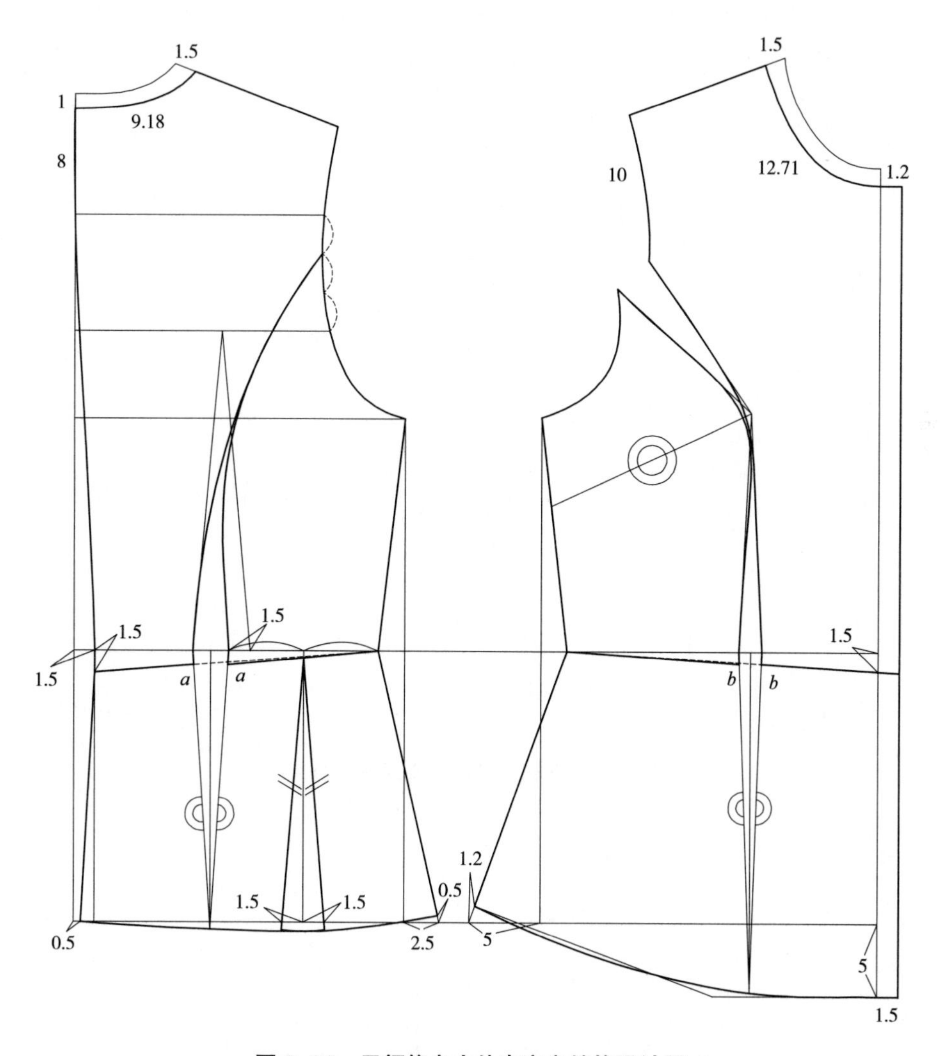

图 2-56 无领修身小外套衣身结构设计图

（6）作后侧摆线和底摆弧线。侧摆摆出 2.5cm 的量，并取起翘 0.5cm，垂直于侧摆和后中圆顺画出底摆弧线。

（7）设计后腰分割线以下的展开量。首先可以利用腰省量，作出腰下部的省道，然后合并省道，达到收腰目的。然后，在腰省右侧中间设计与款式图相符的分割线，且于分割线下端设计交叉重叠量 3cm，最后修正分割线摆角呈直角状态即可（图 2-57）。

（8）前门襟。作前门襟 1.5cm，得门襟止口线。

（9）前腰分割线。腰侧点直线连接至前腰低落 1.5cm 处，并延长至门襟止口线得前腰分割线。

（10）前衣长。前衣长加长 5cm。

（11）作前侧摆线和底摆弧线。侧摆摆出 5cm 的量，并取起翘 1.2cm，垂直于侧摆和后中圆顺画出底摆弧线。

（12）设计前腰分割线以下的展开量。首先也是利用腰省量，作出腰下部的省道，然后合并省道，达到收腰目的。然后，均匀设计 5 条分割线，平均展开 3cm 的平行褶量，即前衣身左右分别 5 个顺褶，每个褶量为 3cm（图 2–58）。

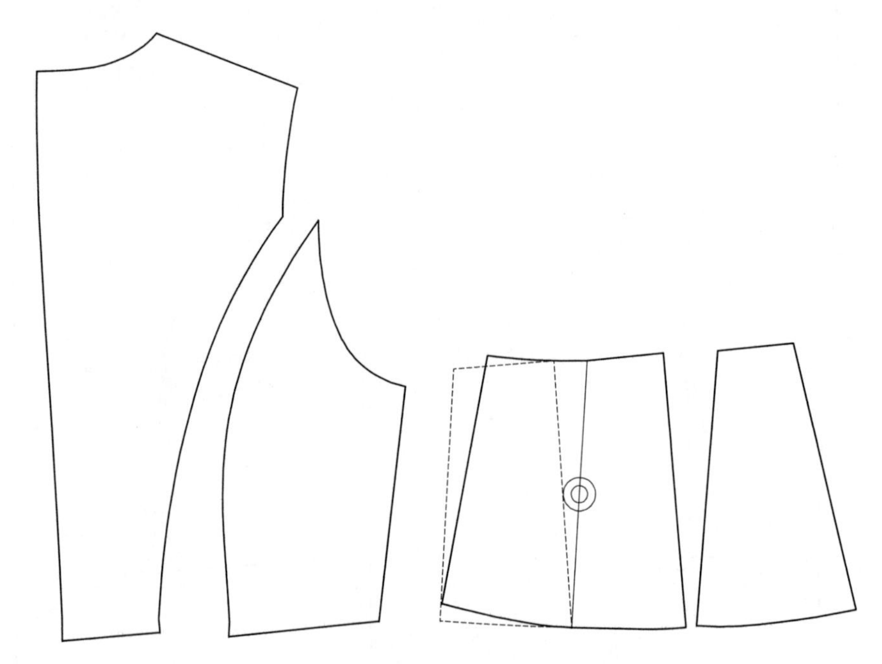

图 2–57　无领修身小外套后衣身分片图

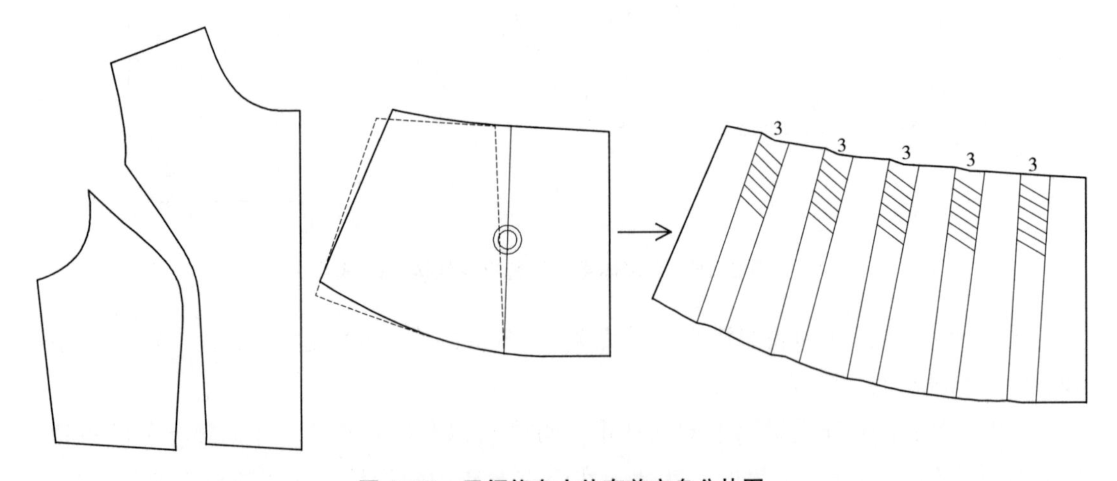

图 2–58　无领修身小外套前衣身分片图

2. 衣袖结构设计研究

（1）确定袖山高。首先作一条竖直线作为袖中线，取袖山高 AH/3=14.35cm，作一条水平线即为落山线（图 2–59）。

（2）取袖长。自袖山顶点取袖长 56cm，作水平袖口线。

（3）作袖山斜线。自袖山顶点分别向落山线作袖山斜线，前袖山斜线 = 前 AH，后袖山斜线 = 后 AH+1。然后测得袖肥 =33.35cm。过落山线两端点作垂直线交至袖口直线。

（4）作袖山弧线。四等分前袖山斜线，过第一等分点作垂直凸起 1.8cm，中点偏下 1cm 点作为袖山弧线与直线的交点，过第三等分点作垂直凹进 1.3cm。然后自袖山顶点向后袖山斜线取 1/4 前袖山斜线，并于此点作垂直凸起 1.5cm，然后将凸点以下的后袖山斜线四等分，过最下端等分点作垂直凹进 0.7cm。然后将以上标记点与袖山顶点圆顺连接，得袖山弧线。

（5）确定袖肘线。自落山线以上 3cm，平分以下的袖中线，自中点向上移 1.5cm 处作水平线，即为袖肘线。

（6）作大袖内袖缝弧线。首先以前袖山斜线的下端凹进 1.3cm 的点作为大袖内袖缝弧线的上端点，过此点作水平线。平分前袖肥，过中点作竖直线，向下交至袖口线，上交袖山弧线于一点，此竖直线与上述水平线相交，然后将大袖内袖缝弧线上端点以竖直线为轴对称到水平线上，得小袖内袖缝弧线上端点。袖肘线处左取 1cm 即为大袖内缝弧线于袖肘线上的端点。竖直线与袖口直线交点右取 2.5cm 得大袖内袖缝弧线的下端点。将以上三个端点圆顺自然地连接，得大袖的内袖缝弧线。

（7）作大袖外袖缝弧线。平分后袖肥，作竖直线，交袖山弧线于一点，然后反向取 0.5cm 转移水平线，交至袖山，为大袖外缝上端点，再将交点对称至竖直线右侧，所得点为小袖外袖缝上端点。自大袖内袖弧线下端点沿着袖口直线左取 15cm 得点，为大袖外缝下端标记点。然后自此点直线连接至后袖肥中线与落山线的交点，此直线与袖肘线交点左取 1cm，为大袖外缝标记点。圆顺连接大袖外缝上端点、袖肘标记点和下端标记点，并顺势延长 1.5cm，得大袖外袖缝弧线。

（8）作袖口弧线。垂直于大袖内、外袖缝作袖口弧线。

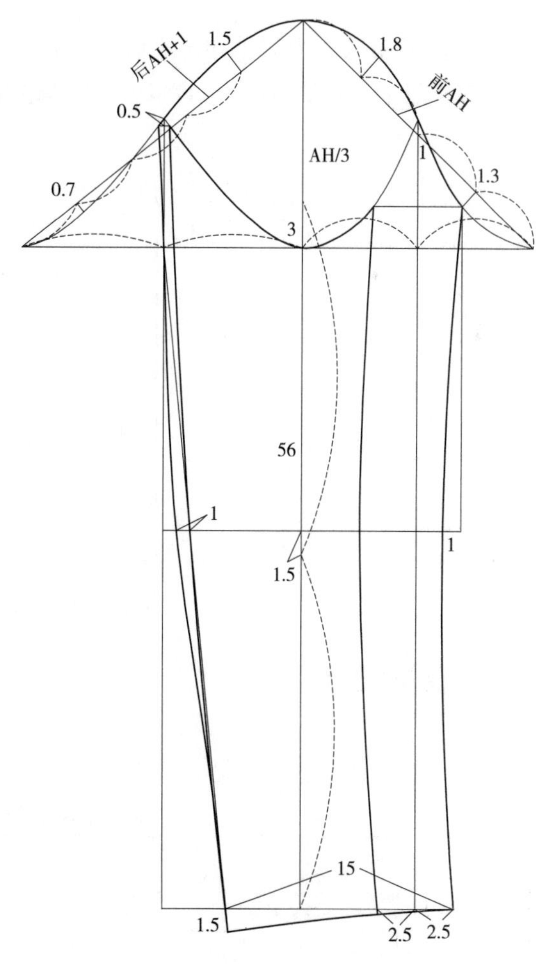

图 2–59　无领修身小外套衣袖结构设计图

（9）作小袖内袖缝弧线。步骤（6）中已得小袖内袖缝弧线上端点。自上述竖直线与袖口直线交点左取 2.5cm 得点，将此点以与大袖内袖缝弧线相似的弧度连接至内袖缝上端点，并向下交至袖口弧线。

（10）作小袖外袖缝弧线。步骤（7）中已得小袖外袖缝上端点，自此点圆顺连接至袖口弧线左端，经过袖肘处外袖缝内收 1cm 的点，得小袖外袖缝弧线。

（11）作小袖袖山弧线。分别以前、后袖肥中线为对称轴，将前袖肥中线右侧的袖山和后袖肥中线左侧的袖山作对称处理，即得到小袖袖山弧线。

第十三节　紧身风衣结构设计研究

一、款式分析

此款紧身风衣为双排扣翻立领，风格大气而美观，凸显女性优美的身体曲线。前、后衣身设计对称的直线公主分割线，衣摆略外扩，门襟为双排八粒扣（图 2–60）。

图 2–60　紧身风衣款式图

二、规格设计

紧身风衣的规格设计见表 2–13。

表 2–13　紧身风衣规格表　　单位：cm

项目	衣长	胸围	腰围	背长	袖长	肩宽	袖口围
尺寸	54	91	73	38	58	50	29

三、结构设计研究

1. 衣身结构设计研究

本款紧身风衣的衣身结构制图采用合体原型法，图 2–61 为合体原型，同时标注了各个省道大小和前衣身公主线起始点，即为前肩长中点偏肩顶点方向 2cm 的位置。

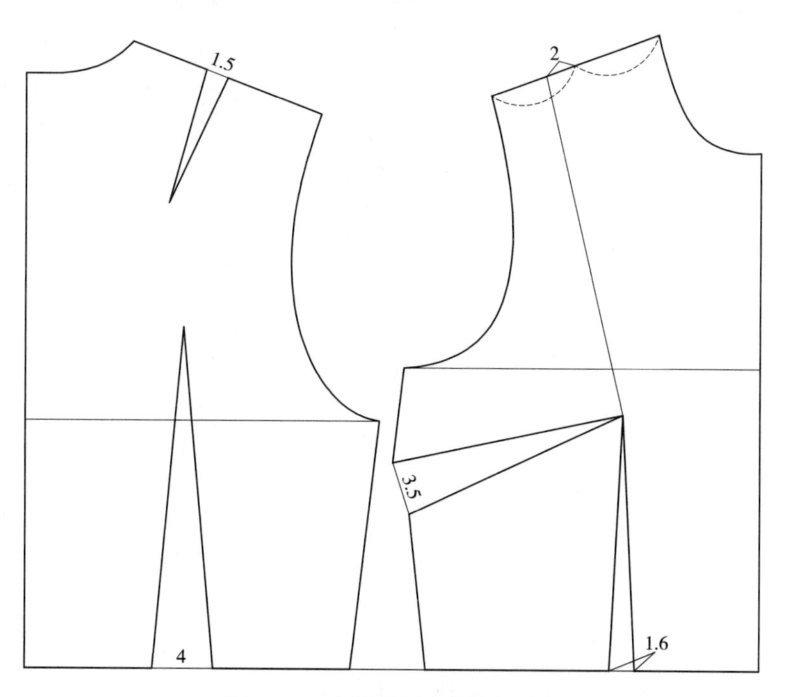

图 2–61　合体原型分割线设计图

衣身结构制图详细步骤如下（图 2–62）。

（1）取衣长。自后颈点取衣长 54cm，并作衣摆辅助直线。

（2）作后中曲线。确定后中曲线标记点，首先是以后颈点以下 8cm 的点作为曲线与后中心线的切点，腰间内收 1.5cm 的点为腰线后端点，衣摆辅助线内收 1cm 的点为底端点，圆顺连接以上标记点即得后中曲线。

（3）后侧缝线和底摆弧线。腰侧端点直线连接至侧缝辅助直线底端，并取上翘 0.5cm，即为后侧缝线。垂直于侧缝线和后中线圆顺画出底摆弧线。

（4）后片公主分割线。原后腰省中心线位置不变，修改省大为 3cm，以倒三角形连接至底摆弧线。腰线以上分割线的做法是，首先保留肩省省大，移动省尖使之与腰省两端圆顺自然连接形成公主分割线。

（5）转移前侧缝省。将前侧缝省转移至所设计的肩部分割线中。

（6）前中心线向下延长 1.5cm。

（7）腰省量。公主线所含腰省量设计为 2.6cm，省中心位置仍然不变，省下端开口 1cm。

（8）前片公主分割线。将肩省与前腰省圆顺自然连接形成公主分割线。注意两条弧线的弧度变化区别，同时要保证两条分割线长度一致，以便于缝合。

（9）设计双排门襟。设计门襟总宽度为 6.5cm，双排扣之间距离 9cm，对称分布在前中心线两侧。边缘扣位距离门襟止口 2cm。

（10）定扣位。第一粒扣位距离领口水平线 2cm，以下每隔 12cm 设计一粒扣，直至第四粒扣设计完成。

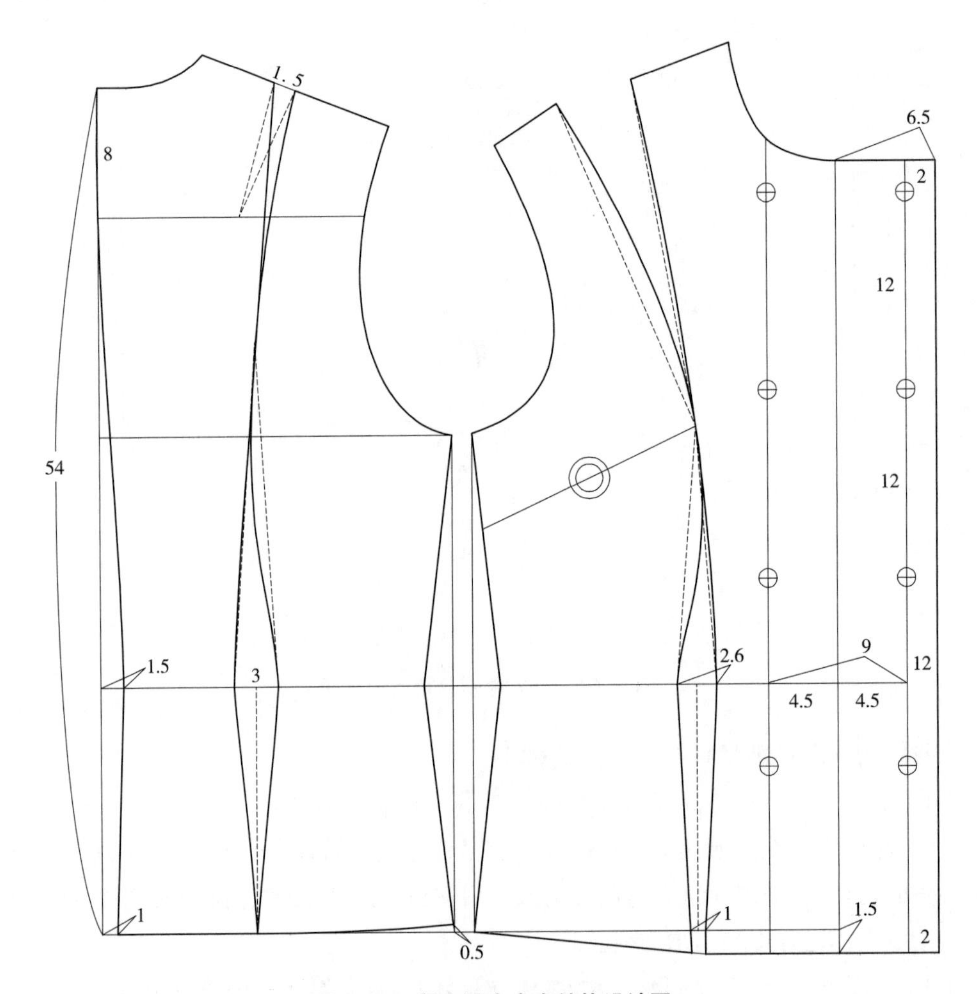

图 2-62　紧身风衣衣身结构设计图

2. 衣袖结构设计研究

（1）复制袖原型结构线及各辅助线（图 2-63）。

（2）抬高袖山高 2cm，并修顺袖山弧线。

（3）于落山线上分别平分左、右袖肥得两个中点 *a*、*b*，过此两点作铅直线交于原袖山弧线和袖摆线，交点为 *g*、*h*、*i*、*j*。

（4）取内、外袖缝标记点。分别自 *a*、*b* 两点向左、右取 2.5cm 得点 *c*、*d*、*e*、*f*，自 *g* 点向右取两次 1.3cm 得点 *k*、*l*，于 *h* 点向左 1cm 取点，而后于 1cm 处向左、右分别取 2.5cm，得点 *m*、*n*；于 *j* 点处向右取 0.5cm 得点，而后于此点沿着袖摆弧线取袖肥 /2–5cm= ◎ –5cm 得点 *o*。于 *j* 点向右取 3cm、向左取 2cm 得点 *p*、*q*。

（5）作袖口弧线。直线连接 *ko* 并延长 1cm 得点 *o*′，直线连接 *ak*、*ko*′，连接 *pm*、*qn*，连接 *nf* 并延长至与新袖山弧线相交，于交点处作水平线，连接 *me* 并延长与水平线相交于点 *s*。

（6）作内袖缝弧线。自 *o*′ 沿着 *o*′ *k* 方向取 9cm 作为标记点 *r*，将点 *c*、*g*、*r* 用圆顺弧线连接，并以 *r* 为弧线与直线的切点，后沿着弧线向上延长交袖山弧线，并于交点处作水平线；过点 *d*、*l*、*r* 并以 *r* 为切点作圆顺弧线，向上延长至与前面的水平线交于点 *t*。

（7）分别过点 *s*、*t* 和前后袖片分界点作圆顺的凹形曲线得小袖窿弧线，将 *o*′ *q* 用平滑圆顺的弧线连接袖口曲线。

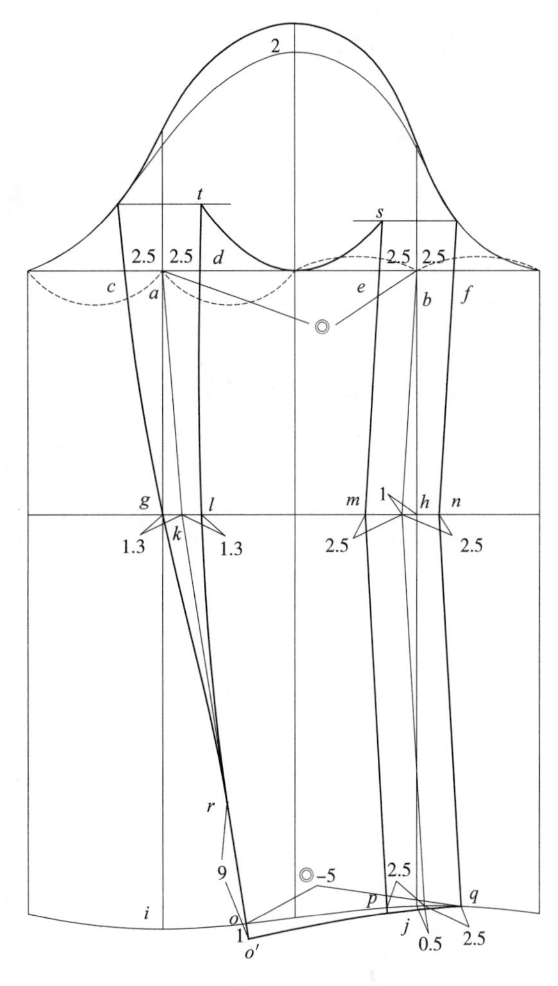

图 2–63　紧身风衣衣袖结构设计图

第十四节　紧身夹克结构设计研究

一、款式分析

此款紧身夹克属于紧身合体风格；衣身长度偏短，袖长偏长，为合体两片圆装袖；领型为小立领；门襟为对襟，绱拉链；衣身带有过肩设计，前片胸围以上的位置有一条横向分割线，同时靠近侧缝处与一条竖向分割线相交；后片设计一条横向分割线，两条竖向分割线；衣身底摆和袖口处分别设计横向分割；前身对称分布有袋盖的口袋（图 2–64）。

图 2–64　紧身夹克款式图

二、规格设计

本款紧身夹克的规格设计见表 2–14。

表 2–14　紧身夹克规格表　　单位：cm

项目	号	型	衣长	胸围	腰围	肩宽	袖长	下摆围
尺寸	160	84	52	94	74	38	58	90

三、衣身制图步骤设计

1. 选用原型

本款紧身夹克选用合体原型进行结构制图，然后将合体原型中的侧缝省转移至腋下形成腋下省（图 2–65）。

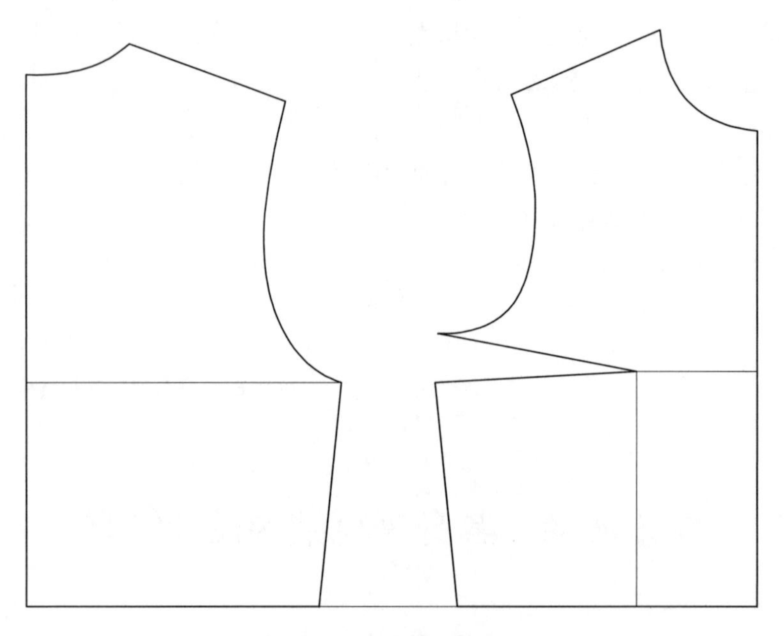

图 2–65　合体原型转省图

2. 制图步骤

（1）前、后衣片对位。后腰水平线对齐过前侧缝底端点的水平线（图 2–66）。

（2）取衣长。后腰线以下 14cm 得衣长，并画出前、后侧缝直线和底摆直线。

（3）作前、后侧缝弧线。将原型侧缝斜线圆顺连接至摆点，并修改侧缝弧度，使腋下略呈外凸造型，以符合人体腋下肋骨外凸的形态，腰以下外凸符合胯部外凸形态。

（4）作过肩线。自后中顶点向下 8.5cm 处画水平线，交至后袖窿弧线。前过肩线是距离肩线 3cm 的平行线。

（5）设计腰省量。首先测量紧身夹克原型中的腰围是 88cm，比成品夹克腰围大

14cm，因此半身制图大 7cm，前分割线中包含省量 2.5cm（一般不超过 3cm 为宜），后分割线包含腰省量可设计为 2.5cm 和 2cm。

（6）作后片竖向分割线。距离后中 8cm 处为分割线腰端点，腰省大 2.5cm，然后向右 6cm 处取省大为 2cm 的分割线腰端点。分别过两个腰省大中点向下作竖直线，交至底摆线。由于腰线以下衣长较短，省下端设计开口更有利于造型的自然流畅。两分割线开口大小分别为 1cm 和 0.5cm。在后过肩分割线上自左向右取 11cm 得左分割线起始点，自袖窿深点沿着袖窿弧线取 5cm 得点，作为右分割线起始点。然后分别用合理的弧线圆顺连接分割线起始点、腰端点、分割线底摆开口点，将后片过肩线以下分割为三片身（三开身）。

（7）作前片横向分割线。前中线自上而下取 6cm 得点，作水平线，并垂直水平线向下取长 3.5cm，同时要求交至前袖窿弧线，由此确定一点，将此点圆顺平缓地连接至前中所得点处，即为前横向分割线。

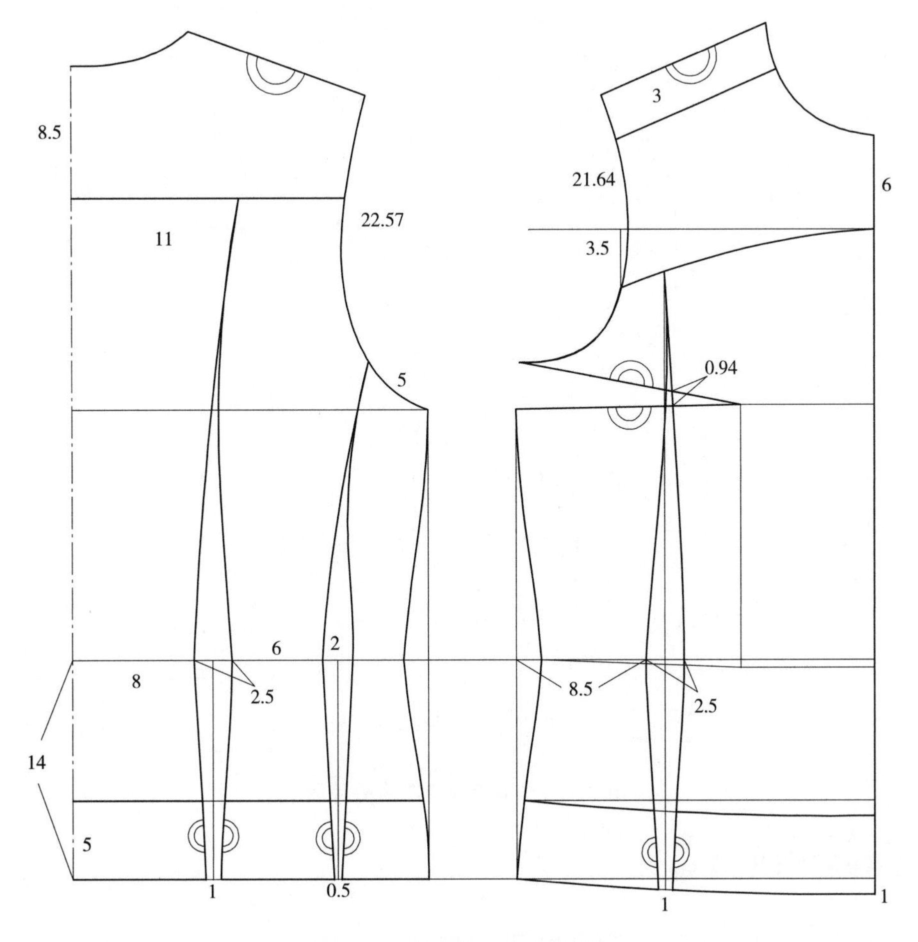

图 2-66　紧身夹克衣身结构图

（8）作底摆弧线。前中线下移 1cm，圆顺连接至侧缝线得底摆弧线。要求底摆弧线与侧缝线垂直。

（9）作前片竖向分割线。自侧缝直线沿腰线取 8.5cm 得腰省大左端点，接着取 2.5cm 的省大，平分省大并过中点作竖直线，向下交至底摆弧线，向上交至横向分割线，交点即为竖向分割起始点。腰省下端开口 1cm，平分在交点两端。最后圆顺连接分割起始点、腰省大两端点至底摆开口点，竖向分割完成。

（10）作紧摆贴边。自底摆向上量取 5cm，分别作前、后底摆线的平行分割线。紧摆贴边单独成片并在分割处合并起来。

（11）合并前侧片上、下两部分（图 2-67）。

（12）组合过肩。前、后过肩以肩线为准合并。

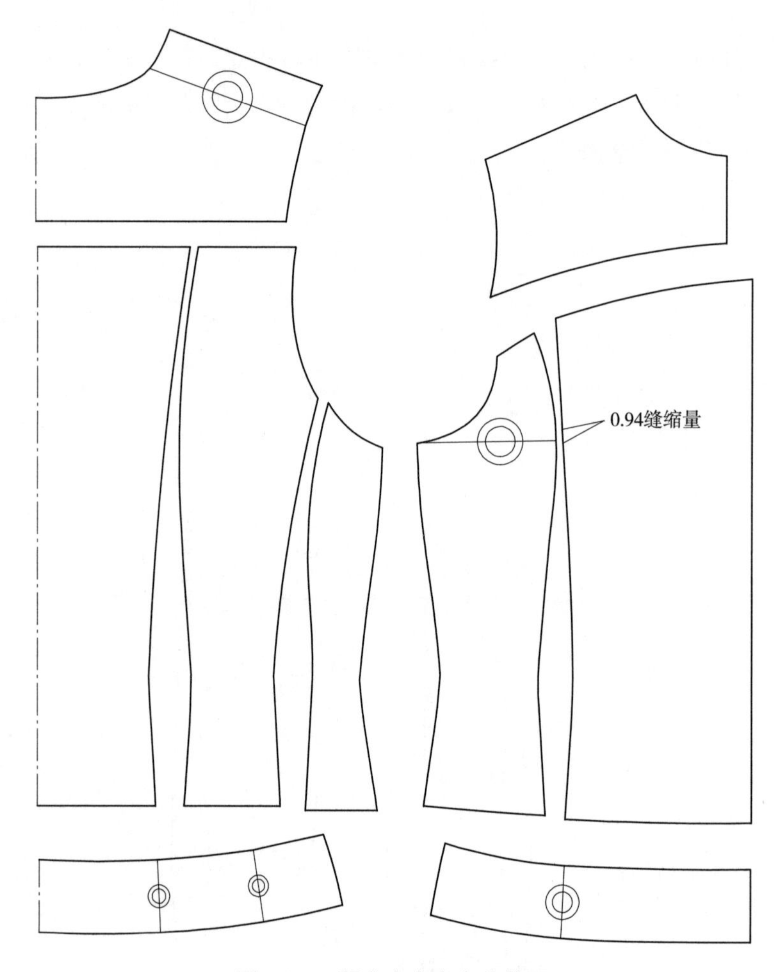

图 2-67　紧身夹克衣身分片图

四、衣袖制图步骤设计

1. 袖型分析

袖型为合体两片袖结构，袖口围 27cm，袖长 58cm，袖山高 15cm，紧摆袖口宽为 5cm。详细制图过程如图 2-68 所示。

2. 制图步骤

（1）测量得前 AH=21.64cm，后 AH=22.57cm。

（2）取袖长、袖山高、落山线。取一竖直线段长 58cm 为袖长，上端点为袖山顶点。自上而下取袖山高 15cm，画水平线为落山线。

（3）作袖山弧线、袖山斜线。自袖山顶点向落山线左右两端分别取线段长：后 AH+（0.8~1）cm、前 AH+（0.8~1）cm，这里取后袖山斜线 23.5cm，前袖山斜线 22.5cm。四等分前袖山斜线，第一等分点垂直斜线上凸 1.8cm，后袖山斜线上凸点和上凸量与前袖山相同。第二等分点沿斜线下取 1cm 作为袖山弧线转折点，第三等分点下凹 1.3cm 得点 h。三等分后袖山斜线，并将下端 1/3 份两等分，中点处取下凹量 0.5cm。过上述标记点和袖山顶点、落山线两端点，圆顺作出袖山弧线。

（4）作袖肘线。落山线以下 15.5cm 作水平袖肘线。

（5）作袖口辅助线。过袖中线下端点取水平线。

（6）作内、外袖缝辅助线。分别平分前、后袖肥得点 *p* 和点 *o*。过两点分别作竖直线，向上交袖山弧线于点 *n*、*a*，向下交至袖口辅助线，其中前袖交点水平右取 0.5cm 得点 *m*。

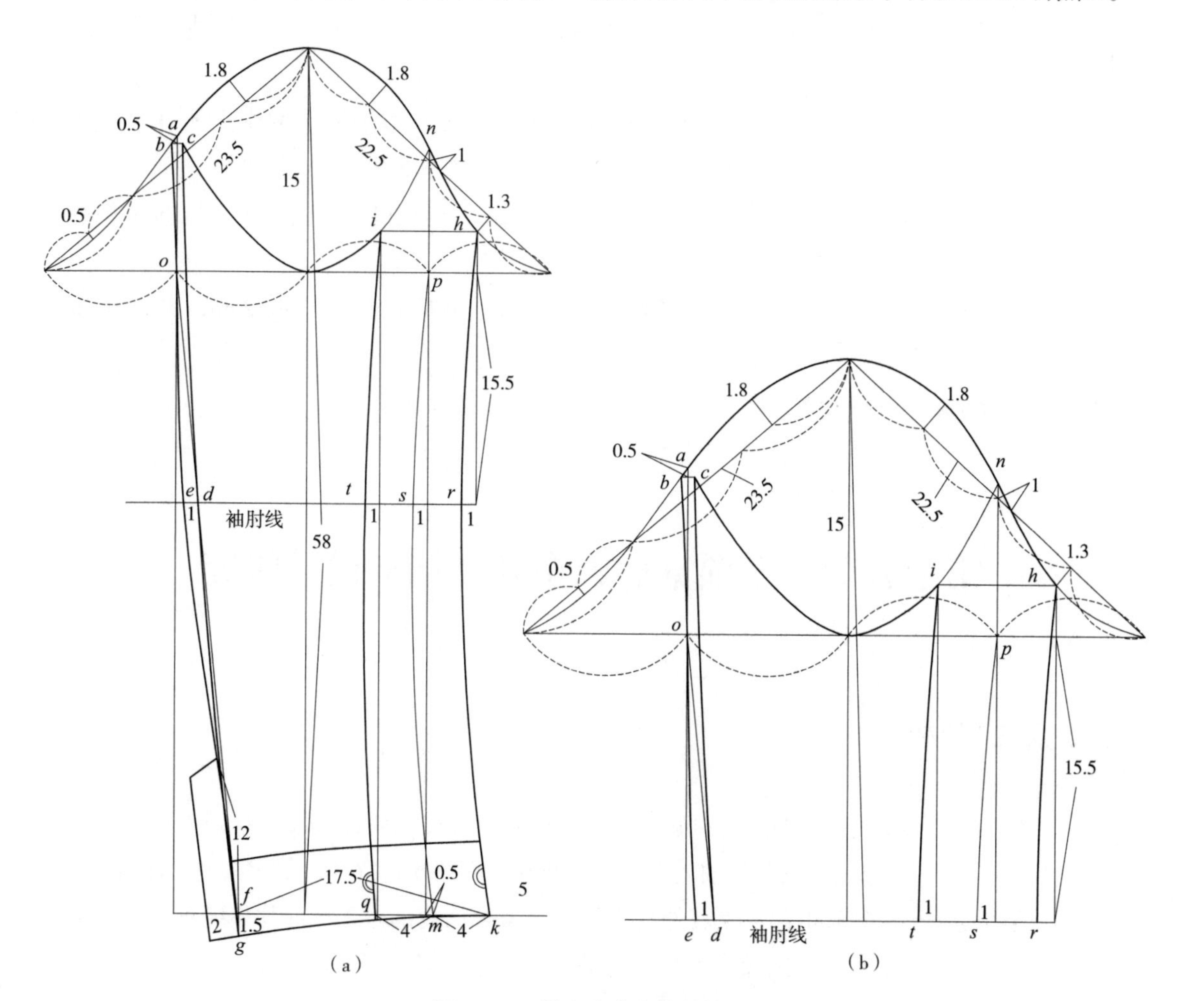

图 2-68　紧身夹克衣袖结构图

（7）取袖口宽。过点 m 水平向左、右两侧分别取 4cm 得点 q、k，k、q 两点为大、小袖内袖缝的下端点。已知袖口围 27cm，因此袖口宽应自 m 点水平向左取 27/2=13.5cm（或自点 k 左取 17.5cm），得点 f。

（8）作大袖内袖缝弧线。过点 h 作竖直线交至袖肘线，交点向左 1cm 得点 r，圆顺连接 h、r、k 三点，得大袖内袖缝弧线。

（9）作小袖内袖缝弧线。以 n 点所在竖直线为对称轴，将点 n 以下的前袖山弧线对称，过点 h 作水平线交此弧线于点 i。过点 i 作竖直线交至袖口直线，与袖肘线交于一点，自交点向左 1cm 得点 t，圆顺连接三点 i、t、q，得小袖内袖缝弧线。

图 2-69　紧身夹克衣袖分片图

（10）作大、小袖外袖缝弧线。自点 a 下取 0.5cm 作水平线，向左交袖山弧线于点 b，向右取等值得点 c。直线连接点 o 和点 f，并延长 1.5cm 得点 g。所得直线交袖肘线于点 d，自点 d 左取 1cm 得点 e。圆顺连接点 b、o、e、g，并修正下端与斜线相切，得大袖外袖缝弧线。圆顺连接点 c、d、g，并修正下端与斜线相切，得小袖外袖缝弧线。

（11）作袖口弧线。自点 g 垂直引出弧线切于袖口直线。

（12）作小袖后袖山。以线段 bc 的中点所在竖直线为对称轴，将点 b 以下的后袖山弧线对称即可。

（13）作袖口分割。自袖口弧线向上平行取 5cm 弧线即可。

（14）作袖衩条。向后延长袖口线 2cm，并向上取 12cm。

紧身夹克衣袖分片图见图 2-69。

第十五节　无领宽肩廓型外套结构设计研究

一、款式分析

如图 2-70 所示，此款无领宽肩廓型外套属于较宽松款式，略收侧腰，底摆略外扩；无省、无分割线，无领；袖型较宽松，带袖克夫；后中断开；门襟款式特别，左前片为正常门襟，右前片门襟延长至左侧肩中部，领窝处与左侧领窝重合，肩部与左侧前片肩缝重合，门襟止口为弧线型，与左侧挂面边缘线平行；肩部 2 粒扣，门襟止口 6 粒扣。

图 2-70　无领宽肩廓型外套款式图

二、规格设计

本款无领宽肩廓型外套规格设计见表 2-15。

表 2-15　无领宽肩廓型外套规格表

单位：cm

项目	衣长	胸围	腰围	臀围	背长	袖长	肩宽	袖口围
尺寸	60	100	90	110	38	59	40	30

三、结构设计研究

1. *衣身结构设计研究*

本款无领宽肩廓型外套原型采用的是第三代文化式原型。下面是无领宽肩廓型外套结构制图方法。首先需要对原型作修改（图 2-71）。

（1）原型腰线对位方式。首先将前片乳突量的一半的直线与后腰线对齐，然后将前、后腰线同时上调前片乳突量的一半。

（2）修正领窝。后领窝开大 1.5cm、挖深 1cm，修顺后领窝弧线。前领窝开大 1cm，挖深 0.5cm，修顺前领窝弧线。

（3）修正袖窿弧线。后肩点减小 1cm，后袖窿挖深 2cm，圆顺画出后袖窿弧线。前肩点不变，前袖窿挖深至与后袖窿平齐，圆顺画出前袖窿弧线。

（4）前、后肩长。根据款式需要，前、后肩长均增加 1.8cm 得新的肩线和肩点（图 2-72）。

（5）增加胸围。通过对比第三代原型的胸围数值 96cm 和成品胸围数值 100cm，我们可以把增加的 4cm 均匀分配到每一片衣身上，因此，前、后片袖窿深线分别于侧缝处增加宽度 1cm。

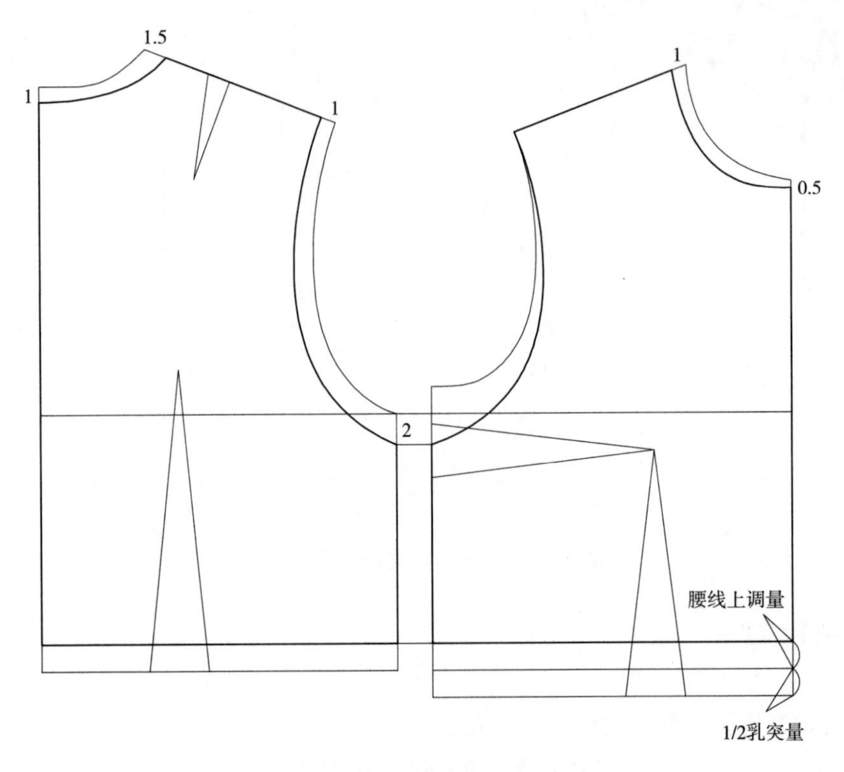

图 2-71 第三代原型结构变化图

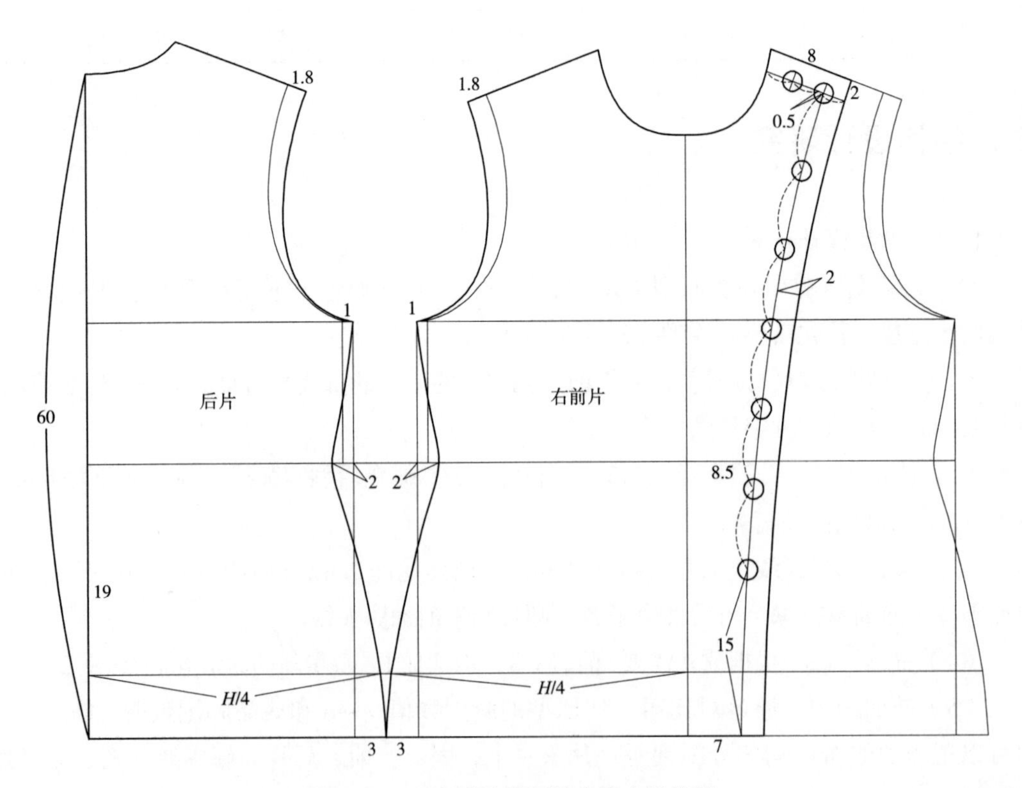

图 2-72 无领宽肩廓型外套衣身结构图

（6）取衣长和臀围。自后颈点取衣长 60cm，腰围以下取臀长 19cm，然后前臀围 = 后臀围 =$H/4$=27.5cm。

（7）确定摆出量，画侧缝弧线。按照款式特点，底摆摆出 3cm 较为合适，整件上衣无省，但是侧腰部收腰效果较为明显，因此前、后侧腰处设计内收量均为 2cm，然后将新袖窿深点与腰侧点、摆点圆顺连接，画好侧缝弧线。

（8）定右前片门襟止口线。首先确定止口线上端点、下端点和腰端点的位置。上端点是自前侧颈点沿肩线取长 8cm 的点；腰端点是自前中心线沿腰线向左前片取 8.5cm 的点；下端点位于底摆直线上，距离前中心线 7cm。圆顺连接三个标记点即得前门襟止口线。

（9）定扣位。距离肩线 2cm 画右前片肩线的平行线即为扣位线。三等分扣位线，上端等分点为第一粒扣位，下端等分点下移 0.5cm 为第二粒扣位。平行门襟止口线 2cm 画门襟扣位。下端上取 15cm 得最后一粒扣位，然后将剩余的扣位线六等分，得总共 6 粒扣位。

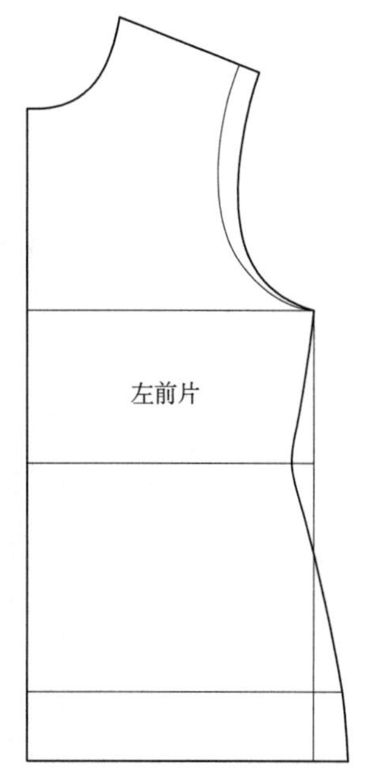

图 2–73　左前片结构图

（10）左前片结构图如图 2–73 所示。

2. 衣袖结构设计研究

（1）作竖直线，长为袖长 54cm，上端点为袖山顶点。自袖山顶点向下取袖山高 12cm，画落山线（图 2–74）。

（2）取前袖山斜线 = 前 AH=23.27cm，后袖山斜线 = 后 AH=24.16cm，然后分别三等分后袖山斜线、四等分前袖山斜线，前袖山斜线上取凸点 1.5cm、取凹点 1cm，交点为中点下移 1cm；后袖山斜线上取凸点 1.2cm、凸点 0.3cm，然后圆顺连接以上转折点和袖山顶点，得袖山弧线。

（3）画袖肘线。袖肘线的画法与原型一片袖方法相同。平分落山线与袖中线交点以上 3cm 以下的袖中线，中点上移 1.5cm 画水平线即为袖肘线。

（4）取袖口围、画袖缝线。自袖中线底端向两边对称，取前袖口宽 =（袖口围 /2–0.5cm）+4cm=18.5cm，取后袖口宽 =（袖口围 /2+0.5cm）+4cm=19.5cm。或者直接自两条侧缝辅助直线内收 1cm 得袖口端点。然后将两端点直线连接至落山线相应的两端，得袖侧缝斜线。自两条斜线与袖肘线的交点再内收 0.7cm，圆顺画出袖侧缝弧线，并于下端延长 0.5cm。

（5）作袖中分割。在袖口直线上，自袖中线向两侧取 4cm 得两点，然后将袖中线与落山线的交点圆顺连接至此两点，并向下顺势延长 1.5cm 得袖中分割弧线。根据款式需要，袖中部位可以设计分割线，也可以设计省道，目的是均匀分配袖肥与袖口围之差。也可不采用省道或分割的形式，有的款式也可以直接将袖口余量缩缝形成自然碎褶。

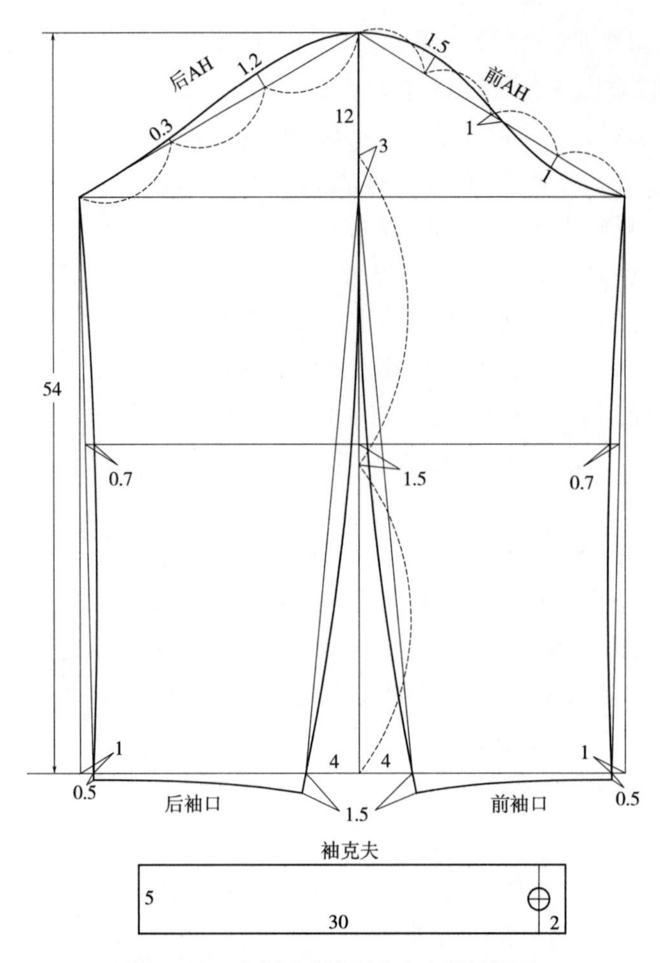

图 2-74　无领宽肩廓型外套衣袖结构图

（6）画袖口线。同时垂直袖缝和袖中分割线，引出圆顺的前袖口弧线和后袖口弧线。

（7）作袖克夫。袖克夫长为袖口围度 30cm 加搭门宽 2cm，宽为 5cm。

第十六节　无领落肩袖宽松外套结构设计研究

一、款式分析

此款无领落肩袖宽松外套风格宽松舒适；落肩造型，袖子为宽松一片袖，袖肥较大；小领窝领；门襟为斜线造型，绱拉链，左前身拉链位与右前身门襟止口平行（图 2-75）。

图 2–75　无领落肩袖宽松外套款式图

二、规格设计

本款无领落肩袖宽松外套规格设计见表 2–16。

表 2–16　无领落肩袖宽松外套规格表　　单位：cm

项目	衣长	胸围	背长	袖长	袖口围
尺寸	52	110	38	55	26

三、结构设计研究

1. 衣身结构设计研究

本款无领落肩袖宽松外套的原型采用箱型原型。本文所讲箱型原型是由第一代文化式女装原型变化而来的，方便箱型上衣进行结构制图时使用（图 2–76）。

（1）转省。首先需要将箱型原型前、后衣身的省道进行转移处理。后肩省转移至袖窿处，形成袖窿松量，同时相当于变相提高了肩点，增加了服装肩部的宽松度。前肩省转移至胸凸点以下，形成前腰省。转移此省的目的不是为了收腰省，而是为了方便绘制前肩线，实际上转移之后的前腰省并不收省，而是作为宽松量存在了。

（2）修领窝，画贴边。后领窝开大 1cm，同时挖深 1cm，圆顺后领窝弧线。前领窝开大 1cm、挖深 2cm，修顺前领窝弧线。

（3）设计领窝领。这里所说的领窝领为将衣身领窝分割再缝合所形成的领型。做法是，分别平行于前领窝弧线和后领窝弧线，画出宽为 2cm 的前领窝领下口线和后领窝领下口线即可。

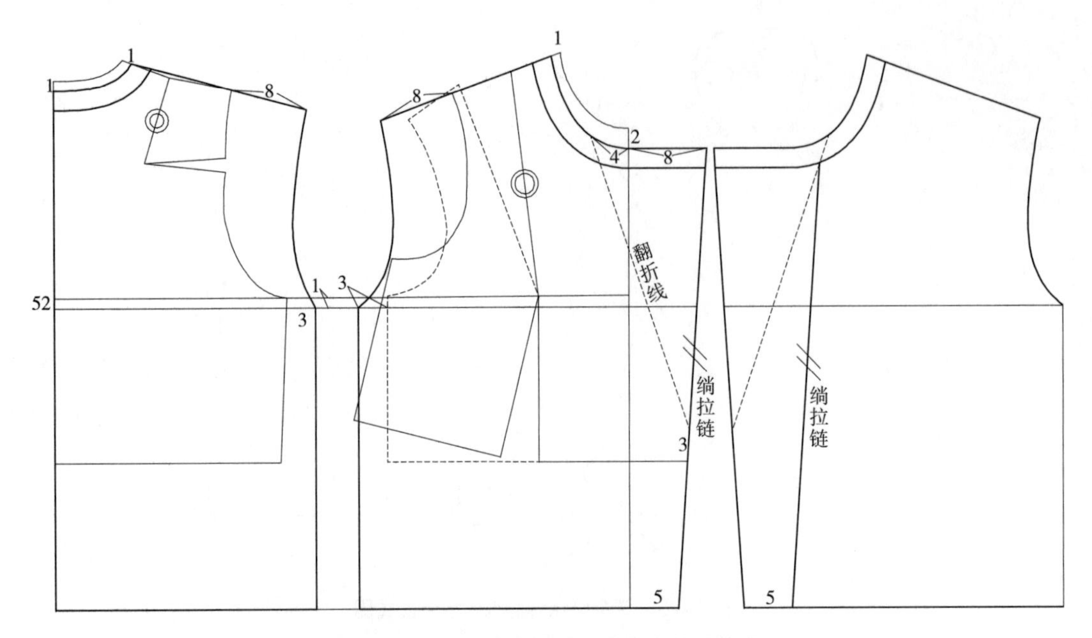

图 2-76　无领落肩袖宽松外套衣身结构图

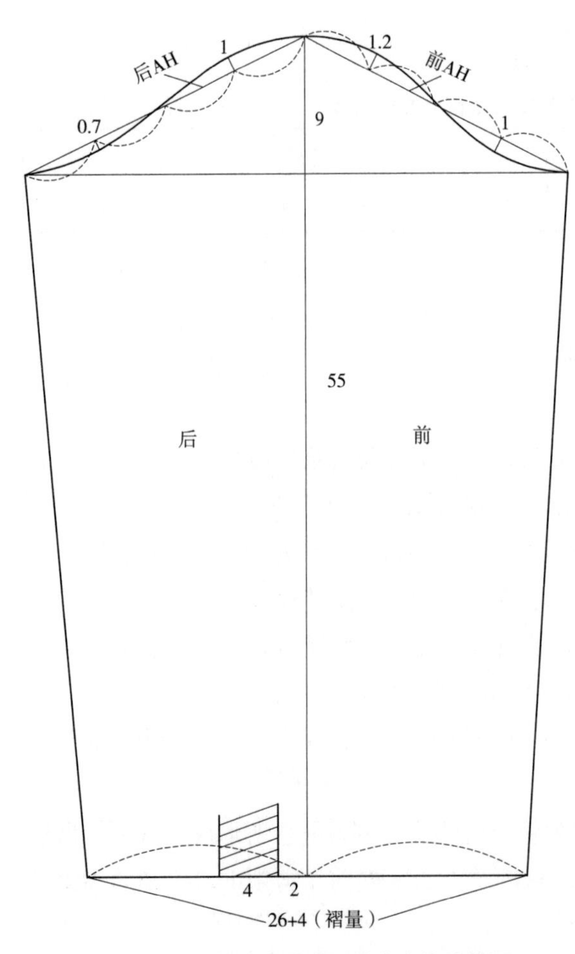

图 2-77　无领落肩袖宽松外套衣袖结构图

（4）肩线。将肩省转移之后的肩点直线连接至侧颈点并延长 8cm 得后肩点。前肩同样延长肩线 8cm 得前肩点。

（5）取衣长。自后颈点取衣长 52cm，并作前、后片底摆直线。

（6）增加胸围。分别在袖窿深线上，增加前、后衣身胸围 3cm，同时加深袖窿深 1cm。画出侧缝直线。

（7）作袖窿弧线。分别自前、后肩点平缓、圆顺地连接至前、后袖窿深点，得前、后袖窿弧线。

（8）作前门襟。沿着前领窝弧线直线延长 8cm，底摆直线延长 5cm，直线连接两点得前门襟止口线。

（9）画左前身拉链位。过左衣身门襟与底摆直线交点取 5cm 得点，然后过此点作右前身门襟止口的平行线，交至左前身领窝处，即得左前身拉链位置。

2. 衣袖结构设计研究

（1）必要尺寸。从图 2-77 中测得，袖窿弧长 AH=41.16cm，其中前 AH=20.43cm，后 AH=20.73cm，袖长 =55cm。

（2）确定“两线一肥”。做一条竖直线作为袖中线，取长 55cm，顶点即为袖山顶点。自上而下取 9cm 作落山线，并从袖山顶点出发分别向落山线左、右两端取后袖山斜线和前袖山斜线，长度分别为后 AH 和前 AH，得袖肥。

（3）作袖山曲线。四等分前袖山斜线，于第一等分点和第三等分点处分别垂直袖山斜线向上、向下作垂线段，长度分别为 1.2cm、1cm，作为前袖山曲线的凸起和凹进点；中点下移 1cm 处作为袖山曲线与斜线相交的转折点。四等分后袖山斜线，于第一等分点和第三等分点处分别垂直袖山斜线向上、向下作垂线段，长度分别为 1cm、0.7cm，作为后袖山曲线的凸起和凹进点，由此得到 9 个袖山曲线的轨迹点，最后用圆顺曲线连接便完成袖山曲线的绘制。

（4）取袖口围。袖口 = 袖口围 26cm+ 褶量 4cm=30cm，平分在袖中线两侧。

（5）作袖缝直线。分别用直线连接落山线前端点和袖口前端点，落山线后端点和袖口后端点，得前、后袖缝直线。

第十七节　落肩袖羊毛双面呢外套结构设计研究

一、款式分析

本款落肩袖羊毛双面呢外套的款式特点：落肩型，袖型较宽松，平驳领，短款，单排门襟三粒扣，前胸设计带袋盖的贴袋（图 2–78）。

图 2–78　落肩袖羊毛双面呢外套款式图

二、规格设计

本款落肩袖羊毛双面呢外套的规格设计见表 2–17。

表 2–17　落肩袖羊毛双面呢外套规格表　　单位：cm

项目	衣长	胸围	背长	袖长	肩宽	袖口围
尺寸	58	100	38	52	50	25

三、结构设计研究

1. 衣身结构设计研究

（1）后领窝开大值。以往后领窝开大一般是自侧颈点沿肩线取开大值，这里采用的方法是，自侧颈点沿着水平线取开大值 1cm。因为考虑到整体风格较为宽松，因此侧颈点开大但高度不变，相当于给侧颈点处增加了适当的放松量。测得后领窝弧长○ =9cm。

（2）落肩袖的落肩量。落肩量根据款式需要而定，也不可无限增加，这里结合成衣肩宽 50cm，确定了落肩量大约为 5cm 的取值较为合理。后肩长确定后，前肩长依据后肩长而定（图 2–79）。

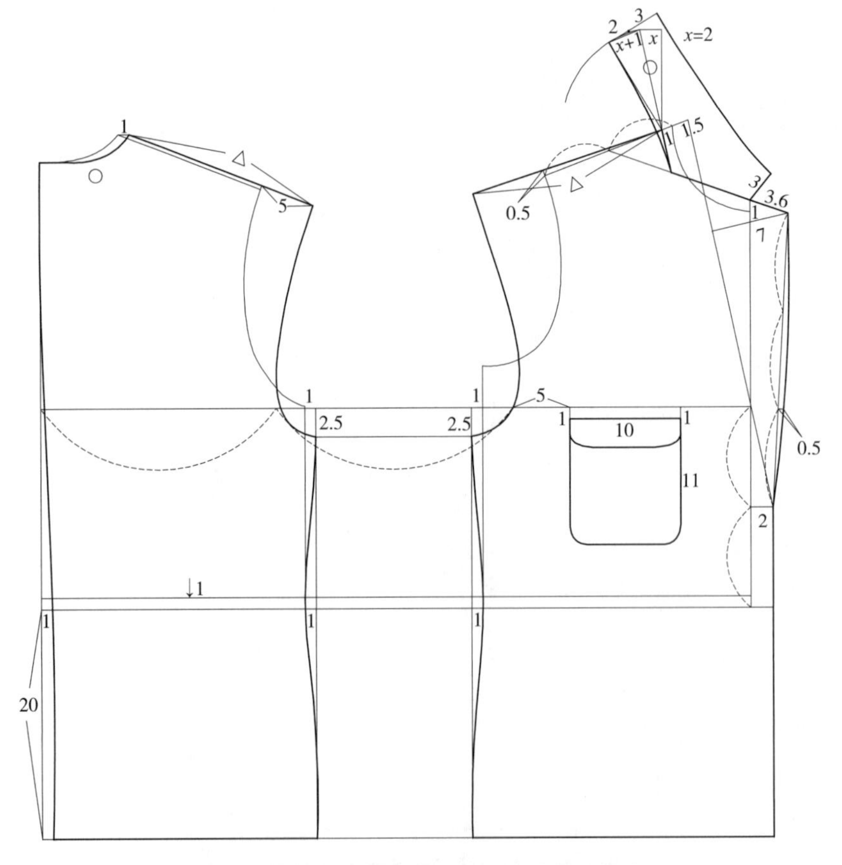

图 2–79　落肩袖羊毛双面呢外套衣身结构图

（3）腰线下调 1cm。一般情况下，越合体的服装越倾向于提高腰线，以拉长下身比例，而宽松服装收腰不明显，降低腰线可使服装更加灵活舒适。

（4）取衣长。腰围以下取衣长 20cm，作底摆直线。

（5）袖窿加宽并开深，圆顺袖窿弧线。首先保证胸围宽度合适，分别增加前、后胸围 1cm。袖型与衣身相匹配，袖子当然也是较宽松款式，因此，袖窿必然要挖深，挖深量不宜过大。这里为保证袖窿弧长控制在 46cm 左右，选择挖深 2.5cm 左右较为合理。圆顺袖窿弧线时，注意保证前、后肩角为直角。

（6）侧缝弧线。前、后侧缝弧线均于腰线处内收 1cm，然后圆顺侧缝弧线即可。

（7）作驳领。首先将前中心线提高 1cm 得点，然后将此点直线连接至原型前肩线中点处，得串口线，并反向延长 3.6cm，为领缺嘴宽度。平分原袖窿深线至新腰线之间的前中线，过中点作门襟宽 2cm 得驳点，作前门襟止口直线。先直线连接领缺嘴宽点和驳点，然后将直线三等分，于下端等分点处作垂直外凸量 0.5cm，然后圆顺画出驳领外轮廓线。

（8）作领底弧线。沿着肩线反方向延长前身原侧颈点 1.5cm，直线连接至驳点得驳折线。自原侧颈点沿肩线方向取 1cm 得成衣前侧颈点。过此点作驳折线的平行线段，并向上取长○ =9cm。同时过侧颈点取竖直线，并测得驳折线的平行线段上端点到竖直线的水平距离记为 x。

倒伏量的计算仍然采用公式 $x+a$，x 经测量约为 2cm，a 是翻领宽与领座宽的差值，此款翻立领较为小巧，领座宽取 2cm，翻领宽取 3cm，因此差值为 1cm，故倒伏量约为 3cm。取倒伏量，并圆顺画出领底弧线。

（9）取领缺嘴高，作领外轮廓线。自领缺嘴宽内端点，以大约 70° 的角度取领缺嘴高 3cm。垂直于领底弧线上端，取领座宽 2cm，再取翻领宽 3cm。垂直于领宽线圆顺连接至领缺嘴高点，得领外轮廓线。

2. 衣袖结构设计研究

衣袖结构设计过程较简单，为后片分割两片式较宽松袖（图 2–80）。袖山高为 12cm，袖肥测得 39.8cm。

（1）作竖直线，长为袖长 52cm，上端点即为袖山顶点。自袖山顶点向下取袖山高 12cm，画落山线、侧缝直线和袖口直线。

（2）取前袖山斜线 = 前 AH=24cm，后袖山斜线 = 后 AH+0.5cm=23cm，然后分别三等分后袖山斜线、四等分前袖山斜线，前袖山斜线上取凸点 1.5cm、取凹点 1cm，交点为第二等分点下移 1cm；后袖山斜线分别上取凸点 1.2cm、凸点 0.3cm，然后圆顺连接以上转折点和袖山顶点，得袖山弧线。

（3）画袖肘线。袖肘线的画法与原型一片袖方法相同。平分落山线与袖中线交点以上 3cm 以下的袖中线，中点上移 1.5cm 画水平线即为袖肘线。

（4）取袖口宽、画袖缝线。自袖中线底端向两边对称，取总袖口宽 = 袖口围 +4cm（袖口省量）=29cm。然后将两端点直线连接至落山线相应的两端，得袖侧缝斜线。自两条斜线与袖肘线的交点再内收 0.7cm，圆顺画出袖侧缝弧线，并于两端延长 0.5cm。垂直于前、后袖缝弧线圆顺连接两点得袖口弧线。注意袖口弧线与袖口直线相切于前袖口直线中间位置。

（5）作后袖分割线。平分后袖缝弧线至袖中线之间的袖肘线长，过中点作竖直线（分割辅助直线）。然后向两侧分别取 2cm 得两点，然后将分割辅助线与落山线的交点圆顺连接至此两点，得后袖分割弧线。

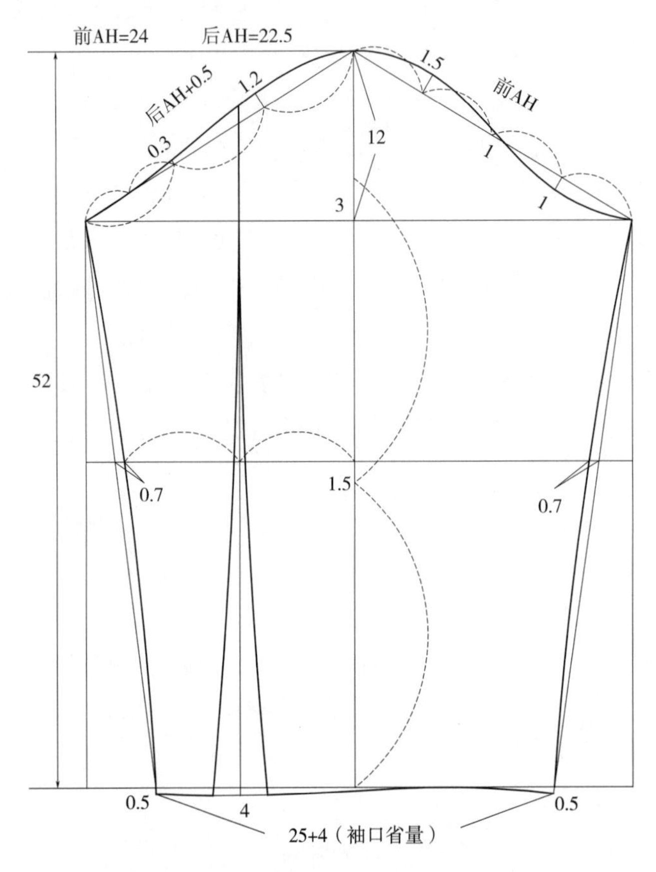

图 2-80　落肩袖羊毛双面呢外套衣袖结构图

第三章　合体新文化式原型法成衣结构设计研究

第一节　合体新文化式原型

一、新文化式原型特点分析

利用新文化式原型进行成衣结构制图，最大的优点便是省道的分散合理而造型立体自然。总体特点分析如下：

第一，在着装状态下，原型腰线需保持水平，这是新文化式原型应用变化的前提。在此基础上，可进行多种服装款式的结构设计。在进行连衣裙的纸样设计时，可以选择稍下落的腰线分割线，但对于大衣、西装及其他的服装纸样而言，新文化式原型中倾斜的腰线并不合适。

第二，新文化式原型是在腰部合体状态下腰线水平，但当放松省道后，腰线会出现后倾现象及前长和后长的平衡关系被打破。

第三，当只把胸省及肩胛省缝合后，原型呈一种箱形状态。

第四，新文化式原型前肩 22°、后肩 18°，与胸围尺寸无关，呈现出紧身原型的穿着结果。这种状态比第一代文化式原型肩斜度略低些。由于考虑到人体运动过程中，肩部会向上移动，为了便于运动，在应用新文化式原型进行成衣结构制图时，肩斜取值略小些更为实用。

第五，在胸宽、背宽、袖窿宽三者中，受胸围尺寸大小影响最大的是袖窿宽，然后是背宽。

二、合体新文化式原型特点分析

合体新文化式原型在新文化式原型的基础上做了很多改动，也增加了许多更合理的结构分析和设计。例如，剪掉侧省，再合并，从而得到合适的袖窿宽；合并和修正后侧省，使得后侧缝线的倾斜度与老原型相同；转移部分袖窿省成腰省，使得前腰省变大；将后背部整体抬高、后肩斜改小等。

合体新文化式原型适合做贴身的服装，而宽松服装的前腰节需要适当降低一些，胸省也会随之小一些。胸省还可以转一部分作为前衣身下跌量（前腰节下降的量即为前衣下跌量）。对于胸围较大的女性，前腰节不够长时还可向上加长。实验证明，当做贴身服装时，把前腰节加长、胸省加大，前胸宽和后背宽改小，服装会更加合体。

第二节　七分袖合体衬衫结构制图

一、款式分析

1. 款式图

七分袖合体衬衫款式图如图 3–1 所示。

图 3–1　七分袖合体衬衫款式图

2. 款式分析

（1）领型。普通衬衫领，翻折领，圆领角。

（2）门襟扣位。单排窄门襟，七粒扣。

（3）款式风格。较为合体收腰。

（4）底摆。弧线底摆，侧部弧形上凹。

（5）省道、分割线。前后片各设两个对称的腰省；前、后片肩部有横线分割线，形成前过肩和后过肩。

（6）袖型。七分合体袖，袖口翻折，肩部有自然缩褶，形成泡泡袖造型。

二、规格设计

七分袖合体衬衫规格设计见表 3–1。

表 3–1　七分袖合体衬衫规格表　　单位：cm

项目	号	型	胸围	腰围	衣长	袖长	袖口围	背长	净腰围
尺寸	160	84	92	78	62	40	24.5	38	68

三、制图原理与步骤

本款七分袖合体衬衫将使用修正后的新文化式原型进行成衣结构制图。

1. 后片制图

（1）修正新文化式原型呈平衡状态（图 3–2）。

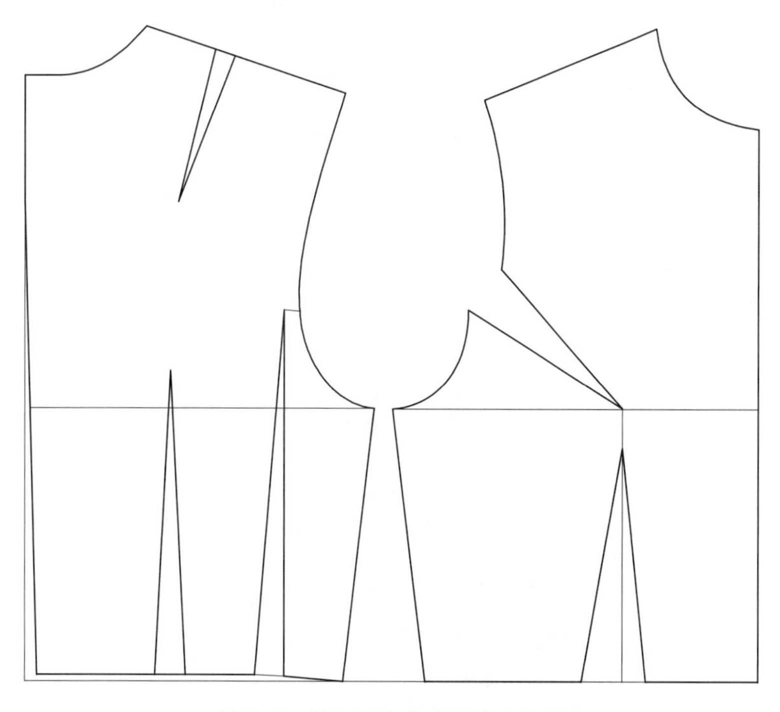

图 3–2　修正新文化式原型结构图

（2）侧缝线和后中线均采用修正后的斜线和曲线形式。

（3）调整胸围尺寸。修正后的新文化式原型胸围为 92cm，因为衬衫款式较为合体，可直接将成品胸围设计为 92cm。因此，修正后的新文化式原型胸围不必做任何处理。

（4）后领窝开大 0.5cm，修顺后领窝弧线（图 3–3）。

（5）后肩点沿着肩线方向缩短 1cm、同时抬高 1cm，画后肩直线。

（6）画袖窿弧线。袖窿挖深 1cm，以满足腋下基本活动量。自肩点引肩线的垂线，以直角引出并圆顺画出袖窿弧线。

（7）测量腰围，计算并合理分配前后腰省量。如图测得腰围比成品尺寸大 5.62cm，即腰部需要收掉的总省量是 5.62cm，根据衣身制图“前紧后松”原则，前腰省和后腰省分别设计省量为 3cm 和 2.62cm。

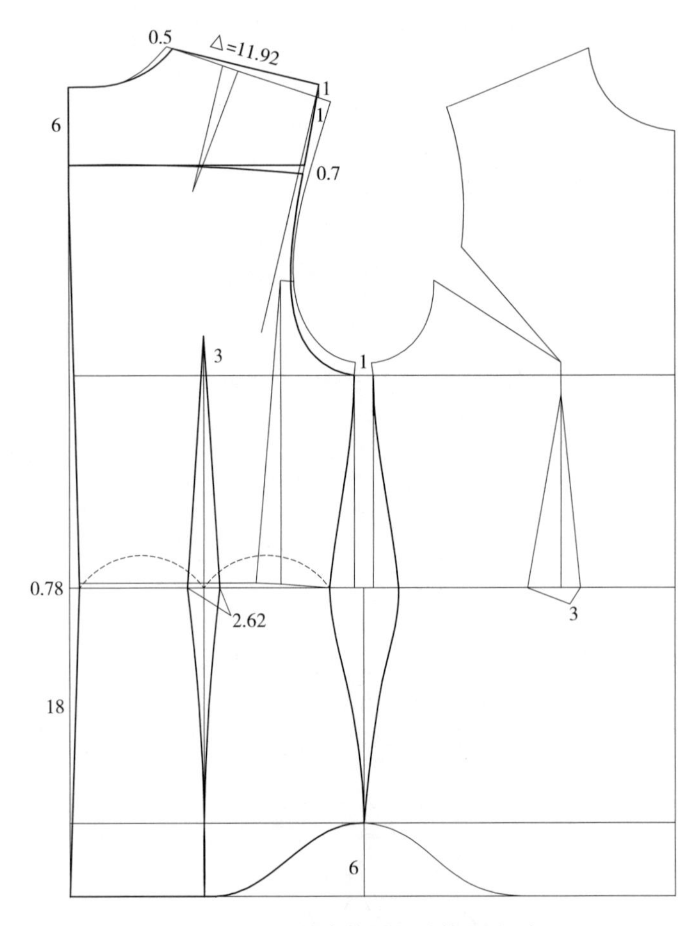

图 3–3　七分袖合体衬衫结构图（a）

（8）画侧缝弧线。自新袖窿深点向腰端点和下摆上抬 6cm 处，以圆顺合理的弧线画出侧缝弧线。注意合理的弧度应理解为符合人体侧部曲线状态的弧线形态，一般表现为腋下适当外凸和腰线以下至臀围处外凸。

（9）画底摆弧线。自侧摆点向底摆直线画弧度自然、合理、美观的凹凸变化的曲线。注意应与底摆直线自然相切并重合。

（10）画后腰省。平分后腰量，过中点作垂直线，上至新袖窿深线以上 3cm 处，为省尖点；下至底摆弧线。省量大小为 2.62cm，平分在腰线两端；为了使后腰省更加自然，下端省线设计为弧线造型，以符合腰部以下部位人体曲线的状态。

（11）画后肩育克线。自后颈点向下取 6cm 画水平线交于后袖窿弧线得上育克线。自交点沿着袖窿弧线取 0.7cm 育克开口，然后圆顺画出下育克线。

（12）加深轮廓线和内部结构线（省道线），以便与基础线条和各种辅助线区别开来。

2. 前片制图

（1）画侧缝弧线。同后片，前片腰部以修正后的斜线为准，向下连接至底摆抬高6cm处，依据人体侧部造型修正弧线的弧度走向。前侧缝弧度比后片略大。

（2）将部分袖窿省转移掉，形成侧省（图3–4）。根据七分袖合体衬衫的合体度进行设计，将袖窿省的3/4转移形成侧省，剩余的1/4则作为袖窿松量存在。自 *P* 点竖直下取5cm画一条省线。然后将袖窿省等分为四份，转移其中三份到侧省。

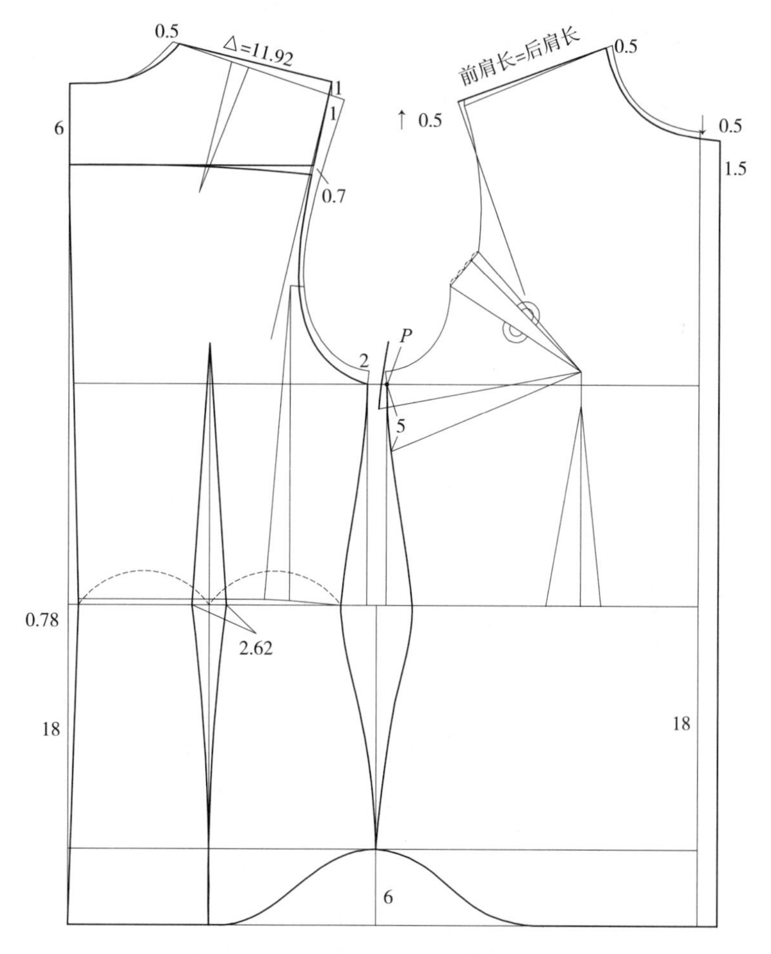

图3–4　七分袖合体衬衫结构图（b）

（3）修领窝，画领窝弧线。前领开大0.5cm、挖深0.5cm，画顺领窝弧线。

（4）延长领窝弧线1.5cm作为搭门量。

（5）画前肩线。抬高原前肩点0.5cm，并连接至新侧颈点。延长前肩长使其等于后肩长，得前肩点。

（6）画袖窿弧线（图3–5）。自前肩点引肩线的直线，后垂直引出袖窿弧线，要求弧度自然、弧长合理。一般情况下，前袖窿弧长比后袖窿弧长小1.5cm以内较为合理，具体还要视款式而定。

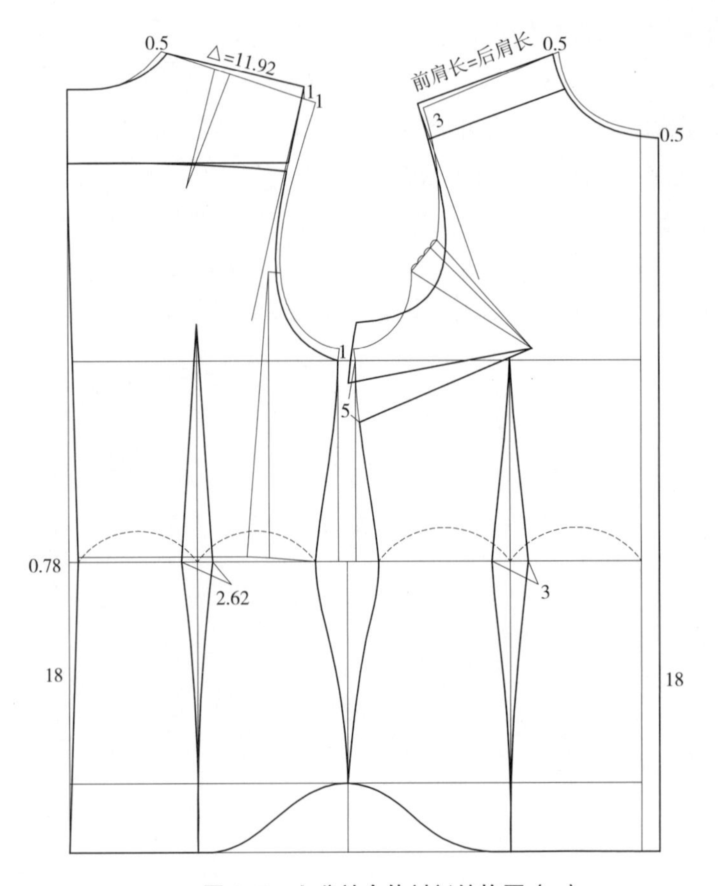

图 3–5　七分袖合体衬衫结构图（c）

（7）画底摆弧线。垂直于侧缝线引出底摆弧线，与后片相似。弧线与底摆直线相切于底摆直线的中点。

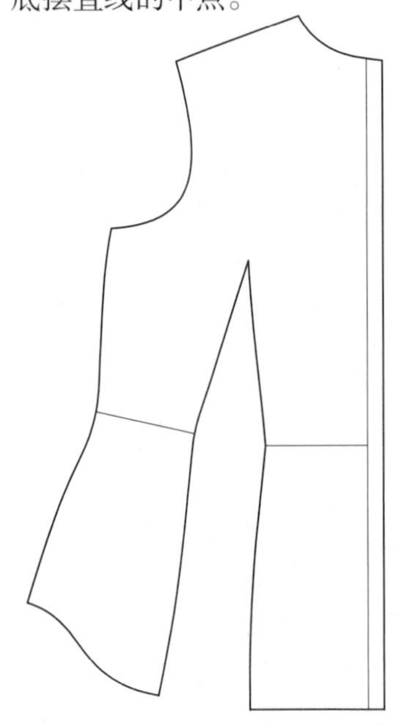

图 3–6　七分袖合体衬衫结构图（d）

（8）画前腰省。根据前面的省道分配，前腰省量应为 3cm。平分前腰围，画出省中线，上交于侧省省线，下交于底摆弧线。省大 3cm，平均分布在省中线两侧。

（9）省道转移。因款式图中无侧省，故应将侧省转移至腰省，并调整省尖点（图 3–6）。

（10）加深轮廓线。

3. 袖子制图

（1）画落山线和袖中线。

（2）取袖山高（前 AH+ 后 AH）/4+1，得袖山顶点。

（3）画前、后袖山斜线。前袖山斜线长 = 前 AH，后袖山斜线长 = 后 AH–0.5。

（4）画袖山弧线。四等分前袖山斜线，每份记为 a，于第一等分点处垂直向上取 1.8cm 得标记点 1，于第二等分点处沿袖山斜线向下取 1cm 得标记点 2，于第三等分点处垂直斜向下取 1.2~1.3cm 得标记点 3。同时，自袖山顶点向后袖山斜线取 a，垂直向上取 1.5cm 得标记点 4，将以上四个标记点和袖山顶点、袖肥端点圆顺连接得袖山弧线。

（5）取袖长。自袖山顶点竖直下取 40cm 得袖长。

（6）画袖口直线和袖缝线。自袖长线下端点向两端平均分配袖口围，并画出袖缝直线。延长袖缝线至一点，使其与此点至袖中线下端点的连线垂直。

（7）画袖口弧线。圆顺画出袖口弧线，并调整弧线使其长度等于 24.5cm。调整的方法是：在保证袖缝线与袖口线垂直的状态下，袖缝线向两端平均外延。

（8）画翻折袖口线。平行于袖口线 6cm 画翻折袖口线，同时外延 0.3cm，以留出一定的翻折容量。

（9）加深轮廓线（图 3–7）。

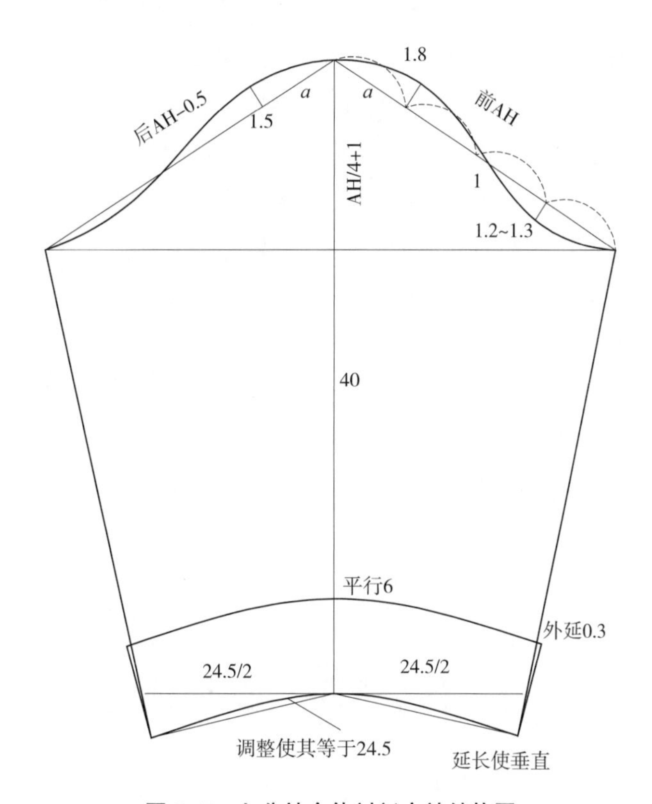

图 3–7　七分袖合体衬衫衣袖结构图

第四章　比例法成衣结构设计研究

比例法结构制图是以人体各部位尺寸为基本依据，利用各种经验值和公式直接进行结构制图的过程。运用比例法结构设计时，关键在于把握人体凹凸变化趋势以及如何做到合体舒适的尺寸设计。

要做合体或较合体女装，有以下两种方法。

第一种方法是先设计好胸围松量和成品胸围，并依据胸围尺寸画好基本框架，然后在腰围线上直接取腰围数值，多余的部分即为此衣片的胸腰差。前片胸腰差余量可以分为两部分——前腰省量和侧缝撇去量，其中侧缝撇去量的大小范围是1~3cm，常用范围是1.5~2cm；后片胸腰差值可根据服装合体状态和款式分为三部分——后腰省、后中省和侧缝撇去量，或直接设计为后腰省量和侧缝撇去量。

第二种方法是先设计好胸围松量和成品胸围，然后计算出胸腰差值，并在腰围线上取腰围 + 腰省量，省大的设计要结合侧缝的倾斜程度和侧缝撇去量综合设定，还要注意腰省省大不能过大，要达到收省效果是使得服装整体呈立体收腰状态而非仅仅局部收腰的原则。

两种方法异曲同工，各有特点。方法一精确合体，无论穿着者的胸腰差值大或者小，均能做到合体的效果。方法二胸腰差值明确，并方便进行胸腰差分配设计，此时腰部松量是由胸腰差取值推算而来的，胸腰差值大，腰部松量便小，相反，胸腰差值小，腰部松量则大。方法二更注重服装胸、腰部位的廓型设计，如合体收腰、非合体收腰，以及H造型等。

第一节　三开身合体西装衣身结构设计研究

一、无肩胛省三开身合体西装结构设计研究

1. 衣身基本框架结构设计研究

以号型160/84A为标准，$B=B^{*}84cm+10cm=94cm$，背长 =38cm，胸省 X=3cm。

要做到合体，有一点很重要，那就是合理分配胸宽、背宽、袖窿宽三个面的宽度。三个宽度的分配方案可以有多种，做出来的效果也是不同的（见表4–1）。

表 4–1 不同号型胸宽、背宽、袖窿宽比较

单位：cm

号型	总宽度（胸围 /2）	胸宽	背宽	袖窿宽
165/88（松量 12）	50	16.5	19	14.5
		17	19	14
		17.5	19	13.5
		16.5	19.5	14
		17	19.5	13.5
		17.5	19.5	13
160/84（松量 12）	48	16.5	18.5	13
		17	18.5	12.5
		16.5	18	13.5
		17	18	13
		16	18	14
		16	18.5	13.5

关于三个面的分配方案，有 18/16/13，17.5/15.5/14，18/15.5/13.5，18.5/15.5/13 等。这里选取比较流行的差三法，即背宽 – 胸宽 =3cm。背宽、胸宽、袖窿宽数值分别为 18.5cm、15.5cm、13cm。详细制图步骤如下（图 4–1）。

（1）定后领深、后领宽并画后领窝弧线。后领深取 2.3cm，后领宽 =B/20+3cm= 7.7cm，并用合理的弧度圆顺画出后领窝弧线。

（2）定袖窿深线、衣长线。自后颈点竖直下取 B/4–1.5cm=22cm 画袖窿深线；自后颈点竖直下取 38cm 画腰围线。

（3）定胸宽、背宽、袖窿宽三个面。于袖窿深线上，取后背宽 18.5cm，取前胸宽 15.5cm，剩余的 13cm 为袖窿宽。分别画出背宽线、胸宽线。在纸样的变化过程中，当袖窿深、袖窿宽、胸宽、背宽都合适时，便不能再随意变动，但可通过剪切、拉展、旋转的手法改变结构。

（4）画袖窿宽的中线。平分袖窿宽，过中点作竖直线，向上交于上平线。

（5）定肩斜，画肩线。后肩下落量 =5.5–0.7 垫肩厚度，无垫肩时，后肩斜 =15∶5.5，然后根据冲肩量大小合理定出后肩长，冲肩量≤ 1.5cm，如冲肩量取 0.75cm 时，肩宽测得 38.5cm，较为合理。

（6）取前领宽、前领深，画前领窝弧线。胸省 X 取 3cm 时，前片上平线下降 X/2+1cm=2.5cm，取前领宽 = 前领深 = 后领宽 –0.5cm=7.2cm。

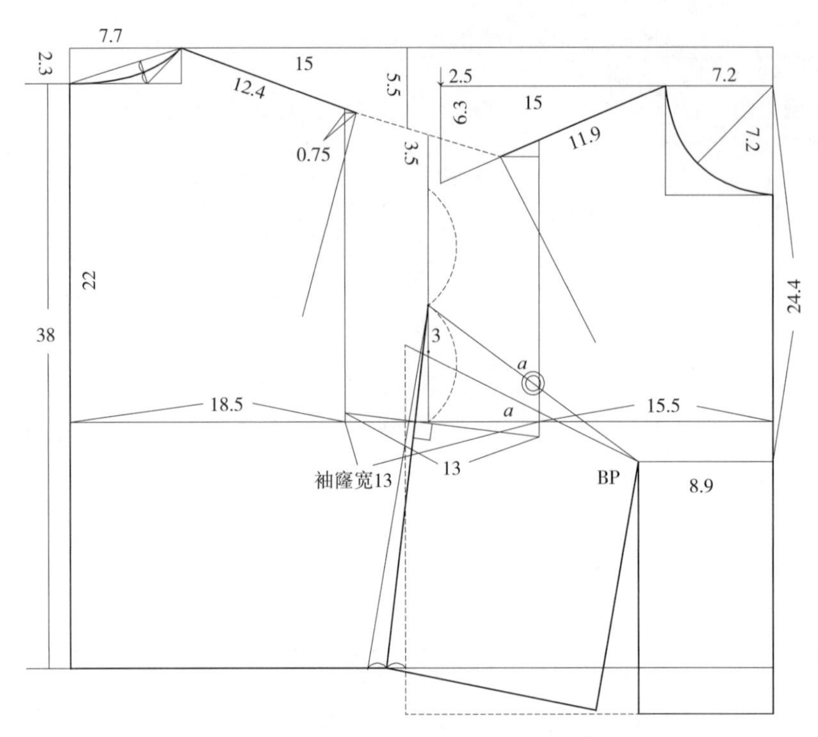

图 4–1　无肩胛省三开身合体西装衣身框架结构图

（7）定前肩斜，取前肩长。测得后肩长 =12.4cm，前肩下落量 =7.5−0.4*X*−0.7 × 垫肩厚 =7.5−0.4 × 3−0.7 × 0（无垫肩）=6.3cm，前肩长 = 后肩长 −0.5cm=11.9cm（无肩胛省）。

（8）测量平均袖窿深 AHL。连接前后肩点，并平分，中点竖直向下测量至袖窿深线的距离。此处测得 AHL=18.63cm。

（9）定 BP 点。自前侧颈点水平线竖直向下量取（号 + 型）/10cm=24.4cm，然后水平向左取 *B*/10−0.5cm=8.9cm 得 BP 点。

（10）画前片腰线。在后片腰线基础上下落，下落量 = 胸省量 =3cm。

（11）画胸省。自平均袖窿深线上端点向下取 3.5cm，剩余的部分平分得中点，连接中点至 BP 点得胸省上端省线。然后分别以省线左端点和右端点为圆心，分别以 3cm 长和省线长为半径画圆弧，两弧交于一点，连接至 BP 点即为胸省第二条省线；过两弧交点向下作竖直线即为前后片侧缝直线辅助线。

（12）定侧缝线。过 BP 点作竖直线交于前腰线。将胸省转移至此线形成前腰省，转移后的侧缝线与原侧缝线形成一个浪，测量浪的长度，取其中点，并连接至上述平均袖窿深线上所定的中点，得前、后侧缝斜线。

（13）画袖窿弧线。分别过前、后肩点取肩角，前肩角 85°，后肩角 95°。过袖窿深点作侧缝斜线的垂线段交于背宽线和胸宽线的延长线。然后按照原型袖窿标记点的定点方法标记出除前、后肩点、袖窿深点之外的 4 个标记点，最后圆顺连接完成袖窿弧线（图 4–2）。

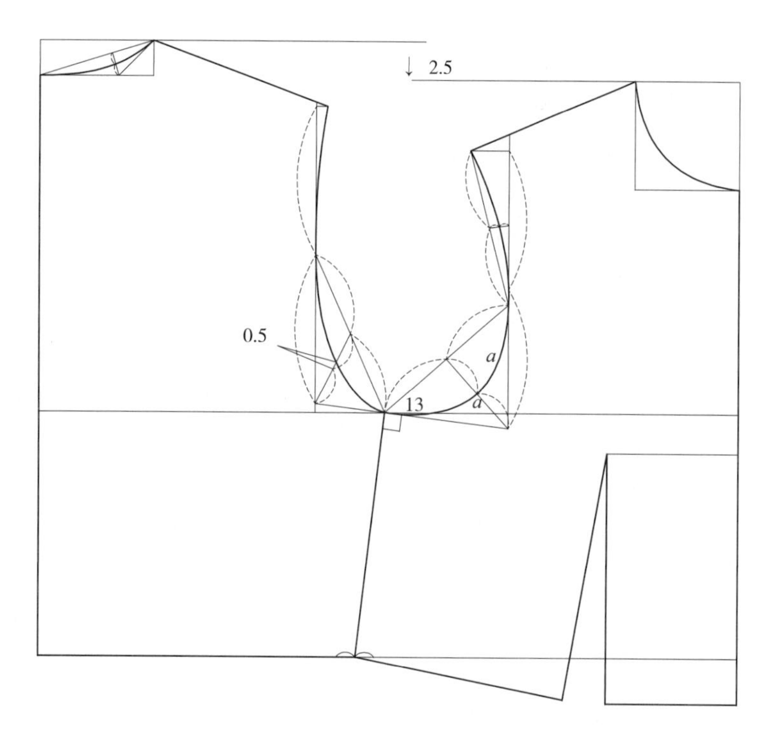

图 4–2　无肩胛省三开身合体西装袖窿弧线结构图

2. 无肩胛省三开身合体西装衣身结构设计研究

以 165/88A 为号型标准，款式可以分为有胸省和无胸省两种。有胸省的情况，胸省 X=2.5~4cm 时，胸部造型较为立体，胸凸较大，能凸显女性的曲线美；当胸省 $X \leqslant 2$ 时，胸部造型较为平面化，服装呈现中性风格。有时因为款式、面料的原因而不设计胸省，如漂亮的格子布西装外套，为了不破坏格子图案，常常不收胸省，服装胸部较为平坦，体现一种中性的美。因此，同一款式中，当其他尺寸相同时，有无胸省决定了服装偏中性收腰风格还是偏女性修身风格。

不收胸省的服装也可收腰，但是没法做出修身的效果。修身的服装一般都要设计省道来实现服装整体的立体合身状态，一般侧缝收缩量不大于 3cm，因此无省的服装腰围不可能做出胸腰差大于 12cm 的效果，当胸腰差大于 12cm 时，就需要借助省道来去掉余量。

以 160/84A 为号型标准，袖窿宽的取值主要取决于袖子的肥瘦。本次制图选择现在比较流行的"背宽 – 胸宽"=3cm 的分配方案：背宽 18.5cm、胸宽 15.5cm、袖窿宽 13cm（表 4–2）。

表 4–2　三开身合体西装衣身（无肩胛省）规格表　　单位：cm

项目	号型	胸围松量	成品胸围	成品腰围	衣长	臀围	胸省 X	胸宽	背宽	袖窿宽
尺寸	160/84A	8	92	80	70	100	3	15.5	18.5	13

详细制图步骤如下。

（1）取臀高 =18cm，画臀围线。取衣长，画衣长线。

（2）画前片臀围斜线和底摆斜线。

（3）取腰围，定省大。先自后侧缝取后腰围 =W/4–1cm=19cm，剩余的分为两部分，一份记为“●”，一半作为后中省去掉，一半设计为后腰省量。

（4）画后中弧线。自后颈点下 11cm 处作为后中弧线的转折点，经过腰部余量的一半●处，竖直连接至底摆辅助线（图 4–3）。

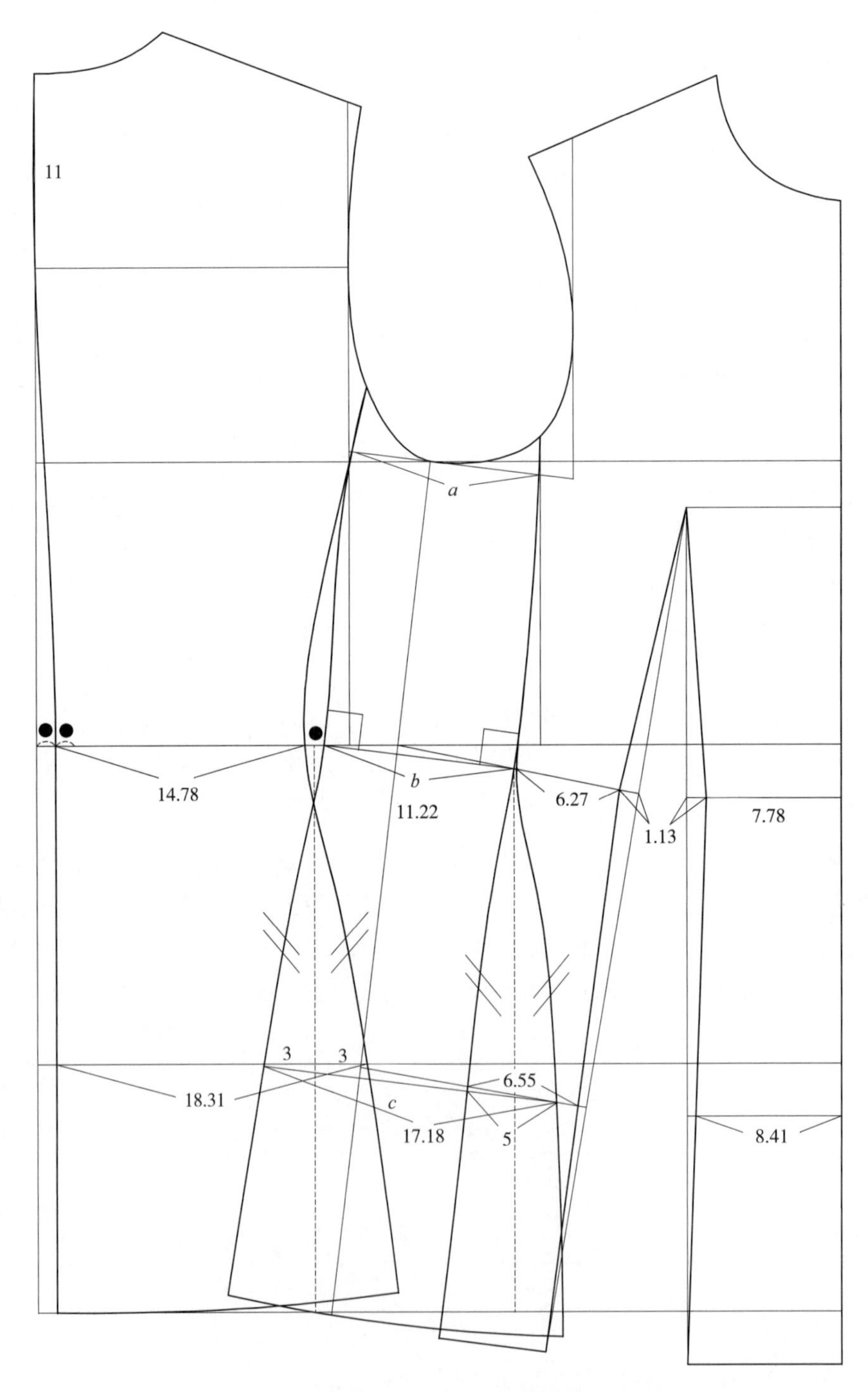

图 4–3　无肩胛省三开身合体西装衣身结构图

（5）定侧片腰围宽度（与袖窿宽直接相关）。记与侧缝斜线垂直，并与前胸宽延长线和后背宽线相交的线段为 a，作 a 的平行线 b，要求 b 与后腰直线和前腰斜线相交，a 平行于 b 且 $a=b$。线段 b 的左端点为后腰省的右端点，水平向左取●，作为后腰省大，以合理的弧度画出侧片的后分割线腰围以上的弧线部分。过线段 b 的右端点垂直于线段 b 引出侧片的前腰围线以上的弧线分割线部分。同时画出前片的分割线弧线（研究人体发现，当前片与侧片的分割线有交叉时，侧部造型才是圆润的，更加适体和舒适）。

（6）调整前腰省大。测量后片腰围 + 侧片腰围，然后算出与 $W/2$ 的差值，记为△；测量前片腰围，记为▲，△ – ▲ = 前腰省需要增大的量。分别自原前腰省的两端点沿着腰水平线和斜线取（△ – ▲）/2，所得两点分别用直线连接至 BP 点和下端点。经过测量，四部分腰围数值 14.78cm+11.22cm+6.27cm+7.78cm=40.05cm，全身制图即为 80.1cm，与成品腰围规格差 0.1cm，在误差范围之内，此处忽略不计。调整后的前腰省大测得 5.06cm，不必做撇胸。

（7）臀围大 104cm。原则上后片分割线比前片分割线的弧度更大些，原因是三片身结构中的后分割线更接近臀围最凸出部位，因此弧度和立体程度更大，而前片分割线经过腹凸部位，较为平坦，曲线也较平缓。经过合理调整各衣片臀部弧线的弧度之后，如图所示，得出的臀围 18.31cm+17.18cm+6.55cm+8.41cm=50.45cm，整体臀围即为 100.9cm，与成品臀围规格 100cm 差 0.9cm，在误差范围之内，此处忽略不计。

（8）画底摆，修摆角。圆顺画出每一片的底摆线，并把摆线修正成直角状态（图 4–4）。

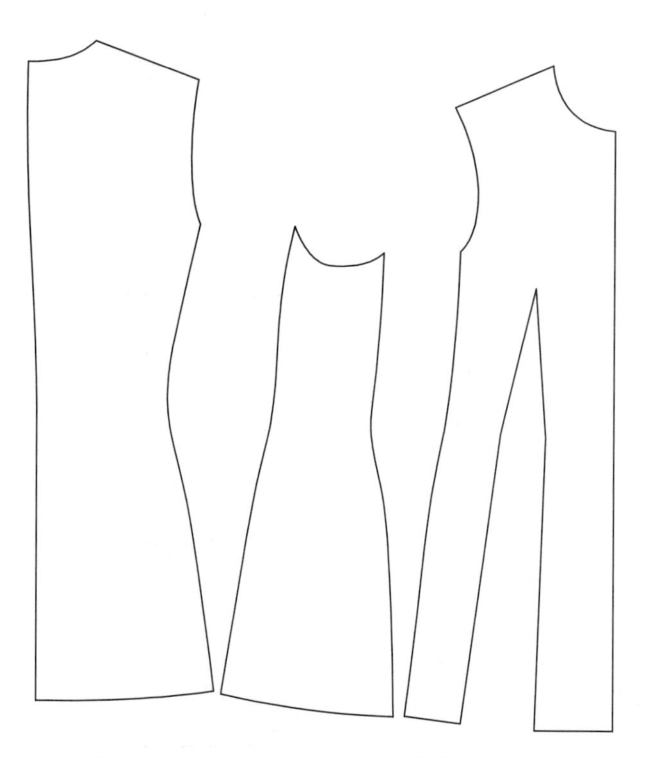

图 4–4　无肩胛省三开身合体西装衣身分片图

二、有肩胛省三开身合体西装结构设计研究

以号型 165/88A 为标准，B= 净胸围 88cm+12cm=100cm（由于后面的三开身合体西装要在此原型基础上制图，而三开身合体西装前后片有分割线，会导致胸围尺寸有损失，故原型中胸围取值应略大些，如以下原型可采用胸围 100cm 来制图），背长 =40cm，胸省 X=3cm。

袖窿宽的取值主要取决于袖子的肥瘦。本次制图选择的背宽、胸宽、袖窿宽的分配方案是：19.5cm、16.5cm、14cm。

1. 基本框架结构设计（图 4–5）

（1）定后领深、后领宽并画后领窝弧线。后领深取 2.3cm，后领宽 =B/20+3cm=8cm，并用合理的弧度圆顺画出后领窝弧线。

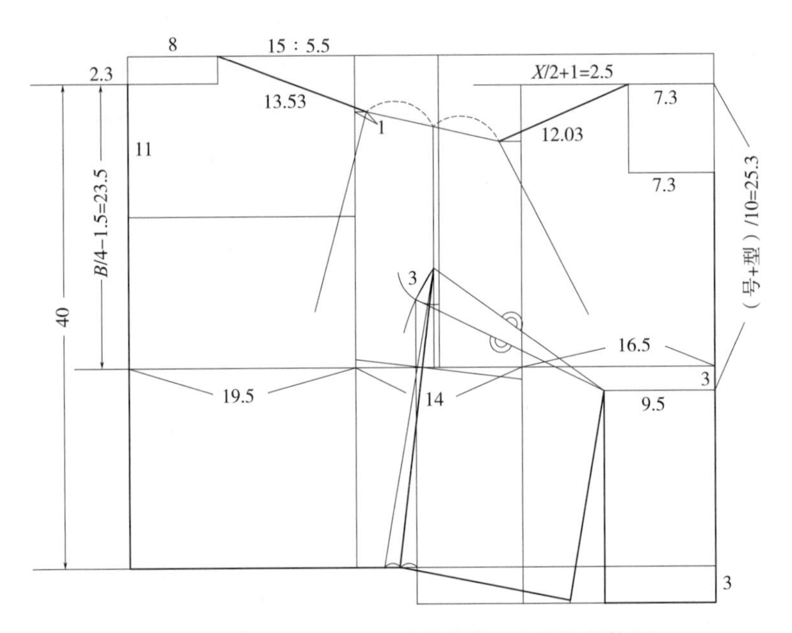

图 4–5　有肩胛省三开身合体西装衣身框架结构图

（2）定袖窿深线、衣长线。自后颈点竖直下取 B/4−1.5=23.5cm 画袖窿深线；自后颈点竖直下取 40cm 画腰围线。

（3）定胸宽、背宽、袖窿宽三个面。于袖窿深线上，取后背宽 19.5cm，取前胸宽 = 16.5cm，剩余的 14cm 为袖窿宽。分别画出背宽线、胸宽线。

（4）画袖窿宽的中线。

（5）定肩斜，画肩线。后肩下落量 =5.5 − 0.7× 垫肩厚，无垫肩时，后肩斜 =15∶5.5，冲肩量≤ 1.5cm。当西装有垫肩时，冲肩量越小越好看。然后根据冲肩量大小合理定出后肩长，如冲肩量取 1cm 时，肩宽测得 41cm。

（6）定前领宽、前领深，画前领窝弧线。胸省 X 取 3cm 时，前片上平线下降

$X/2$+1cm=2.5cm，取前领宽 = 前领深 = 后领宽 −0.5cm=7.3cm。

（7）定前肩斜，取前肩长。测得后肩长 =13.53cm，前肩下落量 =7.5−0.4X−0.7× 垫肩厚 =6.3cm，前肩长 = 后肩长 −1.5cm=12.03cm（有肩胛省）。

（8）测量平均袖窿深 AHL。一般情况下，AHL 取 19cm 左右较为合理。平均袖窿深的画法：连接前后肩点，并平分，中点竖直向下测量至袖窿深线的距离。此处测得 AHL=19.89cm。

（9）定 BP 点。自前侧颈点水平线竖直向下量取（号 + 型）/10=25.3cm，然后水平向左取 $B/10$−0.5cm=9.5cm 得 BP 点。

（10）画前片腰线。在后片腰线基础上下落，下落量 = 胸省量 =3cm。

（11）画胸省。自平均袖窿深线上端点向下取 3.5cm，剩余的部分平分得中点，连接中点至 BP 点得胸省上端省线。然后分别以省线左端点和右端点为圆心，分别以 3cm 长和省线长为半径画圆弧，两弧交于一点，连接至 BP 点即为胸省第二条省线；过两弧交点向下作竖直线即为前后片侧缝直线辅助线。

（12）定侧缝线。过 BP 点作竖直线交于前腰线。将胸省转移至此线形成前腰省，转移后的侧缝线与原侧缝线形成一个浪，测量浪的长度，取其中点，并连接至上述平均袖窿深线上所定的中点，得前、后侧缝斜线。

（13）画袖窿弧线。分别过前、后肩点取肩角，前肩角 85°，后肩角 95°。过袖窿深点作侧缝斜线的垂线段交于背宽线和胸宽线的延长线。然后按照原型袖窿标记点的定位方法确定除前、后肩点、袖窿深点之外的 4 个标记点，最后圆顺连接完成袖窿弧线（图 4−6）。

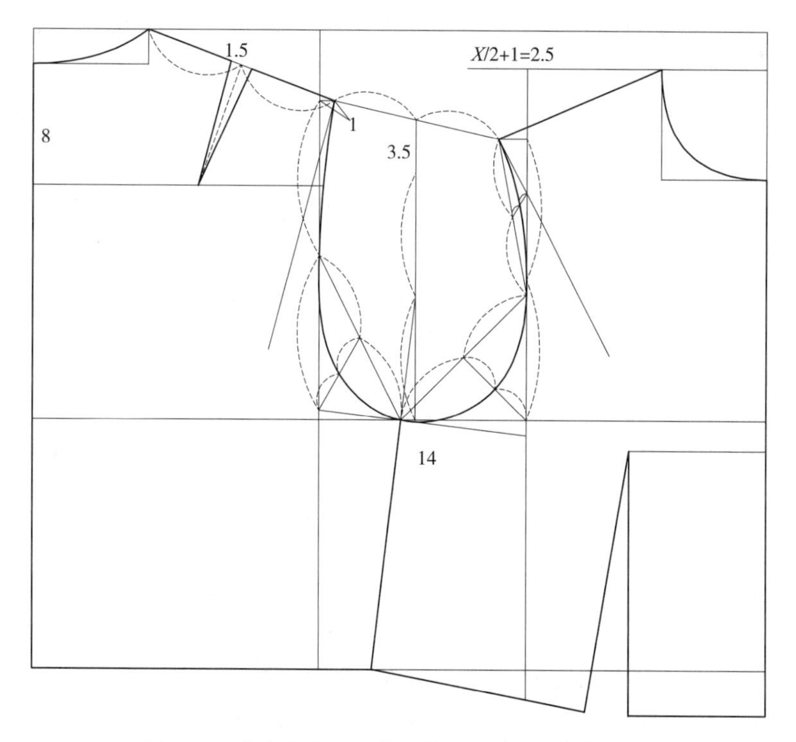

图 4−6　有肩胛省三开身合体西装袖窿弧线结构图

2. 有肩胛省三开身合体西装衣身结构设计

有肩胛省三开身合体西装规格设计见表 4–3。

表 4–3　有肩胛省三开身合体西装规格表　　单位：cm

项目	号型	胸围松量	成品胸围	成品腰围	衣长	臀围	胸省 X	胸宽	背宽	袖窿宽
尺寸	165/88A	8	96	84	72	105	3	16.5	19.5	14

胸腰差 =12cm，可做成有腰省的款式，也可做成无腰省的款式。详细制图过程如下。

（1）原型使用的是有肩胛省原型。

（2）取臀高 =20cm，画臀围线。取衣长，画衣长线。

（3）画前片臀围斜线和底摆斜线。

（4）取腰围，定省大。先自后侧缝取后腰围 =*W*/4+1cm=22cm（或后腰围 =*W*/4–1cm=20cm，与前片呼应即可），剩余的分为两部分，一份记为“●”，一半作为后中省去掉，一半设计为后腰省量。

（5）画后中弧线。自后颈点下 11cm 处作为后中弧线的转折点，经过腰部余量的一半●处，竖直连接至底摆辅助线。

（6）定侧片腰围宽度（与袖窿宽直接相关）。记与侧缝斜线垂直，并与前胸宽延长线和后背宽线相交的线段为 *a*，作 *a* 的平行线段 *b*，要求 *b* 与后腰直线和前腰斜线相交，*a* 平行于 *b* 且 *a*=*b*。线段 *b* 的左端点为后腰省的右端点，水平向左取●，作为后腰省大，以合理的弧度画出侧片的后分割线腰围以上的弧线部分。过线段 *b* 的右端点垂直于线段 *b* 引出侧片的前腰围线以上的弧线分割线部分。同时画出前片的分割线弧线（研究人体发现，当前片与侧片的分割线有交叉时，侧部造型才是圆润的，更加适体和舒适）。

（7）调整前腰省大。测量后片腰围 + 侧片腰围，然后算出与 *W*/2 的差值，记为△；测量前片腰围，记为▲，△ – ▲ = 前腰省需要增大的量。分别自原前腰省的两端点沿着腰水平线和斜线取（△ – ▲）/2，所得两点分别用直线连接至 BP 点和下端点。经过测量，四部分腰围数值 15.76cm+11.57cm+6.31cm+8.5cm=42.14cm，全身制图即为 84.28cm，与成品腰围规格差 0.28cm，在误差范围之内，可忽略不计。

调整后的前腰省大测得 4.98cm。当腰省 < 6cm 时，不必做撇胸；当腰省 > 6cm 时，要做撇胸，实质是省道转移，把较大的腰省分解形成两个省道，在合体度不变的情况下，服装的造型更自然、好看。

（8）臀围大 104cm。原则上后片分割线比前片分割线的弧度更大些，原因是三片身结构中的后分割线更接近臀围最凸出部位，因此弧度和立体程度更大，而前片分割线经过腹凸部位，较为平坦，曲线也较平缓。如图，各部位的臀围 19.18cm+16.65cm+7.59cm+9.13cm=52.55cm，整体臀围即为 105cm，与制图规格正好吻合（图 4–7）。

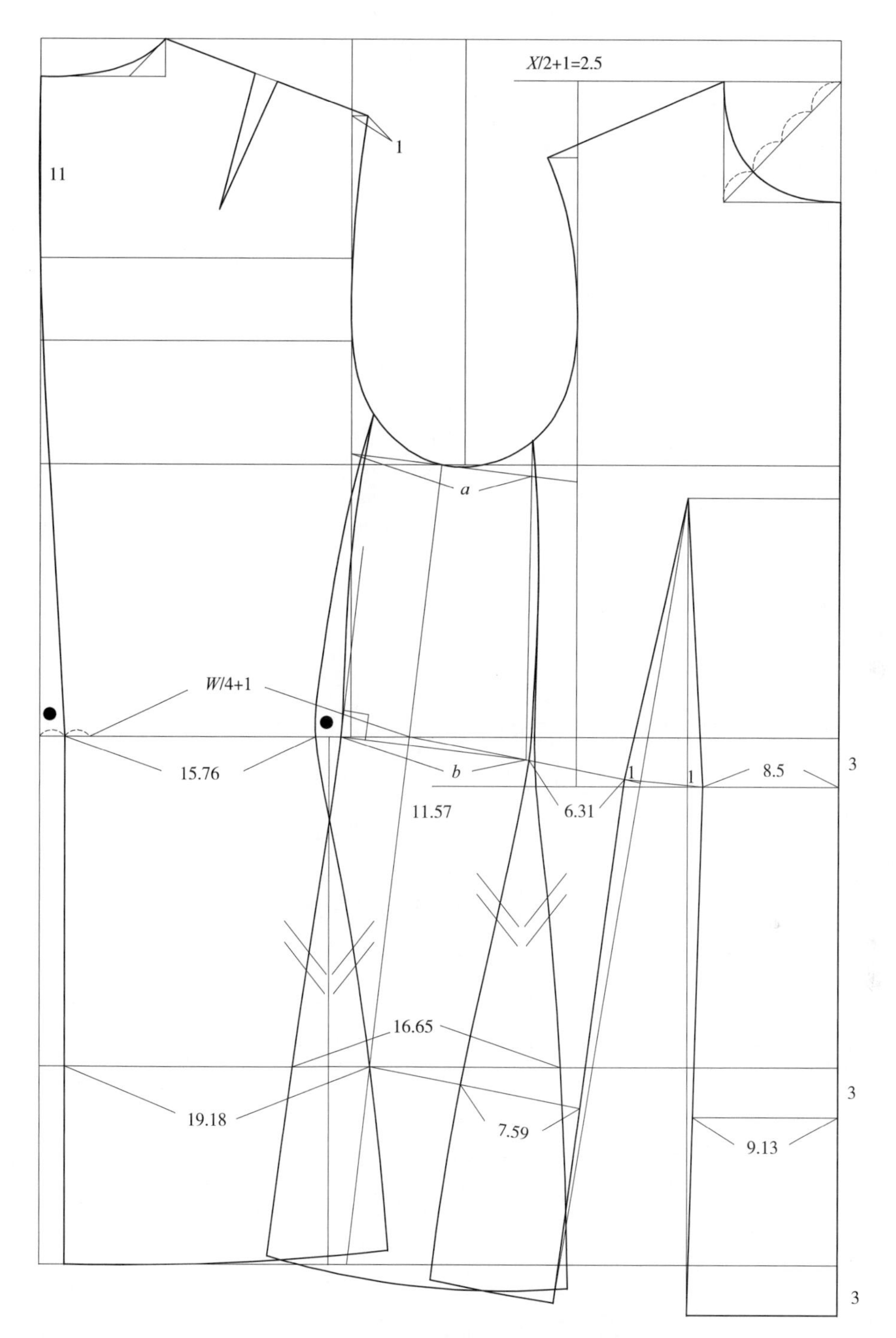

图 4-7　有肩胛省三开身合体西装衣身结构图

（9）画底摆，修摆角。圆顺画出每一片的底摆线，并把摆线修正成直角状态。

有肩胛省三开身合体西装分片图见图 4-8。若前腰省大于 6cm 时，要以图 4-9 为准做撇胸。现在胸省为 5cm 以内，不必做胸省。

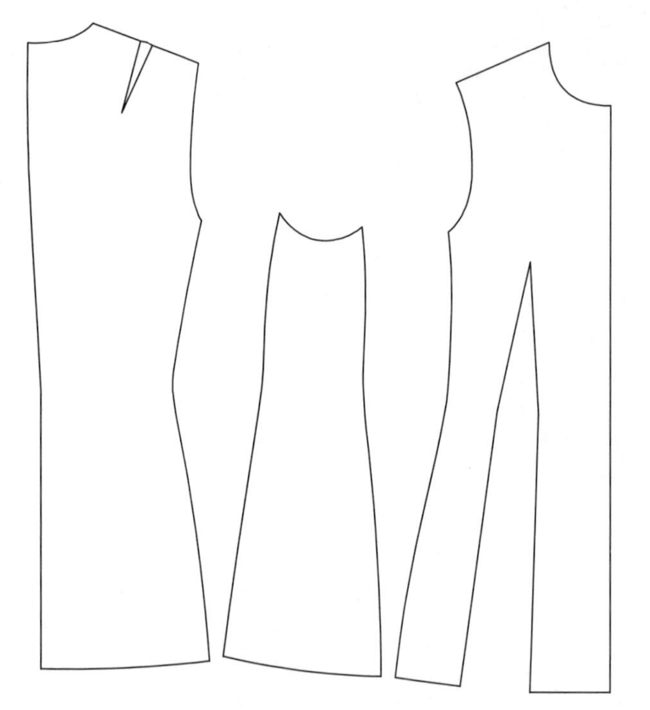

图 4–8　有肩胛省三开身合体西装分片图

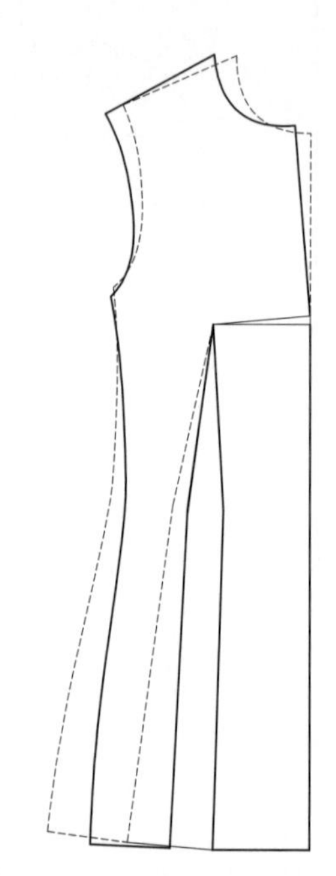

图 4–9　腰省偏大时撇胸结构图

第二节　八开身紧身衬衫结构设计研究

一、款式特点

本款八开身紧身衬衫前衣身六片，后衣身上下两片，后中连裁；有前过肩、后过肩；前片过肩以下至底摆有过肩分割线；后片有后腰省；合体收腰风格；平摆（图 4–10）。

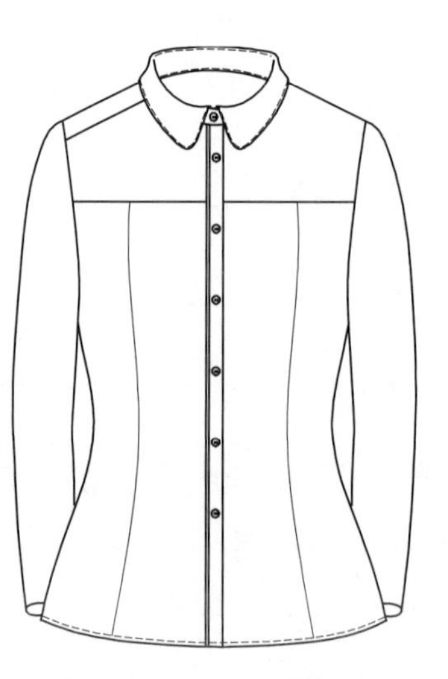

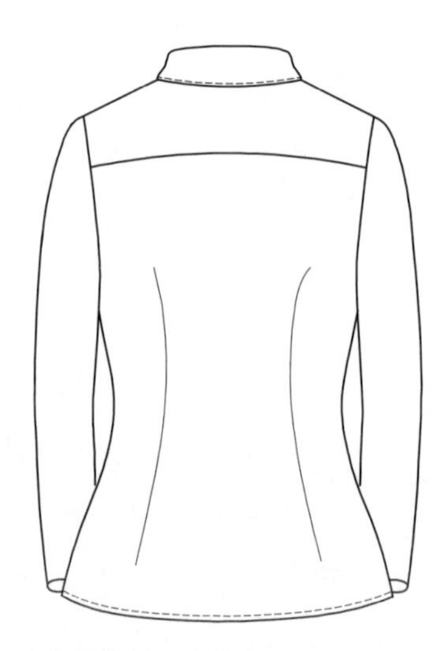

图 4–10　八开身紧身衬衫款式图

二、规格设计

本款八开身紧身衬衫的规格设计见表 4–4。

表 4–4　八开身紧身衬衫规格表　　　　单位：cm

项目	号	型	松量	胸围	腰围	臀围	衣长	肩宽
尺寸	160	84	6	92	74	94	62	37.4

三、制图步骤

1. 衣身结构制图

背宽、胸宽、袖窿宽分配方案：17.5cm、16.5cm、12cm。

（1）定后领深、后领宽，并画后领窝弧线。后领深取 2.2cm，后领宽 =B/20+3cm=7.6cm，并用合理的弧度圆顺画出后领窝弧线（图 4–11）。

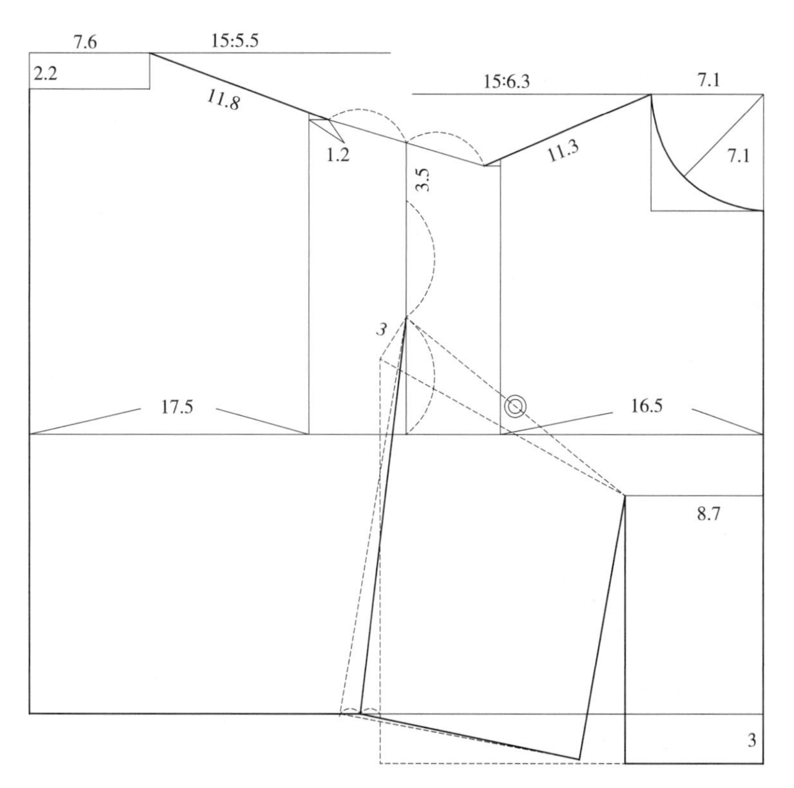

图 4–11　八开身紧身衬衫基本框架制图

（2）定袖窿深线、衣长线。自后颈点竖直下取 B/4–2=21cm 画袖窿深线；自后颈点竖直下取 38cm 画腰围线。

（3）定胸宽、背宽、袖窿宽三个面。于袖窿深线上，取后背宽 17.5cm，取前胸宽 16.5cm，剩余的 12cm 为袖窿宽。分别画出背宽线、胸宽线。

（4）画袖窿宽的中线。

（5）定肩斜，画肩线。后肩下落量 =5.5cm–0.7cm × 垫肩厚，无垫肩时，后肩斜 =15∶5.5，然后根据冲肩量大小合理定出后肩长，冲肩量≤ 1.5cm，这里冲肩量取 1.2cm 时，肩宽 /2 测得 18.7cm。

（6）取前后差，定前领宽、前领深，画前领窝弧线。胸省 X 为 3cm 时，前片上平线下降 X/2+1cm=2.5cm，取前领宽 = 前领深 = 后领宽 –0.5=7.1cm。

（7）定前肩斜，取前肩长。测得后肩长 =11.8cm，前肩下落量 =7.5cm–0.4cm$X$–0.7cm × 垫肩厚 =6.3cm，前肩长 = 后肩长 –0.5cm=11.3cm（无肩胛省）。

（8）测量平均袖窿深 AHL。连接前后肩点，并平分，中点竖直向下测量至袖窿深线的距离。此处测得 AHL=17.73cm。

（9）定 BP 点。自前侧颈点水平线竖直向下量取（号 + 型）/10=24.4cm，然后水平向左取 B/10–0.5cm=8.7cm 得 BP 点。

（10）画前片腰线。在后片腰线基础上下落，下落量 = 胸省量 =3cm。

（11）画胸省。自平均袖窿深线上端点向下取 3.5cm，剩余的部分平分得中点，连接中点至 BP 点得胸省上端省线。然后分别以省线左端点和右端点为圆心，以 3cm 长和省线长为半径画圆弧，两弧交于一点，连接至 BP 点即为胸省第二条省线；过两弧交点向下作竖直线即为前后片侧缝直线辅助线。

（12）定侧缝线。过 BP 点作竖直线交于前腰线。将胸省转移至此线形成前腰省，转移后的侧缝线与原侧缝线形成一个浪，测量浪的长度，取其中点，并连接至上述平均袖窿深线上所定的中点，得前、后侧缝斜线。

（13）画袖窿弧线。分别过前、后肩点取肩角，前肩角 85°，后肩角 95°。过袖窿深点作侧缝斜线的垂线段交于背宽线和胸宽线的延长线。然后按照原型袖窿标记点的定位方法确定除前、后肩点、袖窿深点之外的 4 个标记点，最后圆顺连接完成袖窿弧线（图 4–12）。

（14）画前、后片过肩线。后过肩距离后颈点 8cm，前过肩距离前颈点 6.5cm（图 4–13）。

（15）获取腰省量。取后腰围 W/4–1cm=17.5cm，剩余的部分 3.18cm 作为后腰省量；取前腰围 W/4+1cm=19.5cm，测得前腰部余量为 3.31cm，其中 1.31cm 作为侧缝处缩量，另外 2cm 补充到前腰省量中。

（16）画后腰省。自后颈点下取号 /10=16cm 作水平线段，交于袖窿，平分线段，中点偏右 0.5cm 处作为后腰省的上端省尖点，过省尖点作竖直省中线至臀围线以下 3cm 处得下端省尖点；取省大 3.18cm。

（17）画前片分割线。于前过肩线处取 6cm 为分割起始点，与 BP 点圆顺相连。

（18）画前、后侧缝弧线。取臀长画臀围线；于后片取后臀围 H/4–0.5cm=23cm，前臀围 =H/4+0.5cm=24cm。用圆顺、合理的弧度连接腋下点、腰端点、臀端点至底摆。因为是紧身款式，因此注意弧线的造型在腋下应饱满立体，弧线与侧缝直线相切引出，腰臀部位弧度应符合人体造型，圆顺而饱满立体，臀部应有足够的容量。

（19）将底摆修正成直角。

（20）测量与修正。测量前、后侧缝长是否相等，前片分割线长是否相等，并调整。

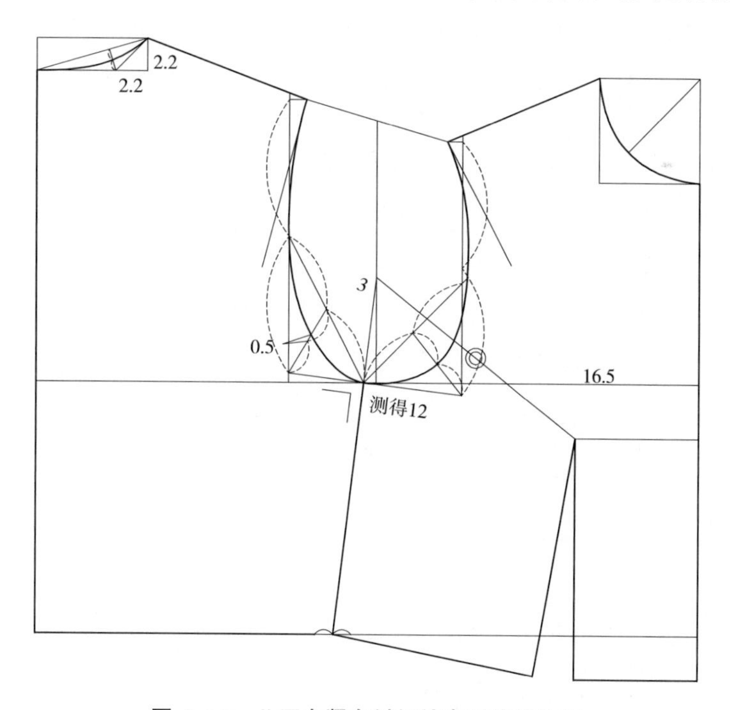

图 4-12　八开身紧身衬衫袖窿弧线结构图

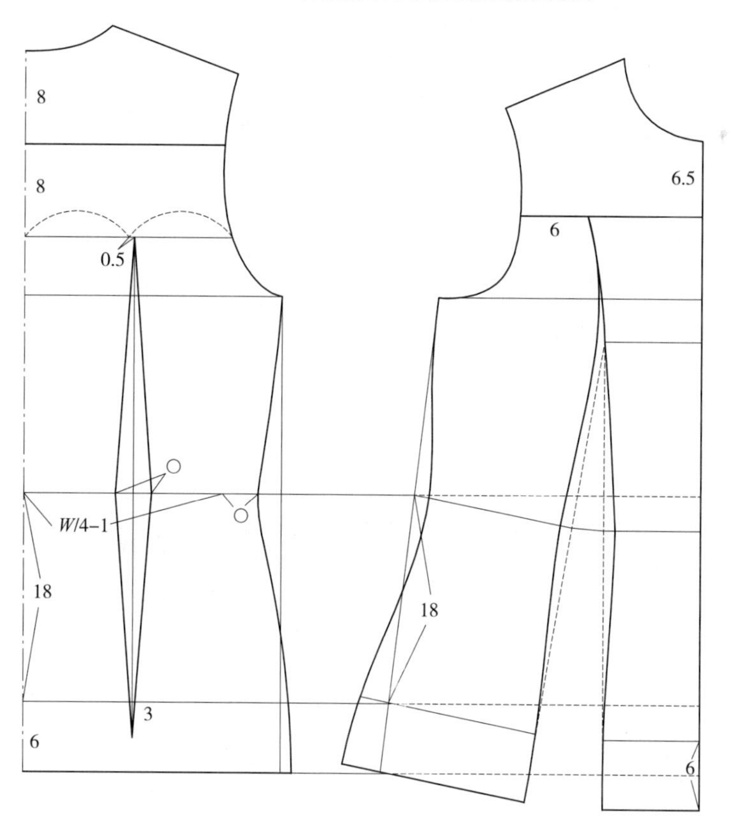

图 4-13　八开身紧身衬衫衣身结构图

2. 衣袖结构制图

合体一片袖是在衣袖原型的基础上，通过袖摆、袖弯的结构处理实现的。

如图 4-14 所示，有省合体一片袖结构制图步骤如下。

（1）确定袖肥。复制袖原型各结构线和辅助线，并量得前、后袖肥为○、◎。

（2）将袖山高抬高 2cm 并修顺袖山弧线。

（3）确定袖中斜线。当袖子作贴身设计时，需要充分考量肩膀的自然前倾和弯曲度，整个结构设计的目的是将袖中线下端向前移，前、后袖缝线做出前倾的趋势，后袖肘做省以使前后袖缝弧线等长，袖子合体。因此原型袖口直线辅助线中点处需要向右移 2cm 得点，并将袖中线与落山线交点与此点连接，得新袖中斜线。于上述步骤中所作点向左、向右分别取垂直于袖中斜线的垂线段◎ -4cm、○ -4cm。

（4）前、后袖缝于袖肘线处分别凹进和凸出得出袖弯形状。作出前、后袖缝弧线，并量取前、后袖缝弧线长度之差，作为袖肘省量。

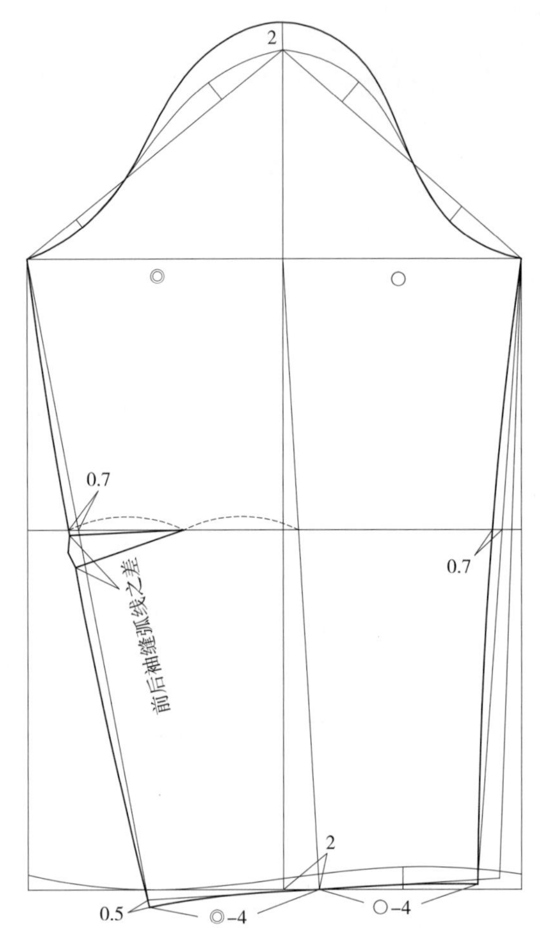

图 4-14　有省合体一片袖结构

（5）作袖肘省。取后袖袖肥中点作为后袖肘省的省尖点，并于此点向后袖缝弧线作垂线段，得垂足，并以垂足为中点作省大，作出两条省线，得袖肘省。基本所有的贴身造型一片袖都可以使用此法进行袖子结构设计，关键是确定省尖点和省大，省大即为后袖缝弧线与前袖缝弧线之差。

第三节　较合体宽腰包臀 T 型上衣结构设计研究

一、款式分析

如图 4-15 所示，本节案例整体造型上宽下窄，呈 T 型；肩部抽自然碎褶，袖型较为合体，带袖克夫，普通开衩，袖口带褶；胸围较合体，臀部紧窄合体，腰围较宽松；前片设计腰省，省量偏小，主要目的是形成“前紧后松”的着装效果；衣长稍长，能包裹住臀围；领型为普通的翻立领，翻领与立领分裁。

图 4–15　较合体宽腰包臀 T 型上衣款式图

二、规格设计

以 160/84A 为号型依据进行结构设计。各部位尺寸规格见表 4–5。

表 4–5　较合体宽腰包臀 T 型上衣规格表

单位：cm

项目	胸围	腰围	臀围	领围	衣长	袖长	袖口围	肩宽	腰高
尺寸	96	88.5	88	38	64	55	22	39	18

三、结构设计研究

1. 衣身结构设计研究

（1）取一条水平线作为上平线，自右端取竖直线作为前中线（图 4–16）。

（2）画袖窿深线。自上平线竖直向下取 $2B/10+3.5=22.7$cm，画水平线即为袖窿深线。

（3）取胸围。自袖窿深线右侧向左量取 $B/2=48$cm，然后过左端点画后中线。

（4）画前领窝弧线。取前领窝宽 $2N/10-0.7=6.9$cm，前领窝深 $2N/10+0.6=8.2$cm，以此画长方形，连接对角线并三等分，过下端第一等分点圆顺画出前领窝弧线。

（5）取胸宽。在袖窿深线上取 $2B/10-2.4=16.8$cm，即为前胸宽数值，作胸宽线。

（6）画前肩线。首先自前侧颈点以 22° 肩角画肩线，然后垂直于胸宽线向肩斜线方向取前冲肩量 2.5cm，交点即为前肩点，量取前肩线长记为“□”。

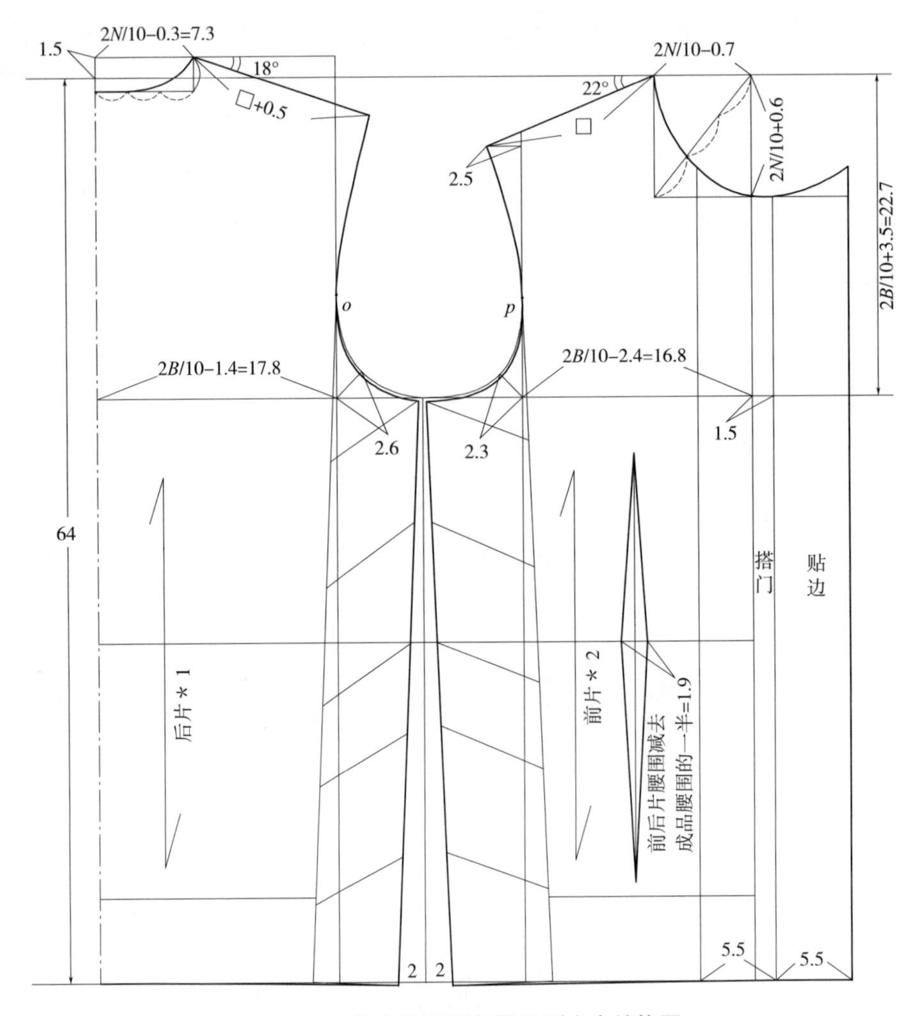

图 4–16　较合体宽腰包臀 T 型上衣结构图

（7）取衣长。自后中线顶点向下取衣长 64cm。

（8）画后领窝弧线。自上平线与后中线交点上取 1.5cm 作水平线，在此线上取后领窝宽 2*N*/10−0.3cm=7.3cm 得后侧颈点，且后领窝深点距离此线 2.4cm 处，作水平线段 7.3cm，三等分此线段，以左侧第一等分点为切点，自侧颈点圆顺画出后领窝弧线。

（9）画后肩线。首先自侧颈点以 18° 肩斜画后肩线，且取后肩线长 = □ +0.5cm，得后肩点。

（10）取后背宽。取后背宽 2*B*/10−1.4=17.8cm，画后背宽线。

（11）画袖窿弧线。在前袖窿处角平分线上取线段长 2.3cm 得一标记点，在后袖窿直角的角平分线上取线段长 2.6cm 得一标记点，然后分别连接此两个标记点和前、后肩点，并以前、后片分界点为切点圆顺画出袖窿弧线。

（12）旋转腋下片，形成上宽下窄造型。背宽线与袖窿弧线切点记为点“*o*”，胸宽线与袖窿弧线切点记为点“*p*”，过点 *o* 和点 *p*，作竖直线交于下平线。然后将此线至侧缝线的腋下部分衣片旋转，至偏移侧缝下端点 2cm 处，修顺底摆线。

（13）画前腰省。过 BP 点作竖直线，即为省中线。其中，腰围以上取长 13cm，腰围以下取长 17cm。计算前片省大：结构图中，前片腰围 + 后片腰围 – 成品腰围 /2= 前腰省大 =1.9cm，然后取省大 1.9cm，画出菱形省直线即可。

（14）画门襟和贴边。取搭门 1.5cm，然后以搭门线为对称轴画出前门襟贴边形状。

（15）量取并记录前 AH=22.8cm，后 AH=23.7cm，前领围 =12cm，后领围 =8.1cm。

2. 衣袖结构设计研究

（1）作竖直线，长为袖长减去 6cm 的袖克夫宽，上端点即为袖山顶点。自袖山顶点向下取袖山高 AH/3=15.5cm，画落山线（图 4–17）。

（2）取袖山斜线。前 AH 为前袖山斜线，后袖山斜线 = 后 AH+1cm，然后分别四等分前袖山斜线，三等分后袖山斜线，前袖山斜线上取凸点 1.8cm、凹点 1.3cm，交点为中点下移 1cm；后袖山斜线上取凸点 1.5cm、凹点 0.7cm，然后圆顺连接以上转折点和袖山顶点，得袖山弧线。

（3）画袖肘线。袖肘线的画法与原型一片袖方法相同。平分落山线与袖中线交点以上 3cm 以下的袖中线，中点上移 1.5cm 后画水平线即为袖肘线。

（4）取袖口围、画袖缝线。自袖中线底端取袖口围 +4cm 褶量 +2.8cm 省量 = 28.8cm。其中水平向前袖取长 13.5cm，向后袖取长 15.3cm。画出袖缝直线。

（5）作省、抽褶或分割。自袖中线向两侧取 2.8/2=1.4cm，画出圆顺的省线或者分割线。根据款式需要，袖中部位可以设计分割线，也可以设计省道，目的是均匀分配袖肥

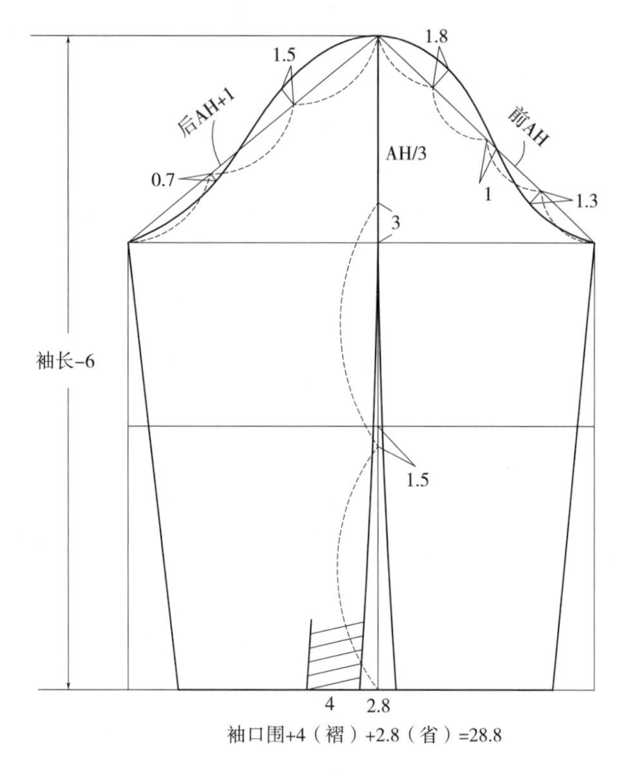

图 4–17

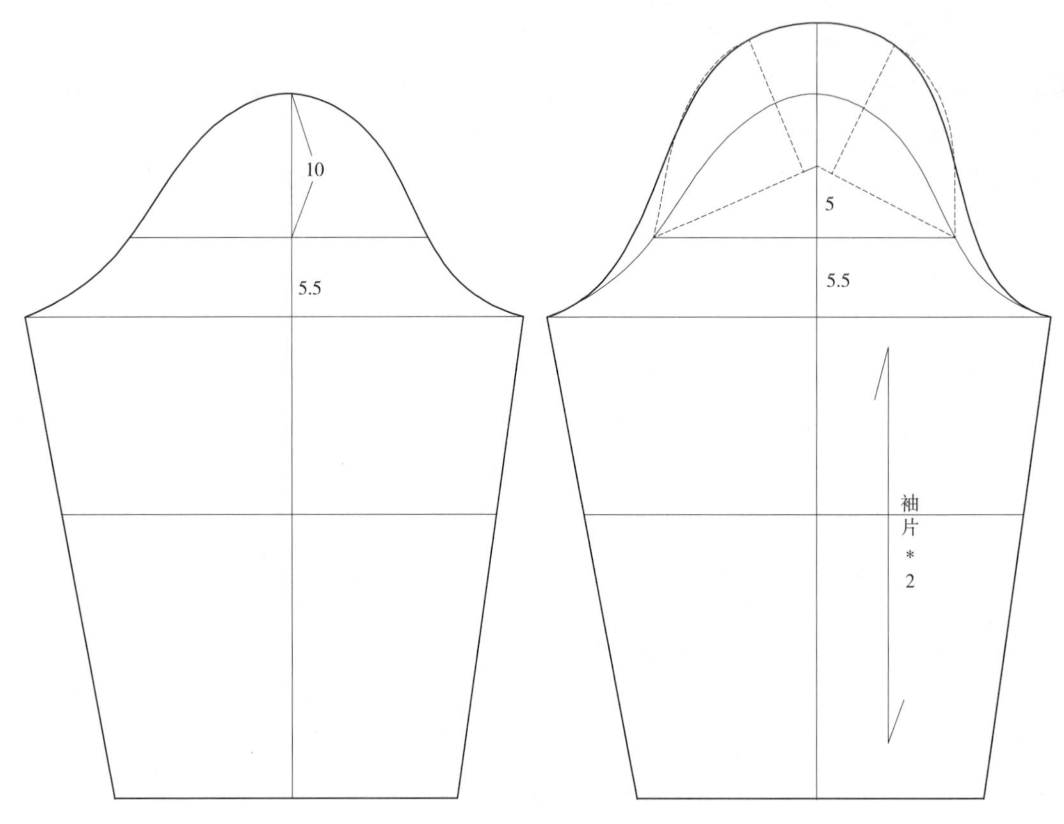

图 4–17　较合体宽腰包臂 T 型上衣衣袖结构图

与袖口围之差。也可不采用省道或分割的形式，直接将袖口余量缩缝形成自然碎褶。

（6）袖山打开形成褶量。自袖山顶点向下 10cm 作水平分割线，然后旋转前后袖山，使得分割线的延长线与袖中线交点距离分割线 5cm。然后圆顺画出袖山弧线即可完成。

3. 衣领结构设计研究

（1）画领后中线。长度自下而上依次取 3cm 的领座宽、3.8cm 的领上口线与翻领下边线距离、4cm 翻领宽（图 4–18）。

（2）画领下口线。垂直于后领中线依次取衣身后领围 =8.1cm、前领围 =12cm。以后领围端点为圆心、以前领围大为半径画弧，然后自前领围端点向圆弧取弦长 2.5cm，2.5cm 为领下口线起翘，然后圆顺画出领下口线，并取搭门 1.5cm，搭门可为直角也可修成圆角。

（3）作领上口线。过领座宽上端点以偏小于领下口线的弧度画出领上口线。

（4）作翻领。搭门线上端点右取 0.5cm 得点，然后将此点圆顺连接至翻领宽下端点，得翻领下边线。过翻领宽上端点作水平线，自翻领下边线端点向此水平线作线段，使其长度为 5.5cm，然后自交点竖直向上取 0.5cm 得点，将此点与翻领宽上端点直线连接并延长 1.5cm，得翻领领尖点和领外轮廓线。然后将翻领领尖点用直线连接至翻领下边线端点。

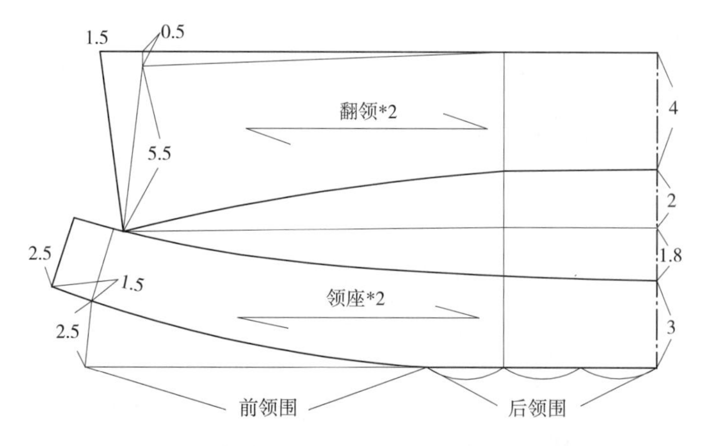

图 4–18　较合体宽腰包臀 T 型上衣衣领结构图

第四节　短款翻领休闲小外套结构设计研究

一、款式分析

本款短款翻领休闲小外套整体风格休闲舒适，款式简单又具有设计感，后开衩的设计是整件服装的亮点，为小巧精致的造型增添一点变化感。本款外套可搭配紧身裤和合体的中长款靴子，视觉上为身高加分不少，尤其适合小个子女生。领型为小翻领设计，领围较宽松；前后衣身同时设计横向分割线，前衣身分割线处设计宝剑头袋盖装饰，后衣身分割线以下开衩，同时设计暗扣装饰。为了作出底摆的合体造型，在前后衣身底摆处分别对称设计一个 6cm 的对褶。前门襟宽 3cm，叠门 1.5cm；后开衩处叠门 1cm（图 4–19）。

图 4–19　短款翻领休闲小外套款式图

二、规格设计

本款案例整体胸围较宽松，腰围与胸围一致，下摆围较合体，以160/84A为号型标准的尺寸规格见表4-6。

表4-6 短款翻领休闲小外套规格表 单位：cm

项目	胸围	腰围	下摆围	衣长	袖长	袖口围	肩宽
尺寸	102	102	78	56	54	29	36

三、结构设计研究

1. 衣身结构设计研究

（1）取上平线（图4-20）。

（2）画前领窝和前肩线。相关尺寸：领窝宽7cm，领窝深8.5cm，前肩倾斜角20.5°，侧颈点开大0.5cm，前肩线长11.3cm，前肩宽18cm。

（3）画后领窝和后肩线。相关尺寸：后领窝宽7.5cm，后领窝深2.4cm，后肩斜角21°，后肩宽18cm，后肩线长 = 前肩线长 =11.3cm。

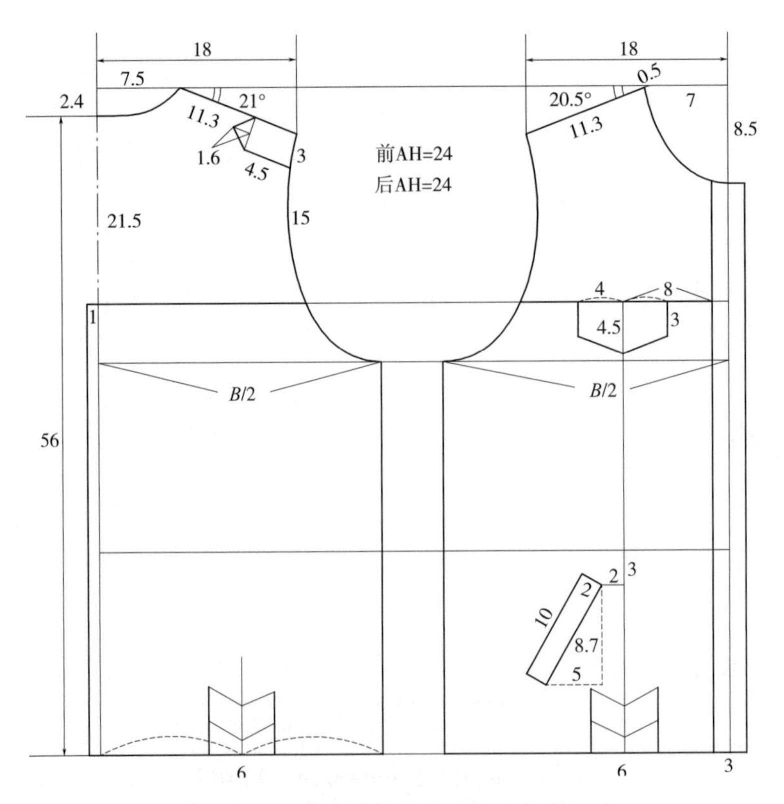

图4-20 短款翻领休闲小外套衣身结构图

（4）画袖窿深线。自后颈点竖直向下取 21.5cm 画水平线即为袖窿深线。

（5）取衣长。自后颈点下取 56cm 得衣长。

（6）取胸围。前胸围 = 后胸围 =B/2=51cm。画出侧缝直线。

（7）作袖窿弧线。前、后肩点圆顺连接至前、后袖窿深点得袖窿弧线。

（8）作前、后分割线。自后肩点沿后袖窿弧线取 15cm 作水平线，交至后中线，并延长 1cm 作为后开衩叠门量。前片分割线与后片分割线位于同一水平线上。

（9）作前门襟。以前中线为中心，左右取 1.5cm 得 3cm 的门襟，其中叠门量 1.5cm，前中线右侧的 1.5cm 上端为水平引出。

（10）作袋盖、肩章和下摆对褶。肩章的宽度是自后肩点沿着袖窿取 3cm，长边长 4.5cm，平行于肩线，三角部分高 1.6cm。前胸袋盖是自门襟里边线左取 8cm，然后左右对称取 4cm 的宽、向下取 3cm 高，三角高 1.5cm。然后将此带盖的中线向下延长，至底摆，其与底摆的交点左右各取 3cm 得下摆对褶，其与腰线交点向下取 3cm、再向左取 2cm 为衣身斜插袋盖的起始点，然后竖直取 8.7cm、再左取 5cm 得点，与起始点直线连接，并作出宽为 2cm 的长方形袋盖。后片下摆对褶位于后底摆中间位置，褶量为 6cm。

2. 衣袖结构设计研究

（1）首先从衣身结构图中量取前 AH=24cm、后 AH=24cm，总 AH=48cm（图 4–21）。

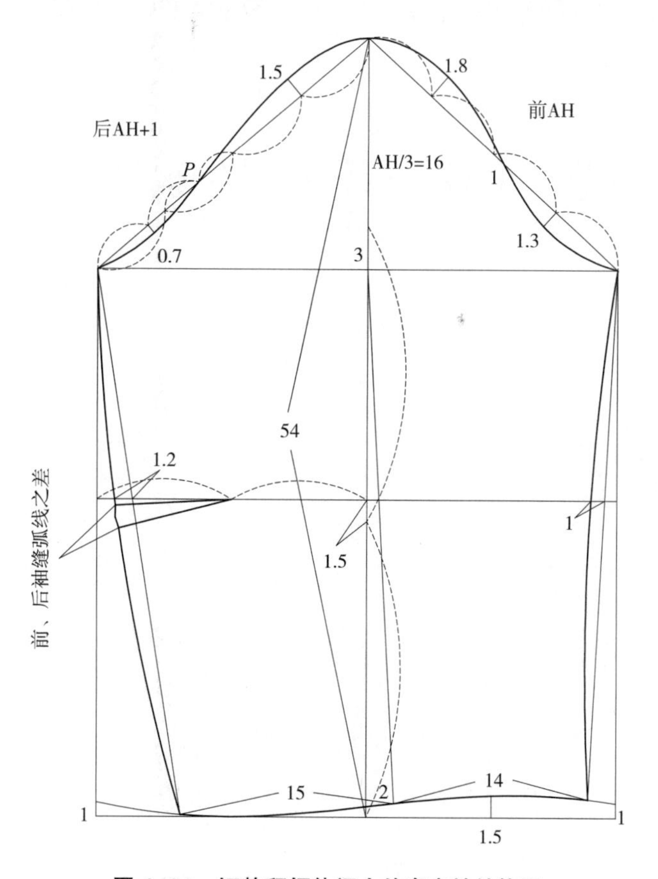

图 4–21　短款翻领休闲小外套衣袖结构图

（2）取竖直线长 54cm，为袖中线。

（3）画落山线。自袖山顶点下取 AH/3=16cm 作为袖山高，作落山线。

（4）作袖山斜线。自袖山顶点向落山线右侧取前袖山斜线，长为前 AH，向落山线左侧取后袖山斜线，长为后 AH+1cm。

（5）作袖山弧线。四等分前袖山斜线，第一等分点取垂直凸起 1.8cm，中点下移 1cm 作为转折点，第三等分点凹进 1.3cm，得三个标记点。然后四等分后袖山斜线，上端第一等分点垂直凸起 1.5cm，第三等份平分得点 P，为弧线与直线的交点（即转折点），点 P 以下的斜线两等分，于中点处作垂直凹进 0.7cm，将以上所述标记点与袖山顶点和两个袖山端点用圆顺弧线连接，得袖山弧线。

（6）取袖肘线。袖肘线的画法与原型一片袖相同。

（7）画袖摆线。按照合体一片袖的画法作出袖口弧线。即两端袖缝均上抬 1cm，前袖口中间上抬 1.5cm，圆顺画出袖口线。然后将袖中线沿着袖口线向前袖偏移 2cm。自此点向前袖口弧线取值 14cm，同时向后袖口线取值 15cm，得袖口围。

（8）画袖缝弧线。先直线画出袖缝线，前袖缝向里凹进 1cm 画出圆顺的前袖缝弧线，后袖缝向外凸出 1.2cm，然后圆顺画出后袖缝弧线。

（9）作袖肘省。测量前后袖缝弧线之差，差值即为袖肘省大。省尖位于后袖肥中点，过省尖点垂直于后袖缝弧线作出省中线，然后平均分配省量于省中线两端，得袖肘省。

第五节　平驳头合体西装结构设计研究

一、款式分析

此款平驳头合体西装的特点是平驳领，领位偏高；前后衣身设计对称的袖窿分割线；下摆略呈外扩（图 4–22）。

图 4–22　平驳头合体西装款式图

实验证明，翻领宽与领座宽的差值越大，倒伏量越大，驳点位置越高，倒伏量也会越大。驳点位置以腰线位置为准，此处位置升高，在袖窿深线上，因此领底倒伏量增加。领座宽 2.5cm，翻领宽偏大，取值 4.5cm，翻领宽与领座宽增大，也会使倒伏量增加。袖型为常见的合体两片袖结构，袖肥较小，袖子合体。

二、规格设计

平驳头合体西装规格设计见表 4–7。

表 4–7　平驳头合体西装规格表

单位：cm

项目	号型	衣长	胸围	腰围	背长	肩宽	领座宽	翻领宽	袖长
尺寸	160/84A	62	90	73	38	39	2.5	4.5	56

三、结构设计研究

1. *后衣身结构设计研究*

（1）取上平线。

（2）取前、后胸围。成品胸围 90cm，考虑到制图过程中分割线的设计会使得胸围量有所损失，因此制图时胸围取值略偏大，如胸围可取 92cm。半身制图中，前胸围取 22cm，后胸围取 24cm（图 4–23）。

（3）作袖窿深线。袖窿深取值 21.5cm，背长 38cm 作腰围线。

（4）作后领窝弧线。自上平线右取后领窝宽 7.7cm，上取后领窝高 2.4cm，圆顺画出后领窝弧线。自后颈点取衣长 62cm，作下摆直线。测量得后领窝弧长为 8.3cm。

（5）作后肩线。按照后肩斜角比例 15∶5.5 作后肩线，根据背宽 38cm 来定出后肩点，得后肩线，测量得后肩长为 12.4cm。

（6）作后袖窿弧线。首先在袖窿深线上取值 17.5cm 作为后背宽，画出背宽线。过肩点、后背宽横线的端点和袖窿深点，以合理的弧度圆顺作弧线，即为后袖窿弧线。测量得后 AH=22.8cm。

（7）计算和分配胸腰差。胸围实际取值 92cm，腰围 73cm，胸腰差为 19cm，因此在半身制图中，需要收去的腰省量为 9.5cm。一般情况下，单个腰省大不超过 3cm 为宜，前片或后片侧缝收去量（实质为侧缝省的一半）一般取值 1.5cm 以内，因此，可设计前腰省大为 3cm，前、后侧缝收取量均为 1.5cm，后腰省大 2cm，后中缝缩量为 1.5cm。

（8）作后中缝弧线。以后背宽横线的后端点为切点，经过后中线于腰围处收缩 1.5cm 的点，圆顺作出后中缝弧线。

（9）作后侧缝弧线。后侧缝于底摆处外扩 1.58cm，自袖窿深点经过腰围端点，圆顺作出后侧缝弧线。

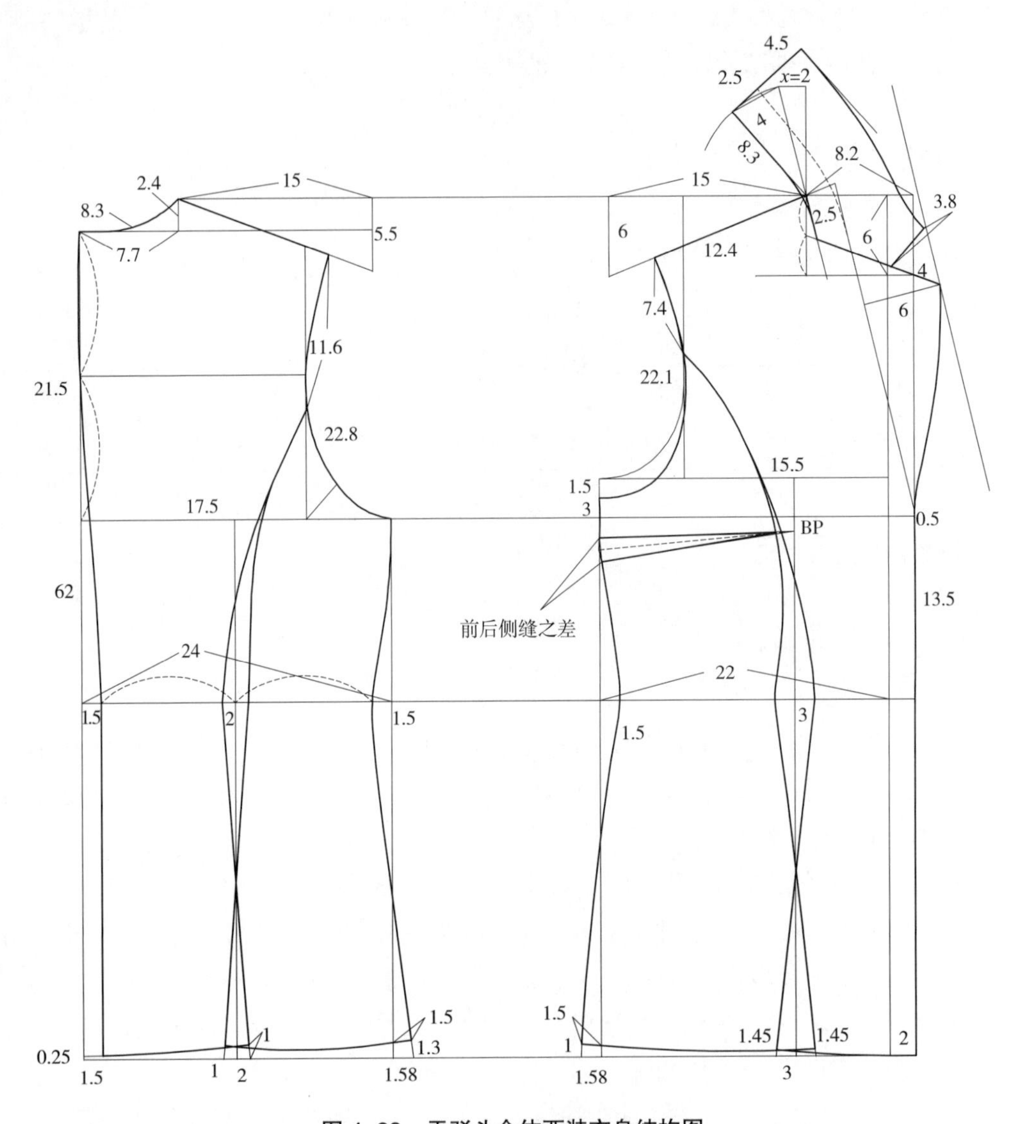

图 4-23　平驳头合体西装衣身结构图

（10）作后袖窿分割线。自肩点沿袖窿弧线取值 11.6cm，得分割线起始点。平分后腰围，过中点作省中线，向下交于底摆直线。于腰线上取省大 2cm，平分在省中线左右两侧。过分割起始点，分别经过省大两端点，以自然合理的弧度作出两条分割线，注意下端摆出 1cm 的量，以作出下摆略外扩的造型。注意摆角需要修正呈直角状态。

2. 前衣身结构设计研究

（1）取前领窝尺寸。首先取前领窝宽 6.2cm，前领窝深 6cm，以此为边作矩形。

（2）作前肩线。按照前肩斜角比例 15∶6 作前肩线，取前肩线长 = 后肩线长 = 12.4cm。

（3）作前袖窿深线并取前胸宽。前袖窿深比后袖窿深高 3cm，画出前袖窿深线。取前胸宽 15.5cm，作出前胸宽线。

（4）作前袖窿弧线。先将前袖窿挖深 1.5cm，然后自前肩点垂直肩线引出自然圆顺的前袖窿弧线。测量得前 AH=22.1cm。

（5）作侧缝弧线。前侧缝于底摆处外扩 1.58cm，自袖窿深点经过腰围端点，圆顺作出前侧缝弧线。

（6）作腋下省。量取前、后侧缝弧线之差，作为前腋下省的省大，注意修正省线，使得两条省线等长，省尖点缩短 1.4cm 左右。

（7）作前袖窿分割线。自肩点沿袖窿弧线取值 7.4cm，得分割线起始点。过 BP 点作省中线，向下交于底摆直线。于腰线上取省大 3cm，平分在省中线左右两侧。过分割起始点，分别经过省大两端点，以自然合理的弧度作出两条分割线，注意下端摆出 1.5cm 的量，以作出下摆略外扩的造型。注意摆角需要修正呈直角状态。

（8）作驳领。首先取门襟 2cm，延长后袖窿深线至前门襟止口线，得驳点。过前领窝深的中点，直线连接至前门襟止口线与前领窝深线的交点，并延长至一点得串口线，使此点到驳折线的垂直距离等于 6cm，即驳领宽度。以合理圆顺的弧线连接至驳点得驳领外轮廓线。

（9）作翻领。首先取领缺嘴宽 4cm，取领缺嘴高 3.8cm，使之与串口线形成 70° 左右的夹角。自侧颈点沿肩线方向延长 2.5cm，过侧颈点作驳折线的平行线，并取一条线段长等于后领窝弧长 =8.3cm，得领底直线。同时过侧颈点向上作竖直线，使之与前述平行线等高，并测量两直线上端点间的水平距离 x=2cm。

（10）计算倒伏量。倒伏量计算公式为 $x+a$，其中 x 代表领底直线上端点到过侧颈点的竖直线之间的水平距离，a 表示翻领与领座的宽度之差。这里 x=2cm，而翻领宽与领座宽之差也是 2cm，故倒伏量应为 4cm。

（11）作领底倒伏。以侧颈点为圆心、以后领窝弧长为半径画圆弧，然后自领底直线上端点向圆弧取弦长 =4cm，圆顺画出领底弧线。

（12）作领后中线和领外轮廓线。垂直领底弧线上端点，依次取领座 2.5cm、翻领宽 4.5cm，然后圆顺弧线连接至领缺嘴高点，得领外轮廓线。

3. 衣袖结构设计研究

（1）袖山高的确定方法。连接前后肩点并平分，过中点作竖直线向下交于袖窿深线，得线段即为平均袖窿深线。六等分平均袖窿深线，自下而上取 5/6 份作水平线，此水平线至袖窿深线（即袖子的落山线）之间的距离即为合体两片袖的袖山高（图 4–24）。

（2）袖山弧线的画法。取一点作为袖山顶点。自袖山顶点向落山线左右两侧分别取后 AH+1cm、前 AH+1cm，作出后袖山斜线和前袖山斜线。分别四等分前、后袖山斜线，找出前、后袖山斜线的凹凸点，圆顺连接即作出前、后袖山弧线。前袖山弧线的凸点距离袖山直线 2cm，凹点距离袖山直线 1.6cm，转折点即为前袖山斜线的中点。后袖山斜线的凸点距离后袖山斜线 2cm，凹点距离直线 1cm。

（3）于落山线上分别平分左、右袖肥得两个中点 *a*、*b*，过此两点作铅直线交于原袖山弧线和袖摆线，交点为 *g*、*h*、*i*、*j*。

（4）取内、外袖缝标记点。分别自 *a*、*b* 两点向左、右各取 2.5cm 得点 *c*、*d*、*e*、*f*，自 *g* 点向右取两次 1.3cm 得点 *k*、*l*，于 *h* 点向左 1cm 取点，而后于 1cm 处向左、右分别取 2.5cm，得点 *m*、*n*；于 *j* 点处向右量取 0.5cm 得点，而后于此点沿着袖摆弧线取袖肥 /2–5cm= ◎ –5cm 得点 *o*。于 *j* 点向右取 3cm、向左取 2cm 得点 *q*、*p*。

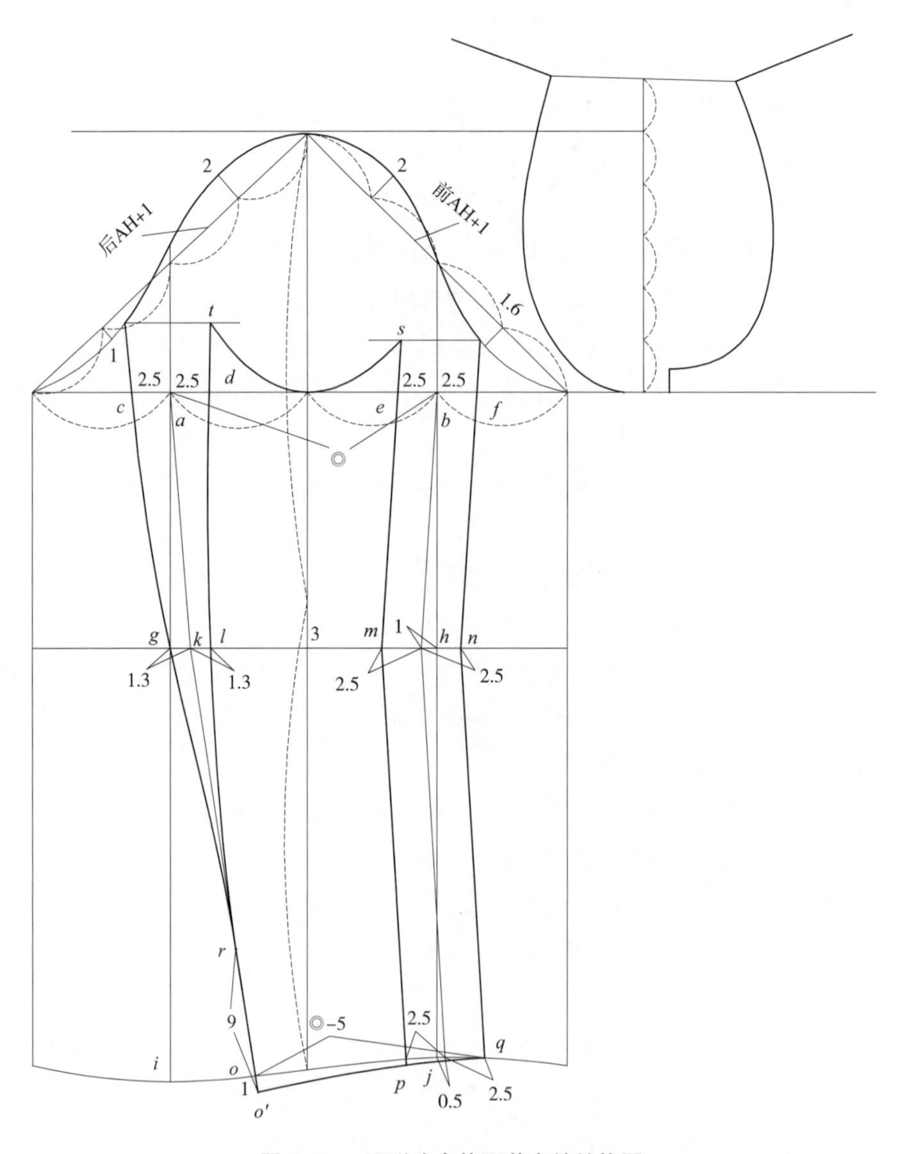

图 4–24　平驳头合体西装衣袖结构图

（5）作袖口弧线。直线连接 *ko* 并延长 1cm 得点 *o'*，直线连接 *ak*、*ko'*，连接 *pm*、*qn*，连接 *nf* 并延长至与新袖山弧线相交，于交点处作水平线，连接 *me* 并延长与水平线相交于点 *s*。

（6）作内袖缝弧线。自 *o'* 沿着 *o' k* 方向取 9cm 作为标记点 *r*，将点 *c*、*g*、*r* 用圆顺弧线连接，并以 r 为弧线与直线的切点，后沿着弧线向上延长交袖山弧线，并于交点处作水平线；过点 d、l、r 并以 r 为切点作圆顺弧线，向上延长至与前面的水平线交于点 t。

（7）分别过点 s、t 和前后袖片分界点作圆顺的凹形曲线得小袖窿弧线，将 $o'q$ 用平滑圆顺的弧线连接得袖口曲线。

第六节　装饰领合体西装结构设计研究

一、款式分析

本款装饰领合体西装领窝处无领，领窝开口较大，前胸绕至后背设计装饰性平驳领；袖身下部为喇叭袖结构，袖长属于九分袖；前后片腰围处设计适当的腰省，左右对称；前中止口为拉链设计；装饰性驳领前部在衣身分割线处缝合，位于后衣身的部分敞开不缝合（图 4–25）。

图 4–25　装饰领合体西装款式图

二、规格设计

本款装饰领合体西装的规格设计见表 4–8。

表 4–8　装饰领合体西装规格表　　单位：cm

项目	衣长	胸围	腰围	背长	肩宽	袖长	前胸宽	后背宽
尺寸	53	90	76	38	36	50	16.6	17.2

三、结构设计研究

1. *后衣身结构设计研究*

前面分析过，带分割线的合体女装，由于分割线的设计会使胸围量有所损失，故实际制图时最初的胸围尺寸设计应比成品尺寸稍大，以弥补分割线带来的损失，避免造成胸围紧窄不适的情况出现。因此，成品胸围 90cm 时制图尺寸设定为 92cm 较为合适。

（1）作上平线。取后领窝宽 10.5cm，后领窝深 1.7cm，圆顺作出后领窝弧线。

（2）定后肩斜线。取后肩宽 18cm，后下落 2.8cm 定出后肩点，使得侧颈点至后肩点之间的肩线长为 8cm（图 4–26）。

（3）自后颈点取 21cm 作袖窿深线，取 38cm 作腰围线，腰围以下取 15cm 作底摆直线。

（4）取后胸围 23cm，作侧缝直线至底摆。取后背宽 17.2cm 作背宽线。

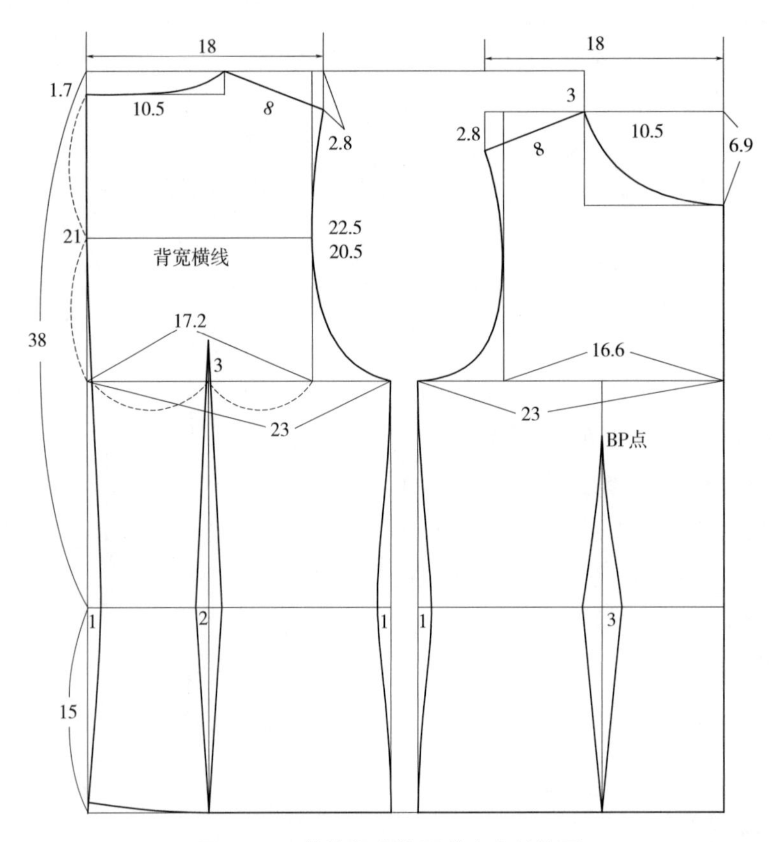

图 4–26　装饰领合体西装衣身结构图

（5）画袖窿弧线。以背宽横线的右端点为切点，圆顺连接肩点至袖窿深点，得后袖窿弧线。

（6）作后中曲线。后中线破缝处理，后中腰围处收进 1cm 为宜。然后以背宽横线端点为切点圆顺画出后中曲线。

（7）作后侧缝弧线。侧缝处内收 1cm，依据人体轮廓圆顺作出后侧缝弧线。

（8）设计后腰省。后腰省位于后背宽中间，省大为 2cm，省尖点位于腰围线以上 3cm。

2. 前衣身结构设计研究

（1）作前领弧线。前上平线比后片低落 3cm。取前领窝宽 10.5cm，前领窝深 6.9cm，圆顺作出前领窝弧线。

（2）作前肩线。取前片肩宽 18cm，然后于相应位置自前片上平线下落约 2.8cm 得肩点，使得前侧颈点至前肩点之间的肩线长为 8cm。

（3）作前胸宽线。于袖窿深线上取前胸围 23cm，作侧缝直线至底摆。取前胸宽 16.6cm 作胸宽线。

（4）作袖窿弧线。圆顺连接肩点至袖窿深点，得前袖窿弧线。

（5）作前侧弧线。侧缝处内收 1cm，依据人体轮廓圆顺作出前侧缝弧线。

（6）设计前腰省。过 BP 点作省中线，省大为 3cm，将省道位于腰围线以上的部分修改为弧线，以下为直线。

3. 衣领结构设计研究

根据款式需要，在前片上设计装饰领分割线，将前片分为上下两片，在组合缝制时，将提前缝制好的平驳领夹在中间层一起缝制即可（图 4–27）。

（1）驳领长度的分析。由于驳领与前衣身缝合，故驳领前部根据衣身分割线长度和位置确定即可。而驳领后部需要绕过整个后衣身，故后部长度至少为后背宽的大小，即 17.2cm × 2=34.4cm。考虑到人体后背部的活动需要，后部驳领长度还应适当增加放松量，这里半身制图放松量设为 0.3cm。另外，还应考虑驳领所绕过肩部的厚度。因此，本款驳领后部长度是自距离肩点 2.5cm 处的点开始取值的，而不是自肩点取值。这是需要重点理解和细心设计的关键之处。

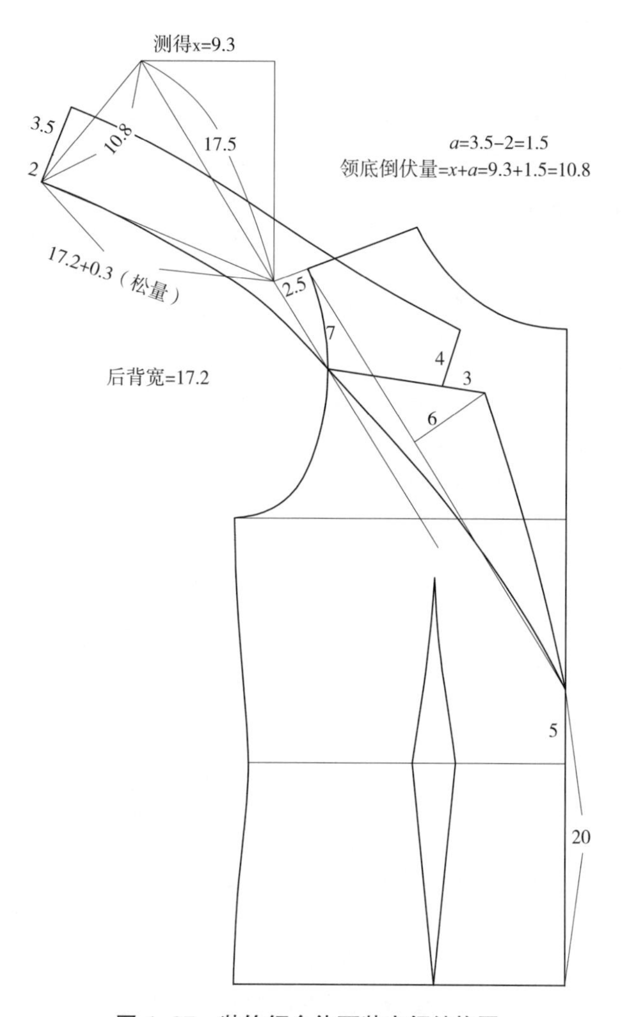

图 4–27　装饰领合体西装衣领结构图

（2）在前中线上自下而上取 20cm，作为驳点。直线连接肩点至驳点，得驳折线。

（3）画领底直线。延长肩线 2.5cm，作驳折线的平行线并上取 17.5cm 得领底直线。

（4）画领底弧线。测量领底直线与竖直线间的水平距离，记为 x=9.3cm。然后做领底倒伏，并取倒伏量 10.8cm，得领底斜线，倒伏量的计算如图所示。然后经过肩线以下 7cm 处圆顺画出领底弧线。

（5）作领座、翻领。垂直领底弧线依次取领座 2cm、翻领宽 3.5cm。

（6）作驳领。垂直于驳折线定 6cm 的驳领宽，并以合理美观的方向画出串口线和驳领外轮廓线。取领缺嘴宽 3cm，领缺嘴高 4cm。

（7）平缓圆顺地作出翻领外轮廓线，完成装饰性驳领结构设计。

4. 衣袖结构设计研究

（1）关于袖山高取值。这里袖山高仍然采用 AH/3 来定。我们知道，原型一片袖的袖山高 AH/3 虽为中性结构，但实际上接近合体袖型，正好符合这里的袖型特点：袖山较为合体，袖身分割线以上较合体，下部分宽松呈 A 字形（图 4–28）。

（2）关于袖肘线位置。这里袖长稍短，且袖子上下分割，下袖剪切拉展呈 A 字形。如果按照普通袖肘线位置进行分割，会造成五五分的效果，显得臂部粗短。因此，适当提高袖肘线的位置可以起到拉长手臂的效果。此外，将袖肘线提高了 3cm。

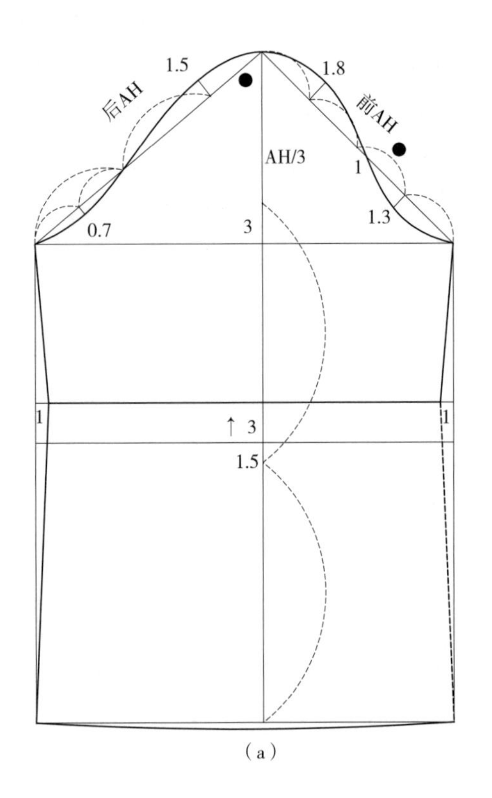

（a）

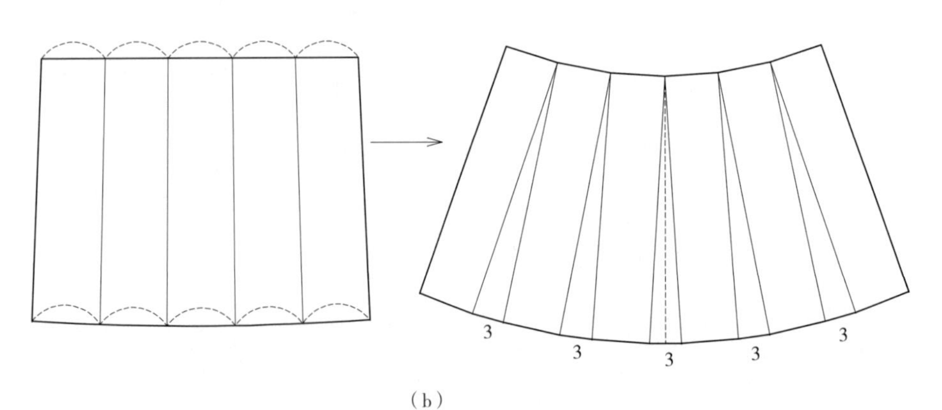

（b）

图 4–28　装饰领合体西装衣袖结构图

（3）袖口弧线的弧度。袖侧缝线于分割线处内收 1cm，导致袖缝线倾斜，袖口线应与袖缝线垂直。因此，袖口弧线两端是以垂直于袖缝线的角度引出，再圆顺连接呈自然圆顺的袖摆线。

（4）袖子分割线以下部分拉展量的设计。设计原理是剪切拉展，一般对于立体性较强的造型，剪切线的设计应均匀且密实，剪切线数量越多，分割形成的造型立体型越强，一般根据款式造型需要和设计者的理解来定。这里设计了 5 条分割线，每条分割线拉展形成 3cm 的褶量。

第七节　蝙蝠衫结构设计研究

一、款式分析

本款蝙蝠衫无领，袖型宽松，袖口偏窄小；衣身下摆设计为紧摆贴边（图 4–29）。

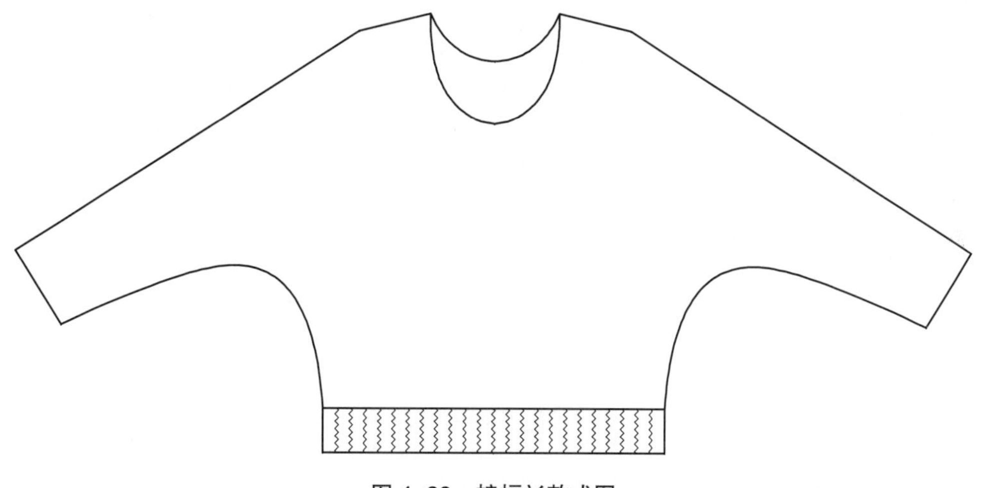

图 4–29　蝙蝠衫款式图

二、规格设计

本款蝙蝠衫的规格设计见表 4–9。

表 4–9　蝙蝠衫规格表

单位：cm

项目	衣长	胸围	背长	袖长	肩宽	袖口围
尺寸	60	96	38	57	38	24

三、结构设计研究

1. 前片结构设计研究

（1）作上平线。取一水平线作为上平线。

（2）作前领窝弧线。取前领宽 9cm、前领窝深 15cm，将所得两点直线连接并平分，过中点垂直于直线内凹 3.5cm 得点，经过此点圆顺连接侧颈点和前领深点，得前领窝弧线（图 4–30）。

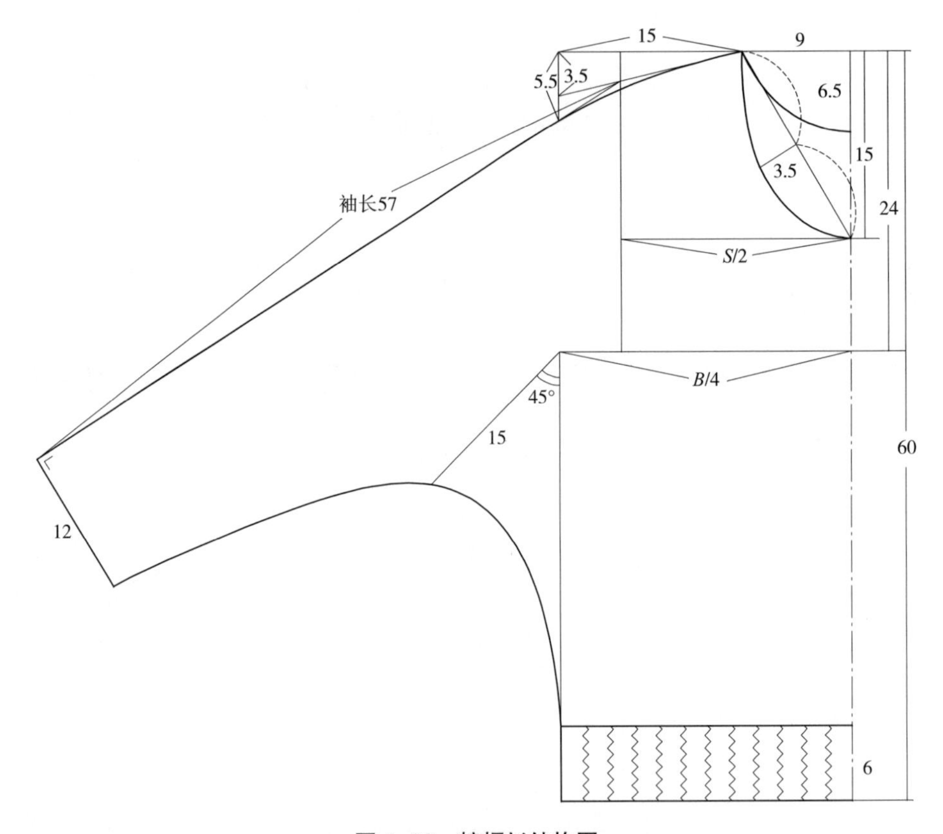

图 4–30　蝙蝠衫结构图

（3）取前胸围，作侧缝直线。首先取基本袖窿深 24cm，作水平胸宽线并取前胸围 $B/4$=24cm。

（4）取衣长 60cm，作底摆直线。

（5）作紧摆贴边。自底摆直线向上 6cm 作平行线，之间的部分即为紧摆贴边。

（6）取前肩宽。$S/2$=19cm，作肩宽线。

（7）作蝙蝠袖。自侧颈点取水平线段 15cm、然后取落肩量 3.5cm，所得点直线连接至侧颈点，得前肩直线，与肩宽线交于一点，将此点与落肩量 5.5cm 的点直线连接并延长，使之等于袖长 57cm。然后垂直于袖中线作袖口线 12cm。过前基本袖窿深点取 45° 斜线段 15cm，经过此点圆顺连接袖口端点至紧摆贴边上边线侧缝处。

2. 后片结构设计研究

后片结构制图与前片相比，除了后领窝弧线不同，其他均一样。后领窝宽仍然取9cm，而后领窝深取值6.5cm。然后垂直于后中心线圆顺连接后侧颈点至后领窝深点，得后领窝弧线。

第八节　吊带阔腿裤结构设计研究

一、款式分析

此款吊带阔腿裤的款式特点是，上半身合体，臀围合体，裤腿为阔腿型；前中线和后中线均断开，且前、后衣身自肩线至裤摆均设计对称的分割线；无领、无袖（图4-31）。

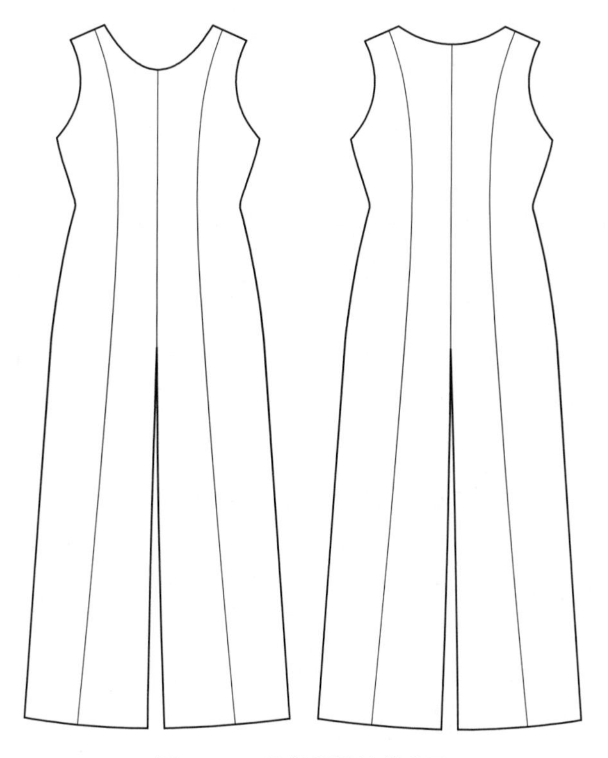

图4-31　吊带阔腿裤款式图

二、规格设计

吊带阔腿裤的规格设计见表4-10。

表 4-10　吊带阔腿裤规格表　　单位：cm

项目	衣长	胸围	腰围	臀围	背长	肩宽
尺寸	135	96	84	100	38	38

三、结构设计研究

1. 前片结构设计研究

（1）前肩线。作上平线，取前领窝宽 14cm 得侧颈点，再右取 5cm、下取 2.5cm 得肩点。直线连接侧颈点和肩点得前肩线（图 4-32）。

（2）衣长线。于上平线左侧竖直取衣长 135cm。

（3）前领窝弧线。自衣长线上端点下取 12.5cm 得前领窝深点。先直线连接前领窝深点至前侧颈点。然后于直线下端 7cm 处作垂直凹进量 3cm，经过此点圆顺画出前领窝弧线。

（4）袖窿深线。距离前领窝深点 11.5cm 处作水平线，即为前袖窿深线。

（5）腰线。距离袖窿深线 14cm 处的水平线即为腰线。

（6）前胸围。取前胸围大 =$B/4$=24cm 得前袖窿深点，作侧缝直线交至腰线。

（7）前袖窿弧线。直线连接前肩点至前袖窿深点，于直线下端 8cm 处作垂直凹进 4cm，经过此点圆顺画出前袖窿弧线。

（8）取臀围。先取臀长 26cm，作臀围线。取前臀围 =$H/4$−1cm=24cm。

（9）作上裆弧线。取小裆宽 6cm，然后取小裆直角角平分线 3cm，并经过此点圆顺画出上裆弧线。

（10）作下裆弧线。前中线底端向左侧水平取值 2cm 得点，将此点直线连接至小裆宽点，并三等分，于上端等分点处作垂直凹进 1.9cm，最后圆顺画出下裆弧线。

（11）侧缝线。自袖窿深点经过腰侧内收 1.5cm 的点，圆顺连接至臀围端点，并向下作竖直线至脚口线。

（12）作前分割线。首先确定分割线的标记点，肩部分割起始点位于侧颈点 2cm 处；在袖窿深线上距离前中线 10.5cm 为第二标记点；在腰线上距离前中线 10cm 处为第三标记点，并取省大 1.5cm 得对侧分割线标记点；在臀围线上距离前中线 12cm 处为第四标记点，自此点竖直作线交至脚口线，然后交点左右分别取 2cm，得分割线位于脚口线上的两个端点，此处分割线有交叉。然后将两条分割线相应标记点自上而下圆顺连接，得前衣身两条分割线。

2. 后片结构设计研究

（1）后片腰线。首先将前腰线、前臀围线、前片底摆直线延长至后片，并画出后腰以下中心线。

（2）后肩线。将后中心线与臀围线交点直线连接至后腰线左侧 4cm（为后中撇进量）

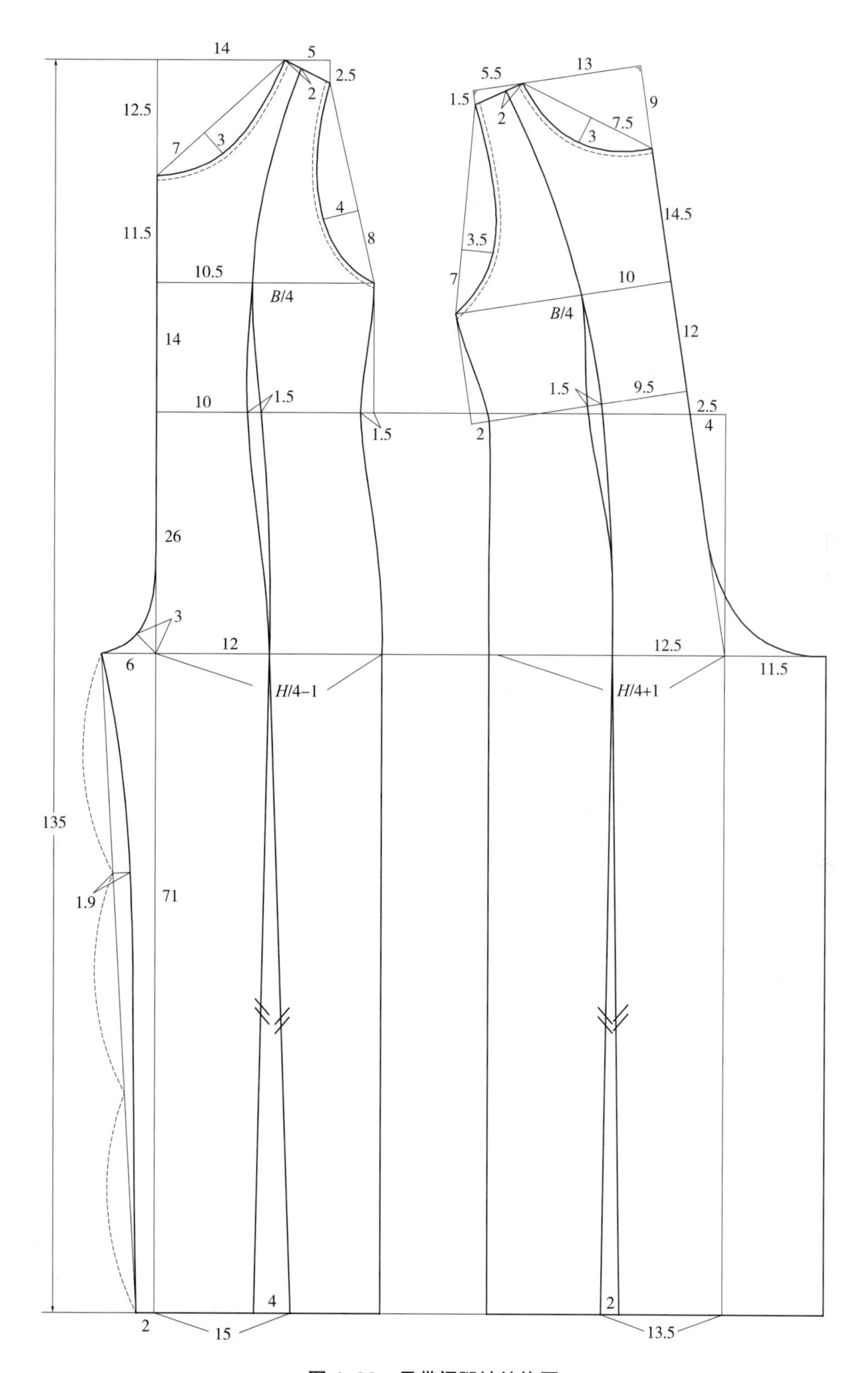

图 4-32　吊带阔腿裤结构图

处，并延长（2.5cm+12cm+14.5cm+9cm）的斜线段，即为后中斜线。然后过后中斜线段顶点垂直引出线段 13cm 得后侧颈点，然后延长 5.5cm，再垂直下取 1.5cm 得后肩点。直线连接后侧颈点和后肩点得后肩线。

（3）后领窝弧线。直线连接侧颈点与 9cm 的领窝深点，并于直线下端 7.5cm 处作垂直凹进 3cm，圆顺画出后领窝弧线。

（4）后袖窿弧线。过后领窝深点向下 14.5cm 的点，作后上平线的平行线即为袖窿深线，并取后胸围 =$B/4$=24cm，得袖窿深点。先直线连接后肩点和袖窿深点，然后于直线下端 7cm 处作垂直凹进 3.5cm，圆顺画出后袖窿弧线。

（5）后腰斜线。自后中斜线与袖窿深线交点下取 12cm，作袖窿深线的平行线，长度等于后胸围大，画出侧缝线。

（6）取臀围。在臀围线上取后臀围 =$H/4$+1cm=26cm。

（7）作上裆弧线。取大裆宽 11.5cm，然后自后中斜线上的腰端点连接至大裆宽点，圆顺画出上裆弧线。大裆弧线与后中斜线的切点位于斜线下端大约三分之一处。

（8）作下裆直线。过大裆宽点作竖直线至脚口处得后下裆直线。

（9）侧缝线。自袖窿深点经过腰侧内收 2cm 的点，圆顺连接至臀围端点，并向下作竖直线至脚口线。

（10）作后分割线。首先确定分割线的标记点，肩部分割起始点位于侧颈点 2cm 处；在袖窿深线上距离后中线 10cm 为第二标记点；在腰线上距离后中线 9.5cm 处为第三标记点，并取省大 1.5cm 得对侧分割线标记点；在臀围线上距离后中线 12.5cm 处为第四标记点，自此点竖直作线交至脚口线，然后交点左右分别取 1cm 形成衣身后中片和后侧片交叉重叠的部分，并得分割线位于脚口线上的两个端点。然后将两条分割线相应标记点自上而下圆顺连接，得后衣身两条分割线。

第九节　合体多省外套结构设计研究

一、款式分析

此款合体多省外套，胸部较宽松而腰部收腰，最大的特点便是省道设计较多，以作出立体收腰造型。其中，前衣身对称分布着 6 条省线，后衣身对称分布着 4 条省线；袖子风格为偏宽松两片袖造型；领型为普通翻领；单排小门襟 6 粒扣。由于衣身风格合体，后中腰线处一般会设计一定的省道量，以使后片合体而造型立体，因此后中断开（图 4–33）。

图 4–33　合体多省外套款式图

二、规格设计

合体多省外套的规格设计见表 4–11。

表 4–11　合体多省外套规格表

单位：cm

项目	衣长	胸围	腰围	袖长	肩宽	袖口围	前胸宽	后背宽
尺寸	56	100	63	57	43	31	18.5	19

三、结构设计研究

1. 衣身结构设计研究

（1）后领窝。作后衣身上平线，并于右侧作竖直线。然后于上平线上取后领窝宽 8cm 得侧颈点，于竖直线上取后领窝深 3.3cm 得后领窝深点，圆顺画出后领窝弧线（图 4–34）。

（2）后背宽和后胸围。自后领窝深点竖直向下取 12.5cm，作后背宽 19cm。自后领窝深点竖直向下取 24cm，作袖窿深线，并取后衣身胸围 $B/4$+0.5cm=25.5cm，得袖窿深点。

（3）后肩线。自侧颈点作水平线段 13.5cm，再竖直向下 4cm 得后肩点，然后画出后肩直线。

（4）后袖窿弧线。圆顺连接肩点、背宽点和袖窿深点得后袖窿弧线。

（5）后腰线和侧缝线。袖窿深线平行向下 13cm，作后腰线。后腰侧缝处内收 1cm，圆顺画出后侧缝线。

（6）后中曲线。后中直线于后背宽线处转折，于腰线处内收 1.5cm，于底摆直线上

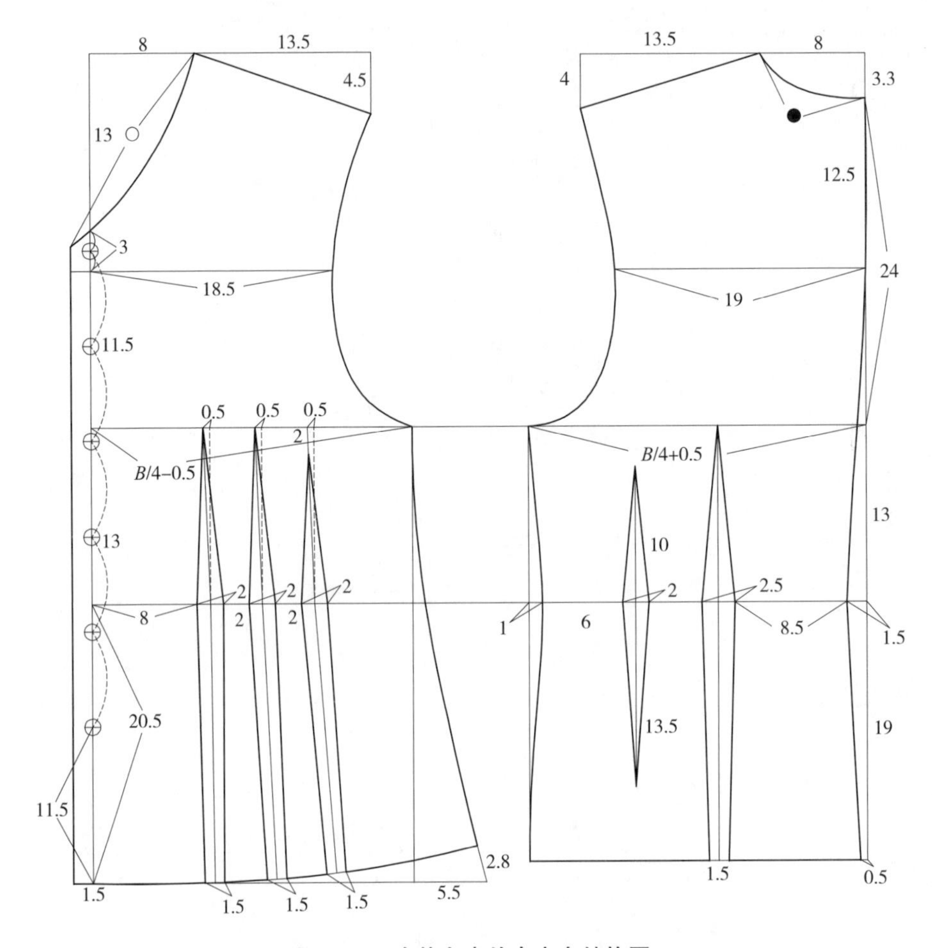

图 4–34　合体多省外套衣身结构图

内收 0.5cm，圆顺画出后中曲线。

（7）后腰省。距离侧缝 6cm 作菱形省，省大 2cm，省中线上段（腰线以上）长 10cm，下段长 13.5cm。距离后中腰端点 8.5cm 作省，省大为 2.5cm，上段省尖点连接至袖窿深线，下段省中线竖直连接至底摆直线，并作省的开口 1.5cm。

（8）作前中心线。取一竖直线为前中心线，同时将前胸宽水平线、前袖窿深线、前腰线分别与后背宽水平线、后袖窿深线、后腰线平齐。

（9）前领窝。首先取门襟 1.5cm，作门襟止口线。胸宽线前端点向上 3cm 得领窝标记点，再向上 13cm 作水平线，为前衣身上平线。于上平线上取 8cm 得前侧颈点，圆顺连接前侧颈点至领窝标记点，并顺势延长至与门襟止口相交为止。

（10）前胸宽和前胸围。于胸宽水平线上取胸宽 18.5cm，于袖窿深线上取前胸围大 =B/4−0.5cm=24.5cm，得袖窿深点。

（11）前肩线。自前侧颈点作水平线段 13.5cm，再竖直向下 4.5cm 得前肩点，然后画出前肩直线。

（12）前袖窿弧线。圆顺连接肩点、胸宽水平线端点和袖窿深点得前袖窿弧线。

（13）前侧缝线。首先将前片底摆摆出 5.5cm 的量，然后与侧缝直线上端相切引出圆顺的侧缝弧线，并取上翘 2.8cm。垂直于侧缝弧线和前门襟止口线，引出圆顺自然的前底摆弧线。

（14）前腰省。根据款式分析，前衣身单侧设计三个开口省。距离前中心线 8cm 作第一个省，省大 2cm，过省大中点向上作竖直线，与袖窿深线的交点左取 0.5cm 得省尖点，腰线下段省中线，则是自省大中点引出，同时垂直于底摆弧线，省开口 1.5cm，平均分布在省中线两端的底摆弧线上。第二个省距离第一个省 2cm，做法与第一省完全一致。第三个省距离第二个省道 2cm，除了省尖点需要沿着省中线下移 2cm，其他做法与前两个一致。

（15）定扣位。第一粒扣位于胸宽水平线以上中间的位置，最后一粒扣位于底摆以上 11.5cm 的位置，然后将两粒扣中间的前中线部分五等分，得其他 4 粒扣位。

2. 衣袖结构设计研究

衣袖采用两片式袖型，袖肥偏大，较宽松，与衣身袖窿相匹配（图 4–35）。

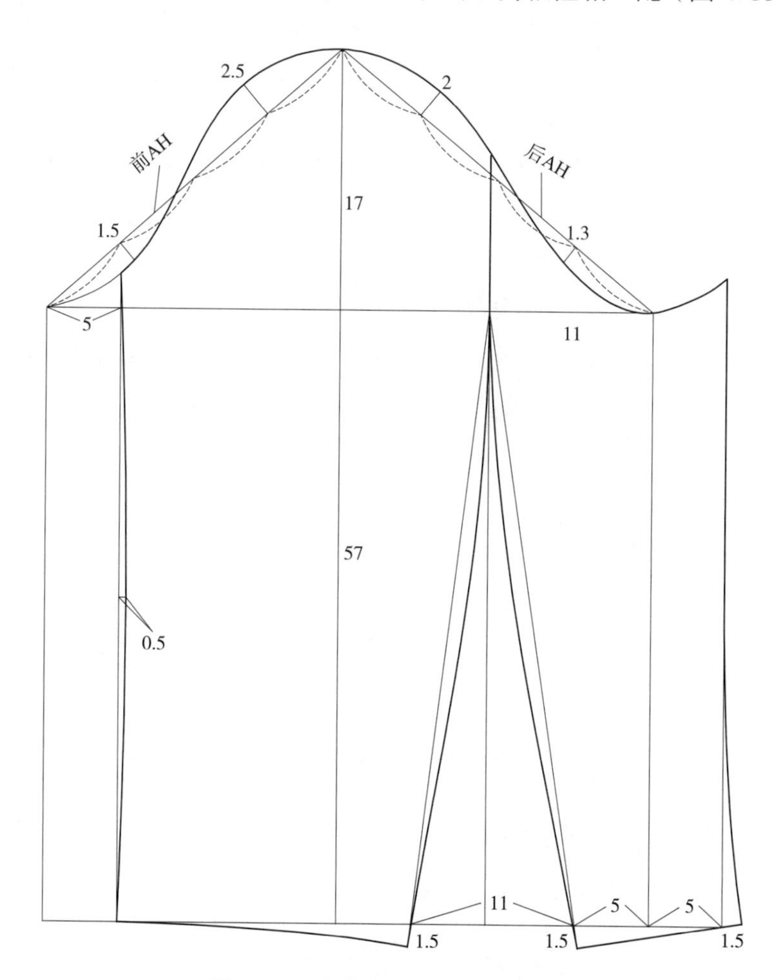

图 4–35　合体多省外套衣袖结构图

（1）取袖山高，作落山线。首先取一条竖直线，长度 = 袖长 =57cm。上端点即为袖山顶点，取袖山高 17cm，作落山线。

（2）作袖山斜线。自袖山顶点向落山线作袖山斜线。前袖山斜线 = 前 AH=26.06cm，后袖山斜线 = 后 AH=26.97cm，

（3）作袖山弧线。分别四等分前、后袖山斜线。前袖山弧线弧度比后袖山弧线的弧度大，因此，前袖山弧线的曲率即凹凸程度更大些。于前袖山斜线上端等分点处取垂直凸起量 2.5cm，下端等分点处取垂直凹进量 1.5cm；于后袖山斜线上端等分点处取垂直凸起量 2cm，下端等分点处取垂直凹进量 1.3cm，然后经过袖山顶点圆顺连接以上标记点，即得饱满圆顺的袖山弧线。

（4）取袖口直线。测得袖肥约为 40.7cm，画袖缝直线和袖口直线。

（5）作大袖片内袖缝弧线。在落山线上，取前袖肥 5cm 作竖直线段，并于线段中点处向袖中线一侧凹进 0.5cm，圆顺画出大袖内袖缝弧线。

（6）作大、小袖外袖缝弧线。首先自落山线后端点取 11cm，作竖直线作为前、后袖分割辅助直线，上交至袖山弧线，下交至袖口直线。自后袖口端点左取 5cm，所得点直线连接至竖直分割线与落山线的交点，并反向延长 1.5cm，然后此线段与落山线以上的竖直分割线圆顺呈一条自然的弧线，即为小袖片外袖缝弧线。距离此线与袖口交点 11cm 处，以同样的方法圆顺画出大袖片外袖缝弧线。

（7）作袖口弧线。自前袖口两端点垂直于内、外袖缝弧线引出圆顺自然的袖口弧线，并测量其长度。同理，自小袖外袖缝弧线下端点垂直引出后袖口弧线，使之长度等于袖口围度减去前袖口弧线长，得后袖口弧线。

（8）作小袖内袖缝弧线。此方法实质是将前袖中分割去掉的小片在后袖片补齐。延长后袖口直线 5cm，作竖直线段，上段长度待定，然后将大袖内袖缝线分割形成的左侧袖山弧线平移至落山线右侧，与前述竖直线段相交。然后将小袖内袖缝直线圆顺至袖口弧线右端点，得小袖内袖缝弧线。

3. 衣领结构设计研究

如图 4–36 所示，翻领宽度为 6cm，领角偏小。详细制图过程如下。

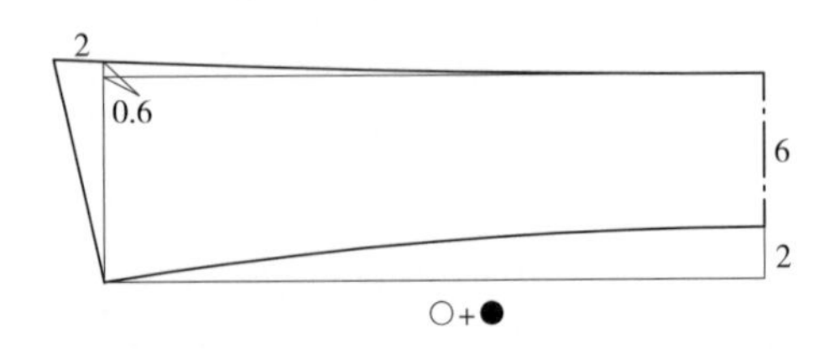

图 4–36　合体多省外套衣领结构图

（1）翻领后中线。取一条竖直线作为领子的后中心线。

（2）取翻领宽。在中心线上取后领的上翘量 2cm，接着取领宽 6cm，并作水平线。

（3）取领长，作翻领下口线和外轮廓线。垂直中线取衣身领窝弧长 /2= ○ + ●，然

后作竖直线交于水平线，并上延 0.6cm 得点。自后领中上端点圆顺连接至此点并顺势延长 2cm，得翻领外轮廓线。自领中线上翘 2cm 处，用圆顺平缓的弧线连接至领长左端点，得翻领下口线。

（4）领角线。直线连接领下口线和外轮廓线端点，得领角线。

第十节　立驳领合体西装结构设计研究

一、款式分析

此款立驳领合体西装，衣身线条简洁流畅；领型较特别，为立领和驳领的组合体；后中线断开，以便于设计后中线的腰省量；衣身前、后分别设计对称的腰省，以作出衣身合体状态；衣袖为普通的合体两片袖结构（图 4–37）。

图 4–37　立驳领合体西装款式图

二、规格设计

立驳领合体西装的规格设计见表 4–12。

表 4–12　立驳领合体西装规格表　　单位：cm

项目	衣长	胸围	腰围	袖长	肩宽	袖口围	领围	立领高
尺寸	60	94	73	56	38	26	38	4

三、结构设计研究

1. 后衣身结构设计研究

比例法结构制图与原型法一样，首先需要考虑胸围数值的设计。原型法制图时要对比所使用的原型胸围数值与成衣胸围数值之差，还要考虑合体造型中后中曲线和后腰省在腰线上损失的量。同样，利用比例法制图时，也要在最初设计胸围时将后中曲线和后腰省在腰线上舍去的值补偿到成衣胸围数值中，否则会导致实际胸围小于所设计的成衣胸围数值，可能导致胸围偏紧窄不适等现象出现。

（1）作后领窝弧线。作上平线，取后领窝宽 = 领围 /5=7.6cm 得后侧颈点，取后领窝深 2.3cm 得后领窝深点，圆顺作出后领窝弧线，并测量后领窝弧长，即为“●”。

（2）取衣长。作竖直线段，取长 60cm，作下平线。

（3）作后肩线。取后肩宽 =$S/2$=19cm，然后下落约 4.5cm 定出后肩点，直线连接侧颈点至后肩点得后肩线，并测得后肩线长为 12.26cm（图 4–38）。

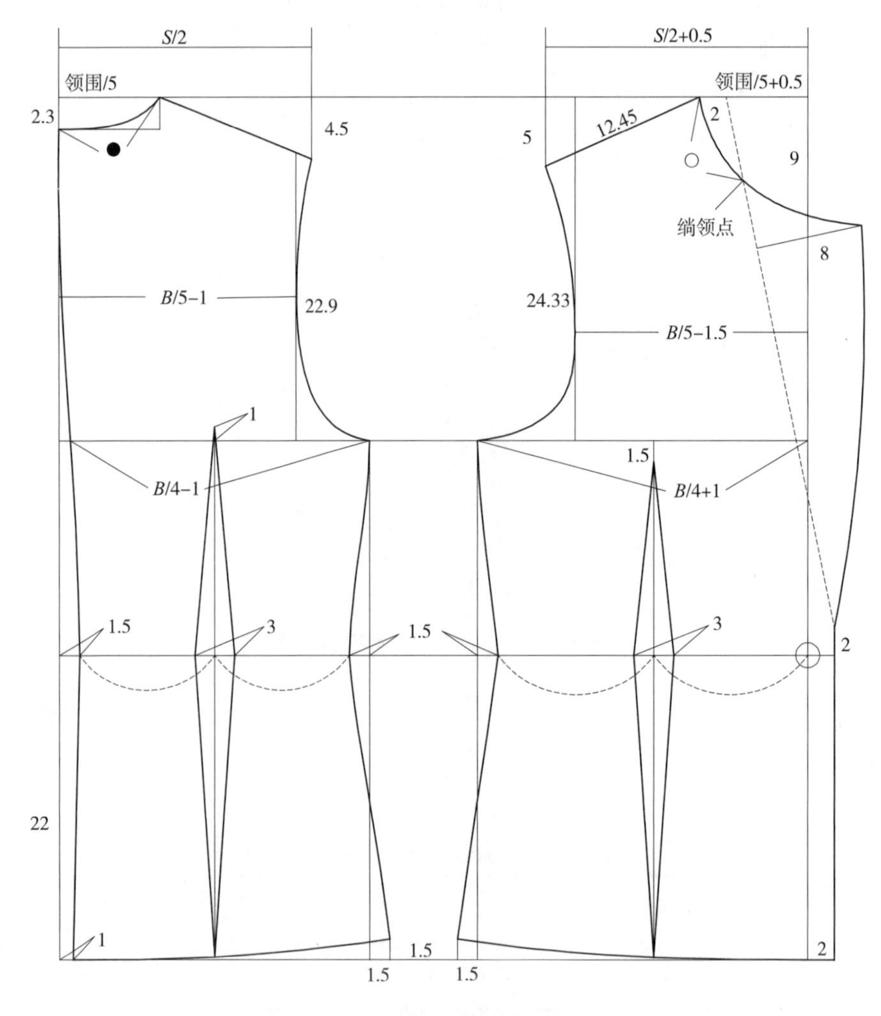

图 4–38　立驳领合体西装衣身结构图

（4）作袖窿深线、腰围线和底摆直线。自后颈点取袖窿深 22.5cm，作袖窿深线。自后颈点取 38cm，作腰围线。腰围以下取 22cm 作底摆直线。

（5）作背宽线，取后胸围。取后胸围 $B/4$=23.5cm（实际尺寸为 22.5cm，补偿了 1cm 的后中曲线和腰省损失量），作侧缝直线至底摆。取后背宽 =$B/5$−1=17.8cm 作背宽线。

（6）作后袖窿弧线。以与背宽线相切为标准，圆顺连接肩点至袖窿深点，得后袖窿弧线。

（7）作后中曲线。后中线破缝处理，后中腰围处收进 1.5cm，底摆直线处收进 1cm，然后与后中线上端相切引出圆顺的后中曲线。

（8）作后侧缝弧线和底摆弧线。侧缝处内收 1.5cm，底摆摆出 1.5cm 的摆量，并作起翘 1.5cm，圆顺作出后侧缝弧线。垂直于后侧缝弧线和后中曲线，引出圆顺平缓的后底摆弧线。

（9）设计后腰省。平分后衣身腰围，作省中线，向上过袖窿深线 1cm 得省尖点，向下交至底摆弧线。省道为菱形省，省大为 3cm，下端省尖点便是省中线与底摆弧线的交点。

2. 前衣身结构设计研究

（1）首先将后衣身各条水平线对齐到前片。

（2）作前领窝弧线。在上平线上取前领窝宽 = 领围 /5+0.5cm=8.1cm 得前侧颈点，取前领窝深 9cm 得前领窝深点。

（3）作前肩线。取前肩宽 =$S/2$+0.5cm=19.5cm，然后下落约 5cm 定出前肩点，直线连接侧颈点至前肩点得前肩线，并测得前肩线长为 12.45cm。

（4）作胸宽线，取前胸围。取前胸围 $B/4$+1cm=24.5cm，作侧缝直线至底摆。取前胸宽 =$B/5$−1.5cm=17.3cm 作胸宽线。

（5）作前袖窿弧线。以与胸宽线相切为标准，圆顺连接肩点至袖窿深点，得前袖窿弧线。

（6）作前侧缝弧线和底摆弧线。侧缝处内收 1.5cm，底摆摆出 1.5cm 的摆量，并作起翘 1.5cm，圆顺作出前侧缝弧线。垂直于前侧缝弧线和前中心线，引出圆顺平缓的前底摆弧线。

（7）设计前腰省。平分前衣身腰围，作省中线，向上至袖窿深线以下 1.5cm 得省尖点，向下交至底摆弧线。省道为菱形省，省大为 3cm，下端省尖点便是省中线与底摆弧线的交点。

（8）作驳领。取门襟宽 2cm 作门襟止口线，上端至腰围以上 2cm，即为驳点。自前侧颈点水平向右取 2cm 得点，并直线连接至驳点得驳折线。圆顺连接侧颈点至前领窝深点并顺势延长，直到使其端点到驳折线的垂直距离为 8cm 为止，这里的 8cm 即为驳领的宽度。然后自驳领宽点圆顺连接至驳点，得驳领外轮廓线。

（9）定前立领绱领点。驳折线与领窝弧线交点即为绱领点，测量此点至侧颈点之间的前领窝弧长，记为“○”。

3. 衣袖结构设计研究

（1）作基本框架。先画一条直线作为大、小内袖缝辅助线，于其上端右侧作一条水平线，作为袖子的上平线（图 4–39）。

（2）取袖山高。自水平线向下取大袖袖山高 =17cm，作出落山线；三等分袖山高，过上端 1 份作水平线得小袖山顶点水平线，余下的 2 份即为小袖袖山高。

（3）确定袖肥和袖山顶点。自落山线与内袖缝辅助线交点上取 2.5cm 得大袖符合点，自此点向小袖山顶点水平线作长为 AH/2–2.5cm=21.12cm 的线段，得袖肥。作出袖肥线，并平分上端袖肥大，自中点右取 1.5cm 得袖山顶点。

（4）取袖长，作袖口直线。自袖山顶点向内袖缝辅助线作线段，使其长度等于袖长 56cm。然后垂直于袖长线取袖口宽 13cm。

（5）确定其他 4 个大袖山弧线标记点，作大袖山弧线。平分袖长线与小袖山顶点水平线交点左侧的线段，并于中点向左取 1cm 得一标记点。平分此标记点与袖山顶点之间的线段，并于中点处作垂直凸起 1cm 得一标记点。同理，平分袖山顶点至小袖山水平线右端点之间的线段，于中点处作垂直凸起 1cm 得一标记点。于落山线向上 0.7cm 处作平行线段，并向左侧延长 2cm 得一标记点。大袖符合点为一标记点。小袖山水平线右端点为一标记点。经过袖山顶点圆顺连接以上标记点，得大袖袖山弧线。

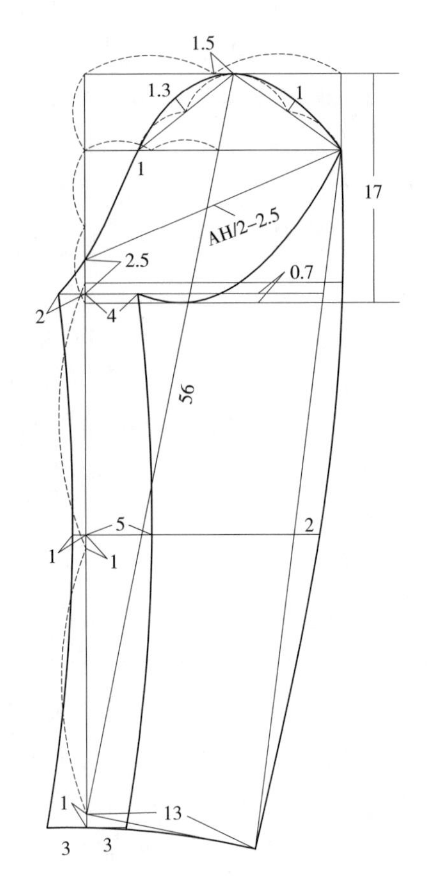

图 4–39　立驳领合体西装衣袖结构图

（6）作大、小袖外袖缝弧线。自落山线向上沿着内袖缝辅助线取 1.5cm，将此点以下的部分平分，过中点向上取 1cm 作水平线得袖肘线。内袖缝辅助线与袖肘线交点向左取 1cm 得大袖内袖缝位于袖肘线上的标记点，右取 5cm 得小袖内袖缝位于袖肘线上的标记点。向下延长内袖缝辅助线 1cm 得点，以此点为中心作水平线段，左侧 3cm、右侧 3cm，分别得到大袖内袖缝位于袖口线上的标记点和小袖内袖缝位于袖口线上的标记点。大袖山弧线左端点为大袖内袖缝弧线上端点，自此端点向对侧取水平线段 4cm 得小袖内袖缝弧线上端点。分别圆顺连接上述大、小袖内袖缝标记点，可得大、小袖内袖缝弧线。

（7）作大、小袖外袖缝弧线。首先直线连接袖口宽右端点至大袖山弧线右端点，得外袖缝直线。此线段与袖肘线交点向右延长 2cm 得点，经过此点圆顺连接大袖山右端点至袖口直线右端点，得大、小袖外袖缝弧线，同时要保证弧线下端与袖口直线垂直。

（8）作袖口弧线。自大袖内袖缝底端点以直角引出袖口线并圆顺连接至大袖口内端点得袖口曲线。

（9）作小袖山弧线。圆顺连接小袖内袖缝弧线上端点和大袖山弧线右端点，并与落山线相切，得到小袖山弧线。

4. 衣领结构设计研究

小立领的做法如图 4–40 所示。

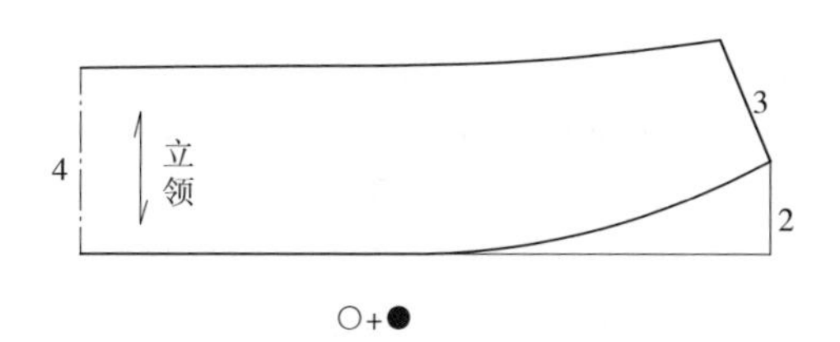

图 4–40　立驳领合体西装衣领结构图

（1）作领后中线段 4cm。

（2）取领长。取前领窝弧长 + 后领窝弧长 = ○ + ● =15.24cm。于右侧取竖直起翘量 2cm。

（3）作领下口线。圆顺连接起翘点至领后中线下端点，得领下口线。

（4）领角斜线。过起翘点垂直于领下口线取领角斜线，长度为 3cm，此数值不宜过大或过小，过小会导致领上口窄小不适，而过大则会影响领上口的合体性和美观性。

（5）领上口线。自领后中线上端点，垂直引出圆顺的弧线至领角斜线上端点，得领上口线。

第十一节　落肩分割袖休闲衬衫结构设计研究

一、款式分析

此款落肩分割袖休闲衬衫整体风格宽松舒适，衣身为箱型，下摆略外扩；落肩型，袖型较宽松，袖摆较大，类似喇叭袖造型，袖摆处设计横向分割线；无领；衣长一般偏短；胸宽、背宽较大，前胸盖势偏大；后衣身连裁，前衣身于中心线处断开，可设计拉链，也可设计侧拉链，前衣身设计腋下省（图 4–41）。

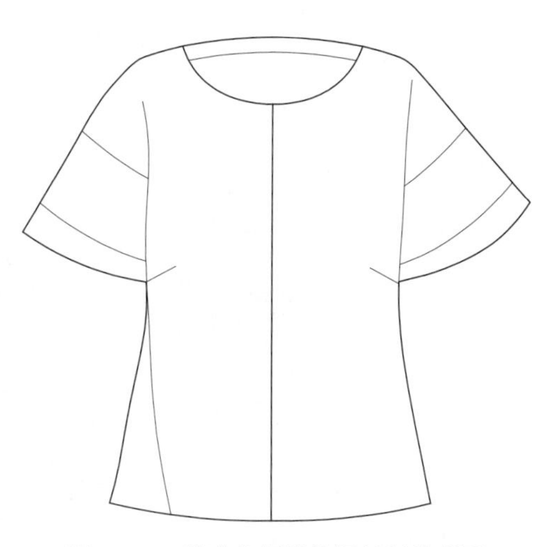

图 4–41　落肩分割袖休闲衬衫款式图

二、规格设计

落肩分割袖休闲衬衫的规格设计见表 4–13。

表 4–13　落肩分割袖休闲衬衫规格表　　单位：cm

项目	衣长	胸围	腰围	袖长	肩宽	袖口围
尺寸	50.5	98	98	16	56	67

三、结构设计研究

1. 衣身结构设计研究

（1）取衣长。首先取后衣长 50.5cm，并作上平线和下平线（图 4–42）。

（2）后领窝弧线。取后领窝宽 11.2cm、后领窝深 3.5cm，分别得后侧颈点和后领深点。

（3）后肩线。自后侧颈点水平取 16.8cm，然后垂直下落 4.5cm 得后肩点，用直线连接后侧颈点和后肩点，得后肩线长 =17.39cm。

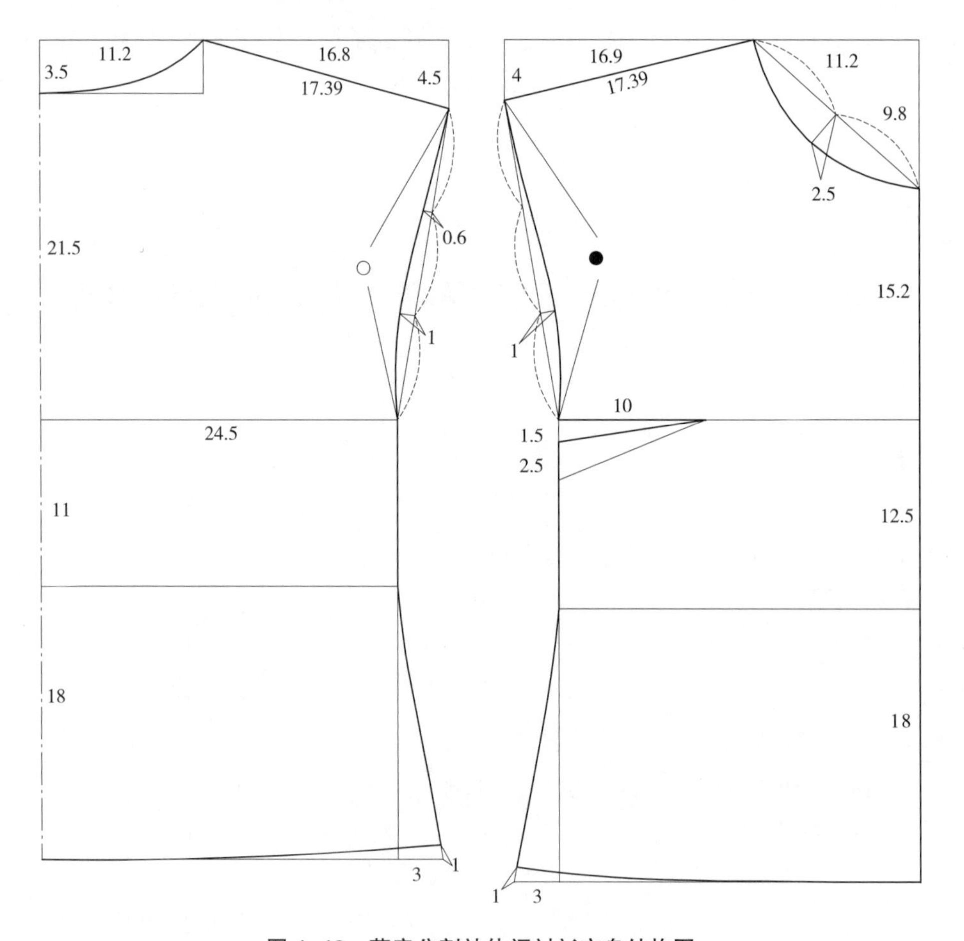

图 4–42　落肩分割袖休闲衬衫衣身结构图

（4）后袖窿深线。自后领窝深点向下 21.5cm 作袖窿深线，并取后衣身胸围大 = B/4=24.5cm，得袖窿深点。

（5）后袖窿弧线。先用直线连接袖窿深点至后肩点，然后将直线三等分，在上端等分点处作垂直内凹 0.6cm，下端等分点处作垂直内凹 1cm，最后经过两个内凹点，自后肩点垂直引出圆顺的弧线至袖窿深点，得后袖窿弧线。测量并记录后袖窿弧长，记为“○”。

（6）后衣身腰围线、摆围线和侧缝线。自袖窿深线以下 11cm 处，作腰线。继续向下取 18cm，作底摆直线。摆线侧部摆出 3cm 的量，并取起翘 1cm，圆顺连接至腰围侧端点，得侧缝线。垂直侧缝线和后中心线引出圆顺弧线，即为底摆弧线。

（7）前领窝弧线。取前领窝宽 11.2cm、前领窝深 9.8cm，分别得前侧颈点和前领窝深点。

（8）前肩线。自前侧颈点水平取 16.9cm，然后垂直下落 4cm 得前肩点，直线连接前侧颈点和前肩点，得前肩线长 =17.39cm，与后肩线长一致。

（9）前袖窿深线。自前领窝深点向下 15.2cm 作袖窿深线，并取前衣身胸围大 =B/4=24.5cm，得袖窿深点。

（10）袖窿弧线。先用直线连接袖窿深点至前肩点，然后将直线三等分，在下端等分点处作垂直内凹 1cm，最后经过内凹点，自前肩点垂直引出圆顺的弧线至袖窿深点，得前袖窿弧线。测量并记录前袖窿弧长，记为“●”。

（11）腰围线、摆围线和侧缝线。自袖窿深线以下 12.5cm 处，作腰线。继续向下取 18cm，作底摆直线。摆线侧部摆出 3cm 的量，并取起翘 1cm，圆顺连接至腰围侧端点，得侧缝线。垂直侧缝线和前中心线引出圆顺弧线，即为底摆弧线。

（12）作腋下省。首先自前袖窿深点沿着袖窿深线取 10cm，得腋下省省尖点，然后在侧缝线上下 1.5cm 取省，省大 2.5cm，直线连接至省尖点。

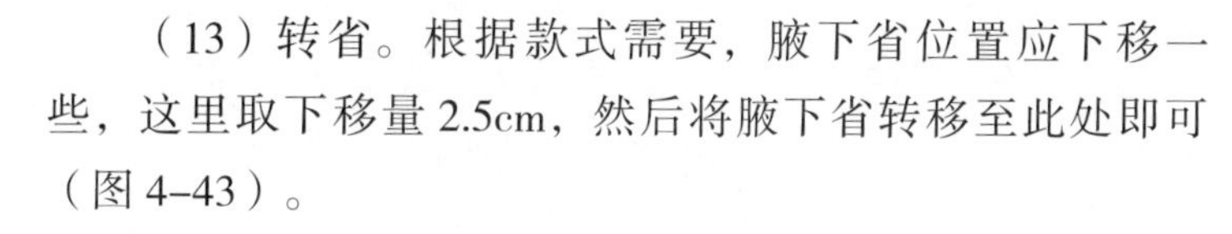
（13）转省。根据款式需要，腋下省位置应下移一些，这里取下移量 2.5cm，然后将腋下省转移至此处即可（图 4–43）。

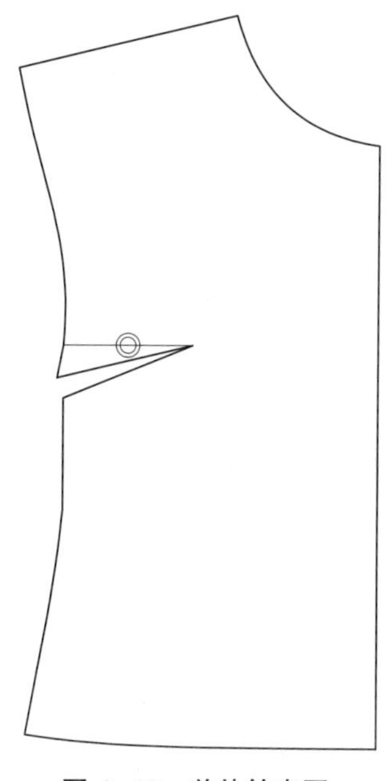

图 4–43　前片转省图

2. 衣袖结构设计研究

（1）各取一条水平线和竖直线。

（2）作袖山弧线。自水平线上取 7.7cm，然后自此点向竖直线作线段，使其长度 =（○ + ●）/2，然后将线段修成圆顺自然的弧线，即为其中一半的袖山弧线。

（3）取袖长。在上平线即袖中线上取袖长 16cm。自袖山弧线下端点竖直向下取 7cm 作水平线，然后自袖山弧线下端点向水平线作斜线段，使其长度等于 9cm，得袖缝线。分别垂直于袖缝线和袖中线，作圆顺的弧线，即为袖口弧线。

（4）作袖子分割线。在袖中线和袖侧缝线上，分别距离袖口 4cm 和 3cm 取点，然后圆顺连接这两点，得袖口横向分割线（图 4–44）。

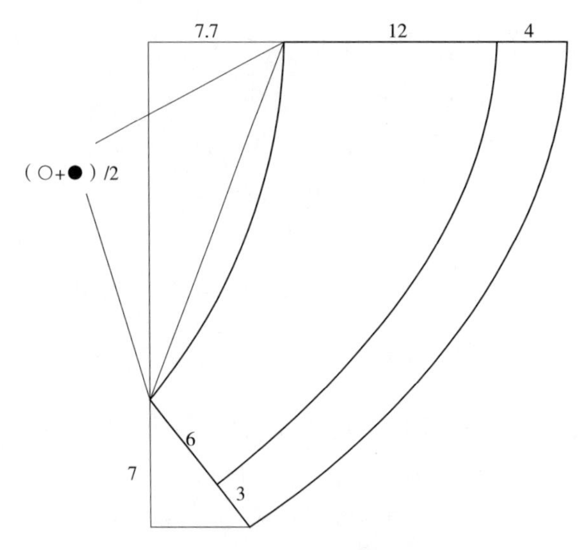

图 4–44　落肩分割袖休闲衬衫衣袖结构图

第十二节　休闲翻领西装外套结构设计研究

一、款式分析

此款休闲翻领西装外套，整体风格较宽松，前门襟止口下端呈小八字角造型；领角偏大，单排门襟三粒扣；前衣身设计袖窿分割线，后衣身无腰省，在后中腰部和侧缝腰部作收缩量，因此后中线断开；前衣长略大于后衣长（图 4–45）。

图 4–45　休闲翻领西装外套款式图

二、规格设计

休闲翻领西装外套的规格设计见表 4–14。

表 4–14　休闲翻领西装外套规格表　　单位：cm

项目	衣长	胸围	腰围	臀围	背长	袖长	肩宽	袖口围
尺寸	55	100	82	102	38	57	40	28

三、结构设计研究

1. 衣身结构设计研究

（1）作框架。作一长方形框架，长为 $B/2$+2cm（门襟宽）=52cm，宽为衣长 55cm（图 4–46）。

（2）作基本分割。自上平线取袖窿深 24cm，作袖窿深线。自上平线取 38cm，作腰线。平行于右水平直线作 2cm 的线段，得前中心线。取前胸围 = 后胸围 =$B/4$=25cm，作前、后衣身侧缝线。取前胸宽 17cm，画胸宽线；取后背宽 18cm，作背宽线。

（3）作后领窝弧线。取后领窝宽 9cm，后领窝深 2.4cm，圆顺画出后领窝弧线。

（4）作后肩线。后背宽线下落 4cm 得点，过此点作水平线段交至后中线，使其长度等于后肩宽 =$S/2$=20cm，所得点即为后肩点。直线连接侧颈点至肩点，得后肩斜线，测得后肩斜线长 =11.71cm。

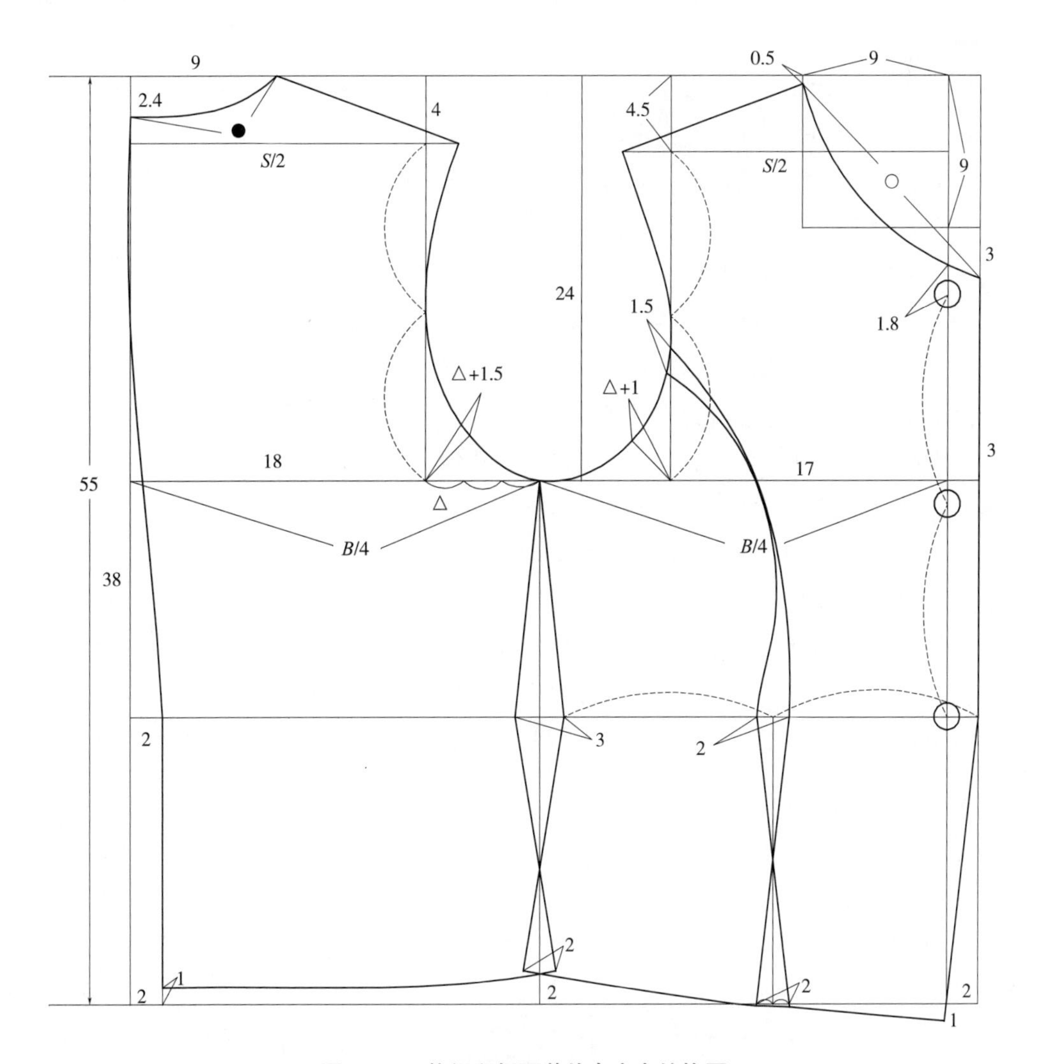

图 4–46　休闲翻领西装外套衣身结构图

（5）作前领口弧线。前领窝宽取 9cm，前领窝深取 9cm，作正方形，自前领窝宽线上端下落 0.5cm 得前侧颈点。于前门襟止口线上再加深领深 3cm 得门襟止口上端点。圆顺连接此点至前侧颈点，得前领窝弧线。

（6）作前肩线。前胸宽线下落 4.5cm 得点，过此点作水平线段交至前中线，使其长度等于前肩宽 =*S*/2=20cm，所得点即为前肩点。直线连接侧颈点至前肩点，得前肩线。

（7）做袖窿弧线。平分前、后肩宽线至袖窿深线之间的胸宽线和背宽线，得袖窿弧线的两个标记点。三等分侧缝线至背宽线之间的袖窿深线，每份记为“△”，于背宽线与袖窿深线夹角的角平分线上取△ +1.5cm 得一个标记点，于胸宽线与袖窿深线夹角的角平分线上取△ +1cm 得另一个标记点。将侧缝线与袖窿深线交点作为切点，圆顺连接以上标记点和前、后肩点，得袖窿弧线。

（8）作后中弧线。腰线后中内收 2cm，后中底摆同样内收 2cm 并同时上抬 1cm，然后与后中直线相切引出圆顺的后中弧线。

（9）作侧缝线。前、后腰侧均内收 1.5cm，下摆上抬 2cm 之后分别摆出 1cm，画出前、后侧缝直线。

（10）作后底摆弧线。垂直于后中线和侧缝直线引出平缓圆顺的后底摆弧线。

（11）作门襟止口线、前底摆弧线。门襟宽 2cm，用直线连接门襟止口腰端点至前中线下端点并延长 1cm 得门襟八字造型线。然后垂直于此线和前侧缝直线，引出自然圆顺的前底摆弧线。

（12）作前衣身分割线。分割线起始点位于袖窿弧线与胸宽线交点下端约 2cm 处，分割线在袖窿上作开口 1.5cm。平分包含门襟宽在内的前衣身腰围，向下作省中线交至底摆弧线。取省大 2cm，平分在省中线两端。将腰省两个端点圆顺连接至相应的袖窿开口处，向下分别用直线连接至底摆弧线上的省中线两端 1cm 处，形成交叉重叠量。

（13）定扣位。第一粒扣位于前中上端点以下 1.8cm 处，第三粒扣位于腰线上，第二粒扣位于其他两粒扣的中间位置。

2. 衣袖结构设计研究

袖型为较宽松两片袖结构。详细制图过程如图 4–47 所示。

（1）取袖长。作一条竖直线段，长为袖长 57cm，作袖口直线。

（2）作大袖山水平线。于竖直线上端作水平线，

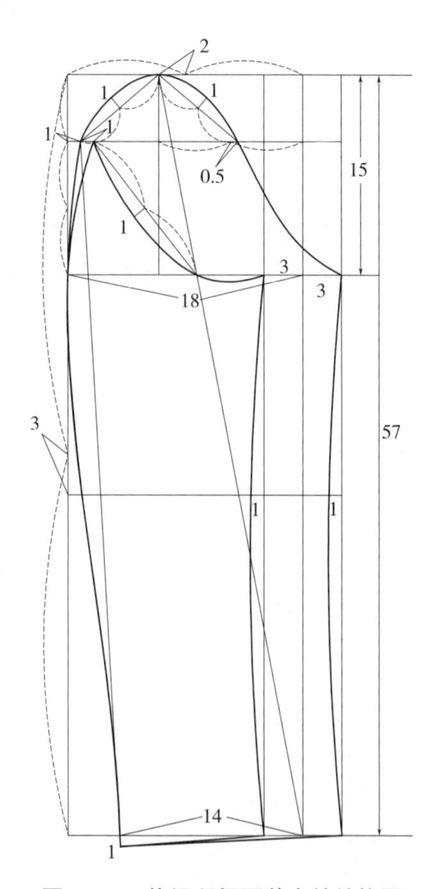

图 4–47　休闲翻领西装衣袖结构图

作为大袖山水平线。

（3）取袖山高，作落山线。自上而下取袖山高 15cm，作落山线。

（4）作小袖山水平线。三等分袖山高，于第一等分点处作水平线，即为小袖山水平线。

（5）确定大、小袖山端点。自落山线左侧取袖肥 /2=18cm，作竖直线段。自此线段与落山线交点分别左、右各取 3cm 得小袖山弧线和大袖山弧线的右端点，同时也是小袖内袖缝弧线和大袖内袖缝弧线的上端点。

（6）作大袖山弧线。首先确定大袖山弧线的左端点，即小袖山水平线左侧向右取 1cm 的点。其他标记点的确定如下。先在上平线上，平分袖肥 /2，中点偏左 2cm 为袖山顶点。将袖山顶点直线连接至大袖山左端点，并将线段两等分，于中点处作垂直凸起 1cm，得一个标记点。过袖山顶点作竖直线，交至落山线，平分其右侧的小袖山水平线，中点偏右 0.5cm 得一个标记点，将此点用直线连接至袖山顶点，并将此线段平分，同样于中点处作垂直凸起 1cm，得另一个标记点。过袖山顶点圆顺连接以上标记点，得大袖山弧线。

（7）作袖肘线。平分步骤（1）中长 57cm 的竖直线段，中点偏下 3cm 处画水平线，即为袖肘线。

（8）取袖口宽 14cm。自步骤（5）中所作竖直线与袖口直线的交点，自交点向左水平取袖口宽 14cm。同时将交点直线连接至袖山顶点，交于落山线一点。

（9）作小袖山弧线。步骤（8）中落山线上的交点即为小袖山弧线的一个标记点。大袖山左端点水平向右取 1cm，得小袖山弧线的另一个标记点。直线连接以上两个标记点并平分，于中点处垂直下取 1cm，为一标记点。用圆顺的弧线连接以上标记点和步骤（5）中所得小袖山弧线右端点，得小袖山弧线。

（10）作大、小袖内袖缝弧线。分别过大、小袖袖山右端点作竖直线段，交至袖口直线，得到大、小袖袖口右端点，同时也是大、小袖内袖缝弧线下端点。将下端点分别用圆顺弧线连接至步骤（5）中所得内袖缝上端点，注意袖肘线处均凹进 1cm，即得大、小袖内袖缝弧线。

（11）作袖口弧线。将步骤（8）中的袖口宽点直线连接至大袖外端点，得外袖缝直线，并反向延长 1cm，得大、小袖袖口左端点。垂直于外袖缝直线和大、小袖内袖缝弧线，平缓圆顺地作出大、小袖袖口弧线。

（12）作大、小袖外袖缝弧线。自大袖山外端点即左端点，经过并切于落山线左端点，然后圆顺连接并切于外袖缝直线上，下端重合为止，得大袖外袖缝弧线。同理，自小袖山弧线左端点，经过并切于落山线左端点，然后圆顺连接并切于外袖缝直线上，得小袖外缝弧线。袖山切点以下大、小袖外缝弧线重合。

3. 衣领结构设计研究

如图 4–48 所示，翻领宽度为 6cm，领角偏大。详细制图过程如下。

（1）翻领后中线。取一条竖直线作为领子的后中心线。

（2）取翻领宽。在中心线上取后领的上翘量 2cm，接着取领宽 6cm，并作水平线。

（3）取领长，作翻领下口线。垂直中线取领长 = 前衣身领窝弧长 + 后领窝弧长，作竖直线即为领长线。然后垂直后中线引出圆顺的领下口线。

（4）作领外轮廓线。过翻领宽点作水平线，交至领长线。将所形成的外夹角平分，在等分线上取线段 2cm 得点，将点圆顺连接至领宽上端点，并与后中线形成直角。得翻领外轮廓线。

（5）领角线。用圆顺的弧线连接领下口线和外轮廓线端点，得领角线。

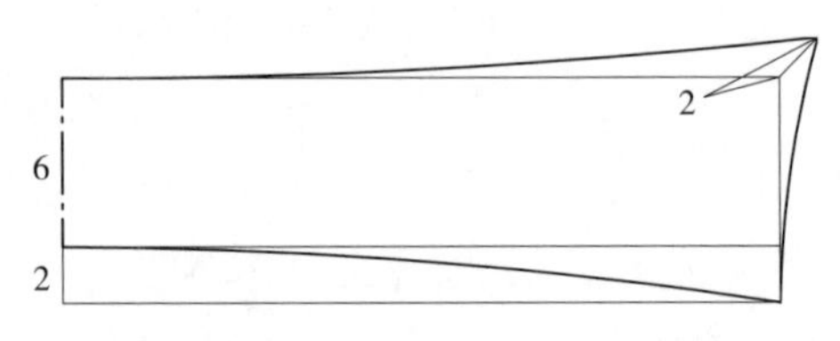

图 4–48　休闲翻领西装衣领结构图

第十三节　无领合体西装结构设计研究

一、款式分析

此款无领合体西装，无领，前领开口大，呈深 V 字形；双排门襟一排扣；前衣身设计对称的两条分割线和两条省线；无侧缝线，后衣身设计对称的袖窿分割线，前、后分割线形成衣身侧片；袖型为合体两片袖结构；后中断开，以便设计收腰效果，打造立体造型（图 4–49）。

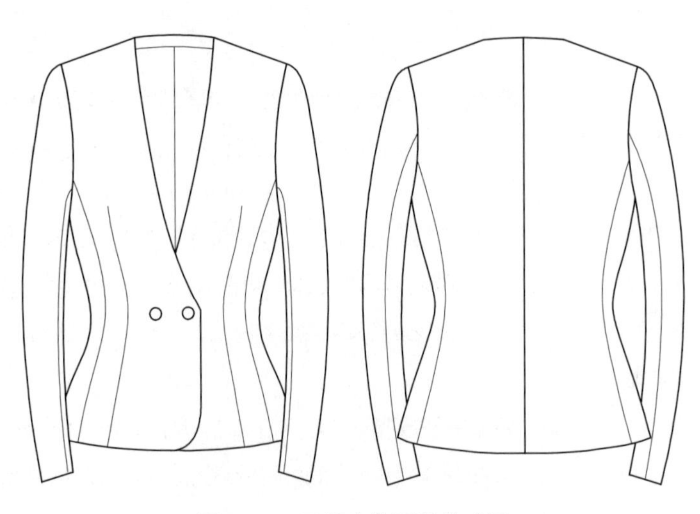

图 4–49　无领合体西装款式图

二、规格设计

本款无领合体西装的规格设计见表 4–15。

表 4–15　无领合体西装规格表

单位：cm

项目	衣长	胸围	腰围	领围	背长	袖长	肩宽	袖口围
尺寸	60	94	76	38	38	56	38	26

三、结构设计研究

1. 衣身结构设计研究

（1）作框架。作一长方形框架，长为 $B/2+$（0.8~1cm）（补偿省道和分割线在袖窿深线上的损失量），宽为衣长 60cm+2.5cm（为后领窝深）=62.5cm（图 4–50）。

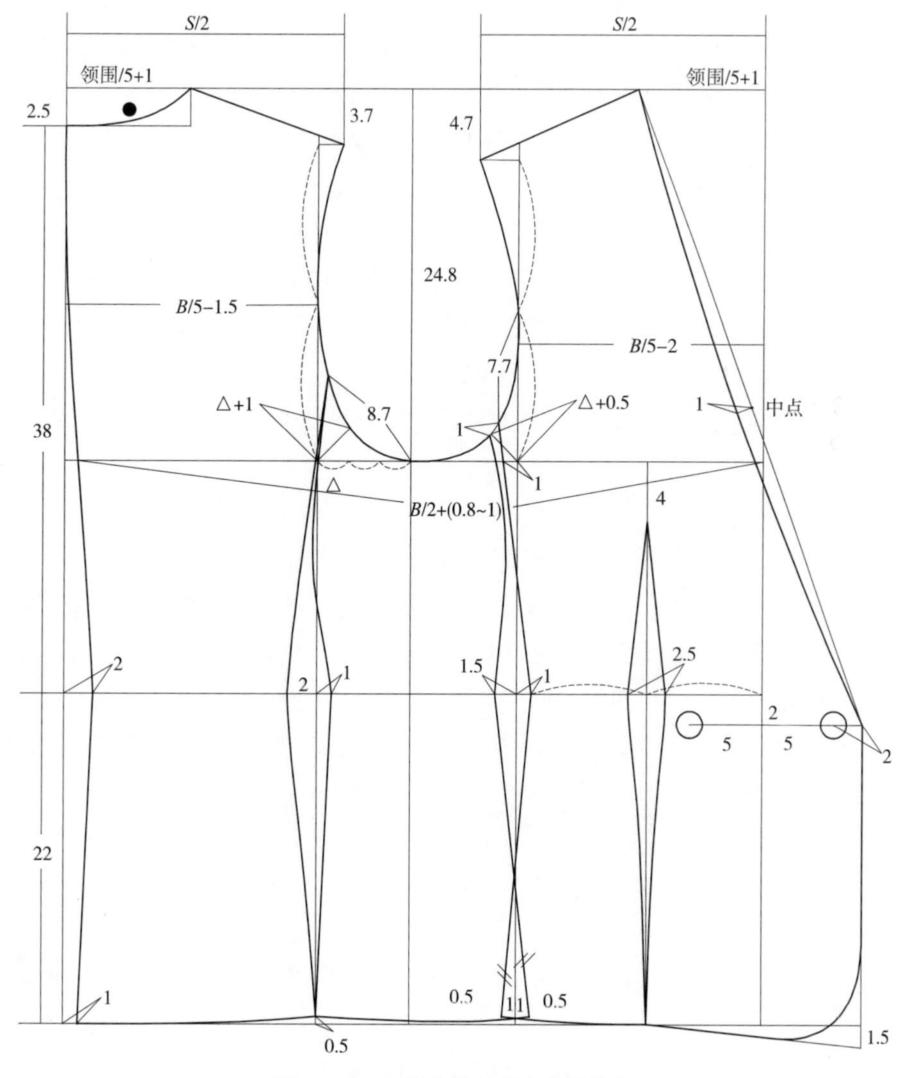

图 4–50　无领合体西装衣身结构图

（2）作基本分割。自上平线取袖窿深24.8cm，作袖窿深线。自后领窝中心取38cm，作腰线。向右平行线即前中心线。取前胸宽=B/5−2cm=16.8cm，画胸宽线；取后背宽=B/5−1.5cm=17.3cm，作背宽线。

（3）作后领窝弧线。取后领窝宽=领围/5+1cm=8.6cm，后领窝深2.5cm，圆顺画出后领窝弧线。

（4）作后肩线。先取后肩宽=S/2=19cm，然后下落3.7cm得后肩点。直线连接侧颈点至肩点，得后肩线，测得后肩线长=11.04cm。

（5）确定前侧颈点。取前领宽=领围/5+1cm=8.6cm，得前侧颈点。

（6）作前肩线。首先取前肩宽=S/2=19cm，然后下落4.7cm得前肩点。直线连接侧颈点至前肩点，得前肩线。

（7）做袖窿弧线。平分前、后肩宽线至袖窿深线之间的胸宽线和背宽线，得袖窿弧线的两个标记点。三等分侧缝线至背宽线之间的袖窿深线，每份记为"△"，于背宽线与袖窿深线夹角的角平分线上取△+1cm得一个标记点，于胸宽线与袖窿深线夹角的角平分线上取△+0.5cm得另一个标记点。侧缝线与袖窿深线交点作为切点，圆顺连接以上标记点和前、后肩点，得袖窿弧线。

（8）作后中弧线。腰线后中内收2cm，底摆内收1cm，然后与后中直线相切引出圆顺的后中弧线。

（9）作后衣身分割线。自袖窿深点沿着袖窿弧线量取8.7cm，得后分割线起始点。延长背宽线至衣身底摆直线，并上抬0.5cm，得后衣身分割终点。背宽线的延长线与腰线交点分别左取2cm、右取1cm，得分割线位于腰线上的省端点。分别圆顺连接分割起始点、省端点和分割线终点，得后片和侧片分割线。

（10）作后底摆弧线。垂直于后中弧线和后片分割线直线底端引出平缓圆顺的后底摆弧线。

（11）作前衣身分割线。分割线起始点位于前袖窿弧线与胸宽线切点以下7.7cm处，分割线在袖窿上作开口1cm。延长胸宽线至底摆直线，然后上抬0.5cm左右，并向外摆出1cm的量，得分割线下端摆点，形成交叉重叠量。与腰线交点向两端取省大，左侧取1.5cm、右侧取1cm，得前分割线所含腰省的两个端点。分别圆顺连接两个分割起始点到腰省两个端点，再到两个摆点，得前片和侧片的分割线。

（12）作前腰省。平分前腰围，作省中线，上端省尖距离袖窿深线4cm，下端省尖位于底摆直线上。省大2.5cm，平分在省中线两端。

（13）作门襟止口线、前底摆弧线。扣位位于腰线以下2cm的水平线段上，门襟总宽取7cm，右端点即门襟止点。向下作门襟止口线至底摆直线以下1.5cm。直线连接至前腰省尖点，然后圆顺呈圆角。

（14）定扣位。扣位位于前门襟止口2cm处，一排两粒扣之间的距离为10cm，居于前中线对称。

（15）作前领窝弧线。直线连接门襟止点至前侧颈点，然后平分线段，于中点处垂

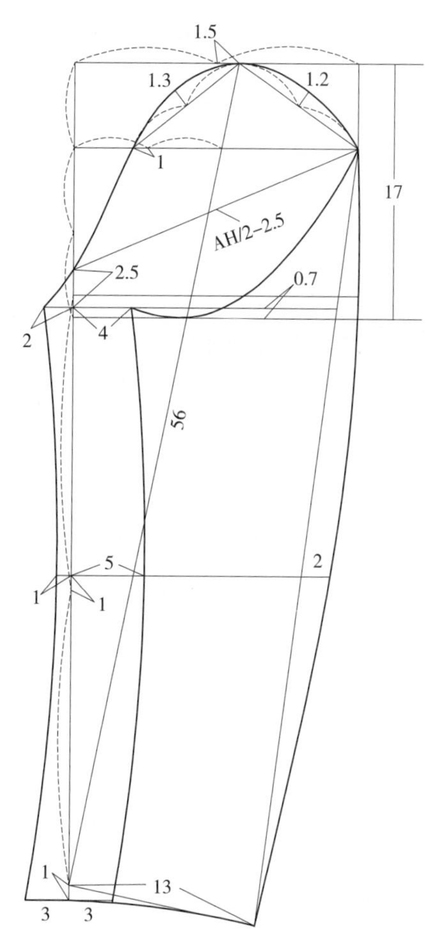

图 4–51　无领合体西装衣袖结构图

直于线段向下取 1cm，并经过此点圆顺画出前领窝弧线。

2. 衣袖结构设计研究

（1）作基本框架。先画一条直线作为大、小内袖缝辅助线，于其上端右侧作一条水平线，作为袖子的上平线（图 4–51）。

（2）取袖山高。自水平线向下取大袖袖山高 = 17cm，作出落山线；三等分袖山高，过上端 1 份作水平线得小袖山顶点水平线，余下的 2 份即为小袖袖山高。

（3）确定袖肥和袖山顶点。自落山线与内袖缝辅助线交点上取 2.5cm 得大袖符合点，自此点向小袖山顶点水平线作长为 AH/2–2.5=21.12cm 的线段，得袖肥。作袖肥线，并平分上端袖肥大，自中点右取 1.5cm 得袖山顶点。

（4）取袖长，作袖口直线。自袖山顶点向内袖缝辅助线作线段，使其长度等于袖长 56cm。然后垂直于袖长线取袖口宽 13cm。

（5）确定其他 4 个大袖山弧线标记点，作大袖山弧线。平分袖长线与小袖山顶点水平线交点左侧的线段，并于中点向左取 1cm 得一标记点。平分此标记点与袖山顶点之间的线段，并于中点处作垂直凸起 1cm 得一标记点。同理，平分袖山顶点至小袖山水平线右端点之间的线段，于中点处作垂直凸起 1cm 得一标记点。于落山线向上 0.7cm 作平行线段，并向左侧延长 2cm 得一标记点。大袖符合点为一标记点。小袖山水平线右端点为一标记点。经过袖山顶点圆顺连接以上标记点，得大袖袖山弧线。

（6）作大、小袖内袖缝弧线。自落山线向上沿着内袖缝辅助线取 1.5cm，将此点以下的部分平分，过中点向上取 1cm 作水平线得袖肘线。内袖缝辅助线与袖肘线交点向左取 1cm 得大袖内袖缝位于袖肘线上的标记点，右取 5cm 得小袖内袖缝位于袖肘线上的标记点。向下延长内袖缝辅助线 1cm 得点，以此点为中心作水平线段，左侧 3cm、右侧 3cm，分别得到大袖内袖缝位于袖口线上的标记点和小袖内袖缝位于袖口线上的标记点。大袖山弧线左端点为大袖内袖缝弧线上端点，自此端点向对侧取水平线段 4cm 得小袖内袖缝弧线上端点。分别圆顺连接上述大、小袖内袖缝标记点，可得大、小袖内袖缝弧线。

（7）作大、小袖外袖缝弧线。直线连接袖口宽右端点至大袖山弧线右端点，得外袖缝直线。此线段与袖肘线交点向右延长 2cm 得点，经过此点圆顺连接大袖山右端点至袖口直线右端点，得大、小袖外袖缝弧线，同时要保证弧线下端与袖口直线垂直。

（8）作袖口弧线。自大袖内袖缝底端点以直角引出袖口线并圆顺连接至大袖口内端点得袖口曲线。

（9）作小袖山弧线。圆顺连接小袖内袖缝弧线上端点和大袖山弧线右端点，并与落山线相切，得到小袖山弧线。

第十四节　休闲驳领小外套结构设计研究

一、款式分析

此款休闲驳领小外套，整体风格休闲、宽松、舒适；领型为与衣身相连裁的驳领；袖型为较宽松一片袖结构；门襟较宽、无扣（图 4–52）。

图 4–52　休闲驳领小外套款式图

二、规格设计

本款休闲驳领小外套的规格设计见表 4–16。

表 4–16　休闲驳领小外套规格表　　单位：cm

项目	衣长	胸围	背长	袖长	肩宽	袖口围
尺寸	54	100	38	55	40	25

三、结构设计研究

1. 衣身结构设计研究

（1）取衣长。首先取后衣长线 56.5cm，并作上平线和下平线（图 4–53）。

（2）后领窝弧线。取后领窝宽 8.8cm、后领窝深 2.5cm，分别得后侧颈点和后领深点，圆顺连接两点得后领窝弧线。

（3）后肩线。自后侧颈点水平取 9.9cm，然后垂直下落 4cm 得后肩点，直线连接后侧颈点和后肩点，得后肩线长 =10.68cm。

（4）后袖窿深线。自后领窝深点向下 21.5cm 作袖窿深线，并取后衣身胸围大 = $B/4$=25cm，得袖窿深点。

（5）后袖窿弧线。先直线连接袖窿深点至后肩点，然后将直线三等分，上端等分点处作垂直凹进 2.8cm，下端等分点处作垂直凹进 3.9cm，最后经过两个下凹点，自后肩点垂直引出圆顺的弧线至袖窿深点，得后袖窿弧线。测量并记录后袖窿弧长 = 22.86cm。

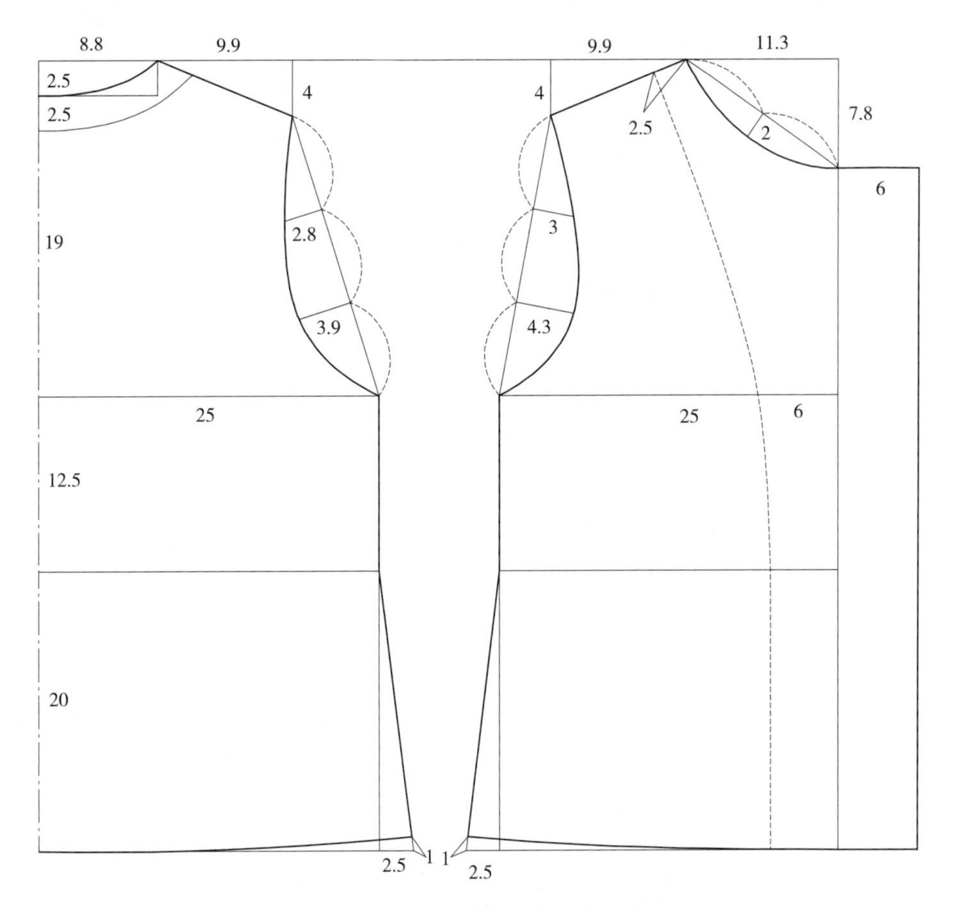

图 4–53　休闲驳领小外套衣身结构图

（6）后衣身腰围线、摆围线和侧缝线。自袖窿深线以下 12.5cm 处，作腰线。继续向下取 20cm，作底摆直线。摆线侧部摆出 2.5cm 的量，并取起翘 1cm，圆顺连接至腰围侧端点，得侧缝线。垂直侧缝线和后中心线引出圆顺弧线，即为底摆弧线。

（7）后领窝贴边。后领窝贴边下口距离后领窝弧线 2.5cm，并与后领窝弧线平行。

（8）前领窝弧线。取前领窝宽 11.3cm、前领窝深 7.8cm，分别得前侧颈点和前领窝深点。

（9）前肩线。自前侧颈点水平取 9.9cm，然后垂直下落 4cm 得前肩点，直线连接前侧颈点和前肩点，得前肩线长 =10.68cm，与后肩线长一致。

（10）前袖窿深线。自前领窝深点向下 16.2cm 作袖窿深线，并取前衣身胸围大 =$B/4$=25cm，得前袖窿深点。

（11）前袖窿弧线。先直线连接袖窿深点至前肩点，然后将直线三等分，上端等分点处作垂直凹进 3cm，下端等分点处作垂直凹进 4.3cm，最后经过内凹点，自前肩点垂直引出圆顺的弧线至袖窿深点，得前袖窿弧线。测量并记录前袖窿弧长 =22.67cm。

（12）前腰围线、摆围线和侧缝线。自袖窿深线以下 12.5cm 处，作腰线。继续向下取 20cm，作底摆直线。摆线侧部摆出 2.5cm 的量，并取起翘 1cm，圆顺连接至腰围侧端点，得侧缝线。垂直侧缝线和前中心线引出圆顺弧线，即为底摆弧线。

（13）作驳领。自前领窝深点水平向右取 6cm，作门襟止口线和驳领。

（14）作挂面止口线。自前侧颈点沿前肩线取 2.5cm，然后圆顺连接至袖窿深线距离前中线 6cm 处，再顺直交至底摆弧线，即得挂面止口线。

2. 衣袖结构设计研究

衣袖为较宽松一片袖造型，制图过程如下（图 4–54）。

（1）作袖中线。作竖直线长为袖长 55cm。上端点为袖山顶点。

（2）取袖山高。取袖山高 14.5cm，作落山线。

（3）作袖山斜线。自袖山顶点分别向落山线左、右两侧作后袖山斜线、前袖山斜线，长度分别为后 AH=22.86cm、前 AH−0.3cm=22.37cm。同时测得袖肥 =34.71cm。

（4）作袖山弧线。四等分前袖山斜线，于第一等分点和第三等分点处分别垂直袖山斜线向上、向下作垂线段，长度分别为 2cm、1cm，作为前袖山曲线的凸起和凹进点；中点下移 1cm 处作为袖山曲线与斜线相交的转折点。四等分后袖山斜线，于第一等分点和第三等分点处分别垂直袖山斜线向上、向下作垂线段，长度分别为 2cm、0.7cm，作为后袖山曲线的凸起和凹进点，由此得到 8 个袖山曲线的轨迹点，最后用圆顺曲线连接便完成袖山曲线的绘制。

（5）取袖口围。取袖口围 25cm，平分在袖中线两侧。分别直线连接落山线前端点和袖口前端点，落山线后端点和袖口后端点，得前、后袖缝直线。

（6）作袖缝弧线。首先平分落山线以下的袖中线，过中点作水平线段交至袖缝直线。两点交点均内收 0.7cm，并过此点圆顺画出袖缝弧线。

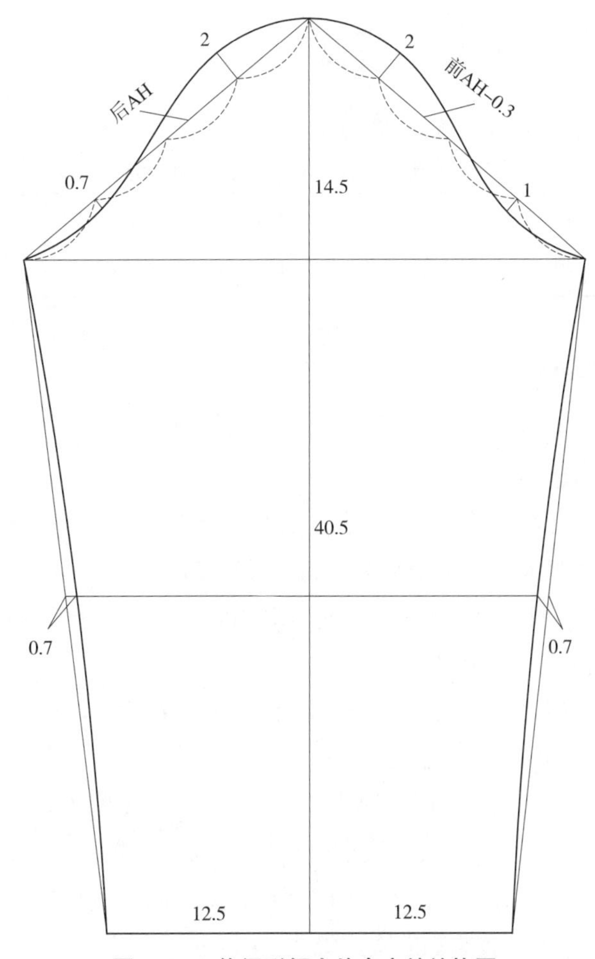

图 4–54　休闲驳领小外套衣袖结构图

第十五节　休闲衬衫外套结构设计研究

一、款式分析

此款休闲衬衫外套，整体风格宽松，肩窄而下摆外扩，呈小 A 字造型；衣身带过肩设计，衣领为肩角立领，衣袖宽松，袖窿较深，袖口则偏合体，带袖克夫；衣长偏长，类似中长款风衣外套，单排门襟六粒扣（图 4–55）。

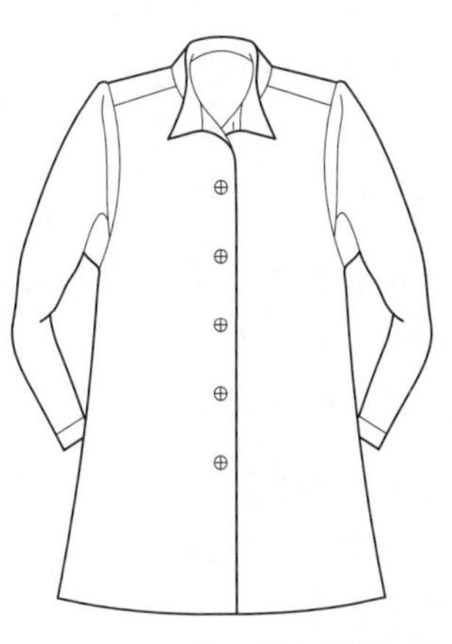

图 4–55　休闲衬衫外套款式图

二、规格设计

此款休闲衬衫外套的规格设计见表 4–17。

表 4–17　休闲衬衫外套规格表　　单位：cm

项目	衣长	胸围	背长	袖长	肩宽	袖口围
尺寸	85.5	117	38.5	58	36	24

三、结构设计研究

1. 后衣身结构设计研究

（1）作上平线和后中线。作上平线，于左侧作后中线（图 4–56）。

（2）作后领窝弧线。取后领窝宽 8cm、后领窝深 2.5cm，圆顺画出后领窝弧线。

（3）作后肩线。自后侧颈点水平向右取 10cm，然后竖直下落 3cm 得后肩点，画出后肩线，并测量后肩线长 =10.44cm。

（4）作袖窿深线，取后胸围大。自后颈点向下取背长 38.5cm，作水平线段并取后胸围大 =B/4=29.25cm，得袖窿深点。

（5）取衣长，作侧缝线和底摆弧线。自袖窿深线以下取长 47cm 得衣长，并作底摆直线。过袖窿深点作竖直线段交至底摆直线，得侧缝直线。底摆直线右端延长 10cm，作为增加的摆量。将摆点用直线连接至袖窿深点，并取起翘量 2.2cm，得后衣身侧缝线。垂直此线和后中线，引出平缓圆顺的底摆弧线。

（6）取袖长。自上平线距离后侧颈点 10cm 的点处，水平向右取 48.5cm，再竖直向下取 24.5cm，所得点用直线连接至后肩点，得袖中线和袖长，使得袖长约 53cm。

（7）作后袖口。垂直于袖中线取后袖口宽 12.5cm。

（8）作后袖窿弧线。首先直线连接后肩点至袖窿深点，然后将线段三等分，于上端等分点处作垂直下凹 4.2cm 得一标记点，于下端等分点处作垂直下凹 6cm 得一标记点。自袖窿深点沿着袖窿深线取 8cm，再竖直向上取 7cm 得一标记点。最后圆顺连接以上标记点得后袖窿弧线。

（9）作袖山弧线。自后肩点沿着后中线取袖山高 23cm，作落山线，长度待定。在步骤（8）中所得最后一个标记点以上至肩点的部分，后袖窿弧线和袖山弧线是重合的，以下的弧线段两者长度相等，弧度相似，方向相反，且袖山弧线的端点应交到落山线上。由此得到圆顺的袖山弧线。

（10）作袖底缝线。先直线连接袖山弧线端点至袖口端点，然后将线段两等分，于中点处垂直凹进 3.5cm，然后圆顺连接内凹点和两个端点，得袖底缝弧线。

（11）作后肩育克线。自后颈点向下取 8.5cm 作水平线交至袖窿弧线，即为后育克线。

（12）定开衩点。衣身开衩点位于侧缝底端 12cm 处。

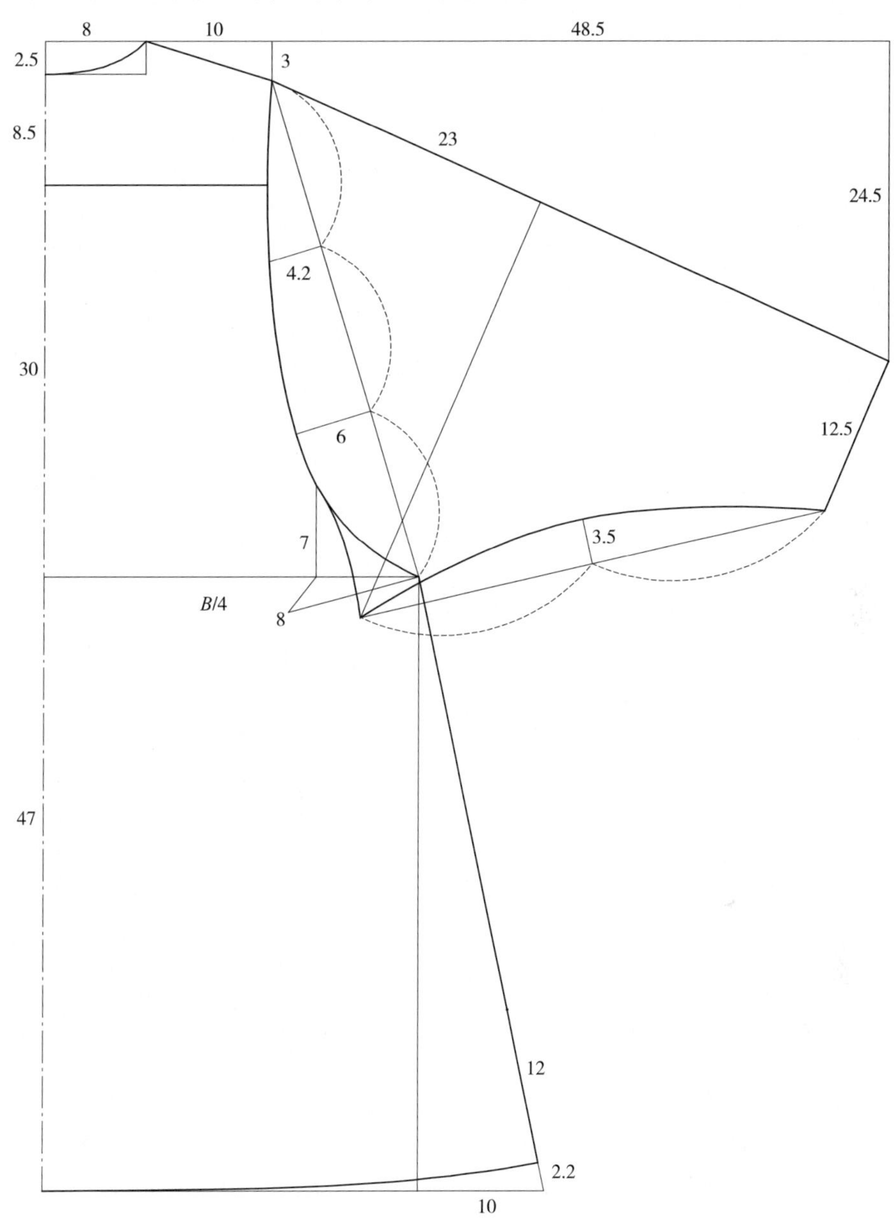

图 4–56　休闲衬衫外套后片结构图

2. 前衣身结构设计研究

（1）作上平线和前中线。作上平线，于右侧作前中线（图 4–57）。

（2）作前领窝弧线。取前领窝宽 8cm、前领窝深 9cm，圆顺画出前领窝弧线，并水平延长门襟宽 1.5cm，画出门襟止口线。

（3）作前肩线。自前侧颈点水平向左取 9.8cm，然后竖直下落 3.5cm 得前肩点，画出前肩线，并测量前肩线长 =10.41cm。

（4）作袖窿深线，取前胸围大。自前颈点向下取长 30.5cm，作袖窿深线并取前胸围

大 =B/4−0.5cm=28.75cm，得袖窿深点。

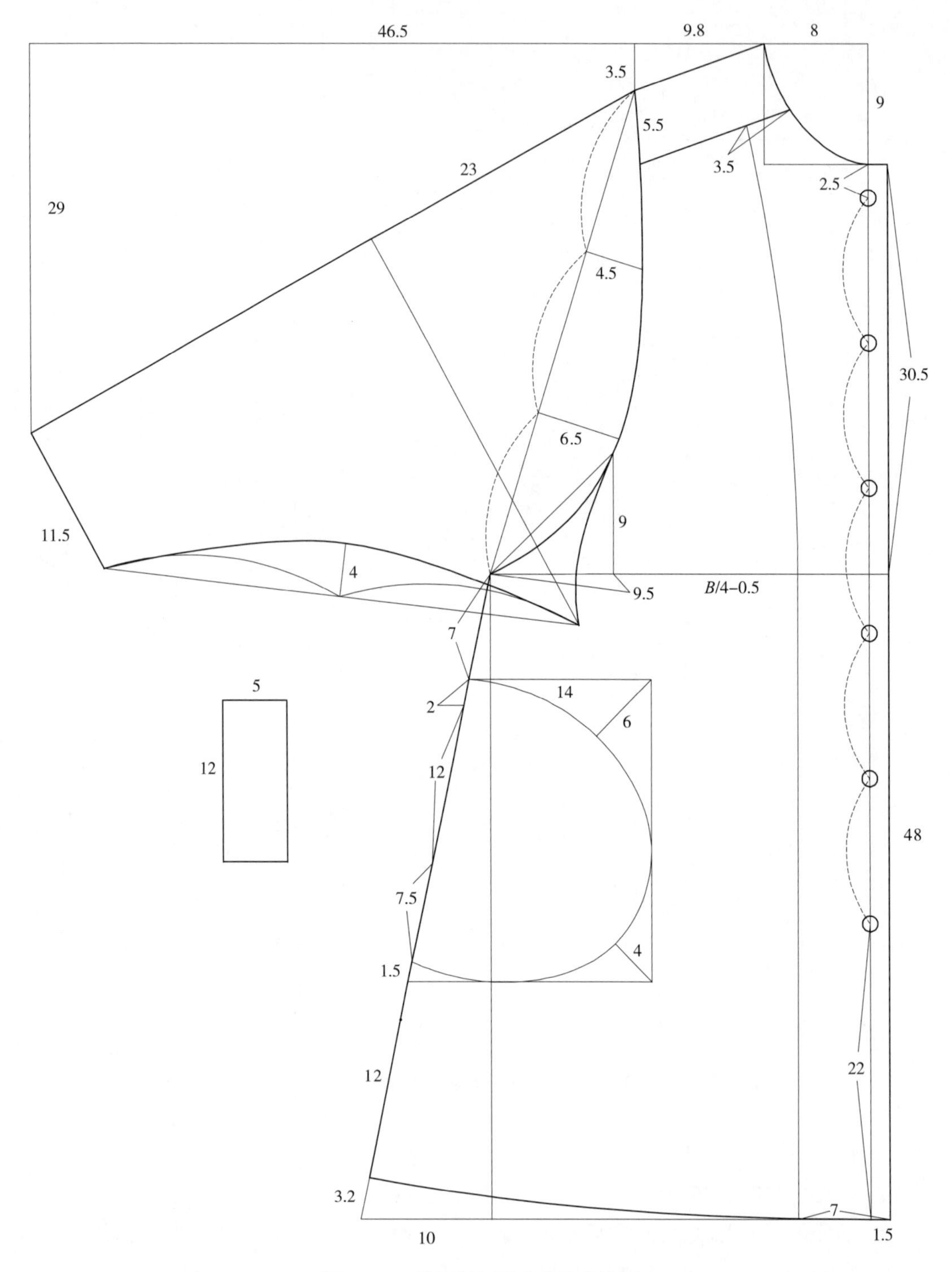

图 4–57　休闲衬衫外套前片结构图

（5）取衣长，作侧缝线和底摆弧线。自袖窿深线以下取长 48cm 得下衣长，并作底摆直线。过袖窿深点作竖直线段交至底摆直线，得侧缝直线。底摆直线左端延长 10cm，作为增加的摆量。将摆点直线连接至袖窿深点，并取起翘量 3.2cm，得前衣身侧缝线，同时保证了前、后衣身侧缝线等长。垂直侧缝线和前中线，引出平缓圆顺的底摆弧线。

（6）取袖长。自上平线距离前侧颈点 9.8cm 的点处，水平向左取 46.5cm，再竖直向下取 29cm，所得点直线连接至前肩点，得袖中线和袖长，使得袖长约 53cm。

（7）作前袖口。垂直于袖中线取前袖口宽 11.5cm。

（8）作前袖窿弧线。首先直线连接前肩点至袖窿深点，然后将线段三等分，于上端等分点处作垂直下凹 4.5cm 得一标记点，于下端等分点处作垂直下凹 6.5cm 得一标记点。自袖窿深点沿着袖窿深线取 9.5cm，再竖直向上取 9cm 得一标记点。然后圆顺连接以上标记点得前袖窿弧线。

（9）作袖山弧线。自前肩点沿着前中心线取袖山高 23cm，作落山线，长度待定。在步骤（8）中所得最后一个标记点以上至肩点的部分，前袖窿弧线和袖山弧线是重合的，以下的弧线段两者长度相等，弧度相似，方向相反，且袖山弧线的端点应交到落山线上。由此得到圆顺的袖山弧线。

（10）作袖底缝弧线。先直线连接袖山弧线端点至袖口端点，然后将线段两等分。于中点处垂直凹进 4cm，然后圆顺连接内凹点和两个端点，得袖底缝弧线。

（11）作前肩育克线。自前肩点沿着前袖窿弧线向下 5.5cm，作前肩线的平行线段，交至前领口弧线，即为前肩育克线。

（12）定扣位。第一粒扣位于前领窝深点以下 2.5cm 处，最后一粒扣位于前中心线底端 22cm 处，然后将剩余的前中心线五等分，得到其余 4 个扣位。

（13）定袋位，画口袋。首先将口袋边线画好，口袋上边线是自袖窿深点沿侧缝线 7cm 处的水平线段，长为 14cm；下边线是过侧缝线上距离袖窿深点 30cm 的点处所做水平线段，与上边线右端点的竖直线相交为止。然后在所形成的四边形右上角处，取角平分线段 6cm 得一标记点，于右下角平分线上取 4cm 得一标记点。在侧缝线上，口袋上口便是上边线左端点，下口是下边线以上 1.5cm 点处。然后圆顺连接以上标记点和开口端点，得口袋位置和形状。

（14）作袖克夫。袖克夫长为 12cm，宽为 5cm，总共 4 片。

（15）定开衩点。衣身开衩点位于侧缝底端 12cm 处。

第十六节　休闲短款小西装结构设计研究

一、款式分析

此款休闲短款小西装领型稍特别，为尖角驳领，翻领部分比普通平驳领的翻领大，领角长而尖；衣身较宽松，单排门襟三粒扣，第一粒扣位较高，大约在袖窿深线以上的位置；前、后衣身设计对称的袖窿分割线；袖型可以是较宽松两片袖，也可以是一片袖结构，这里采用较宽松两片袖结构制图，主要考虑到袖子上分割线的存在可以与衣身分割线相匹配（图 4–58）。

图 4–58　休闲短款小西装款式图

二、规格设计

休闲短款小西装的规格设计见表 4–18。

表 4–18　休闲短款小西装规格表　　单位：cm

项目	衣长	胸围	腰围	臀围	背长	袖长	肩宽	袖口围
尺寸	55	100	82	102	38	57	40	28

三、结构设计研究

1. 衣身结构设计研究

（1）作框架。作一长方形框架，长为 $B/2$+2cm（门襟宽）=52cm，宽为衣长 55cm。左侧竖直线为后中辅助线，右侧竖直线为门襟止口辅助线（图 4–59）。

（2）作基本分割。自上平线取袖窿深 24cm，作袖窿深线。自上平线取 38cm，作腰线。前中心线距离门襟止口 2cm。取前胸围 = 后胸围 =$B/4$=25cm，作前、后衣身侧缝线。取前胸宽 17cm，画胸宽线；取后背宽 18cm，作背宽线。

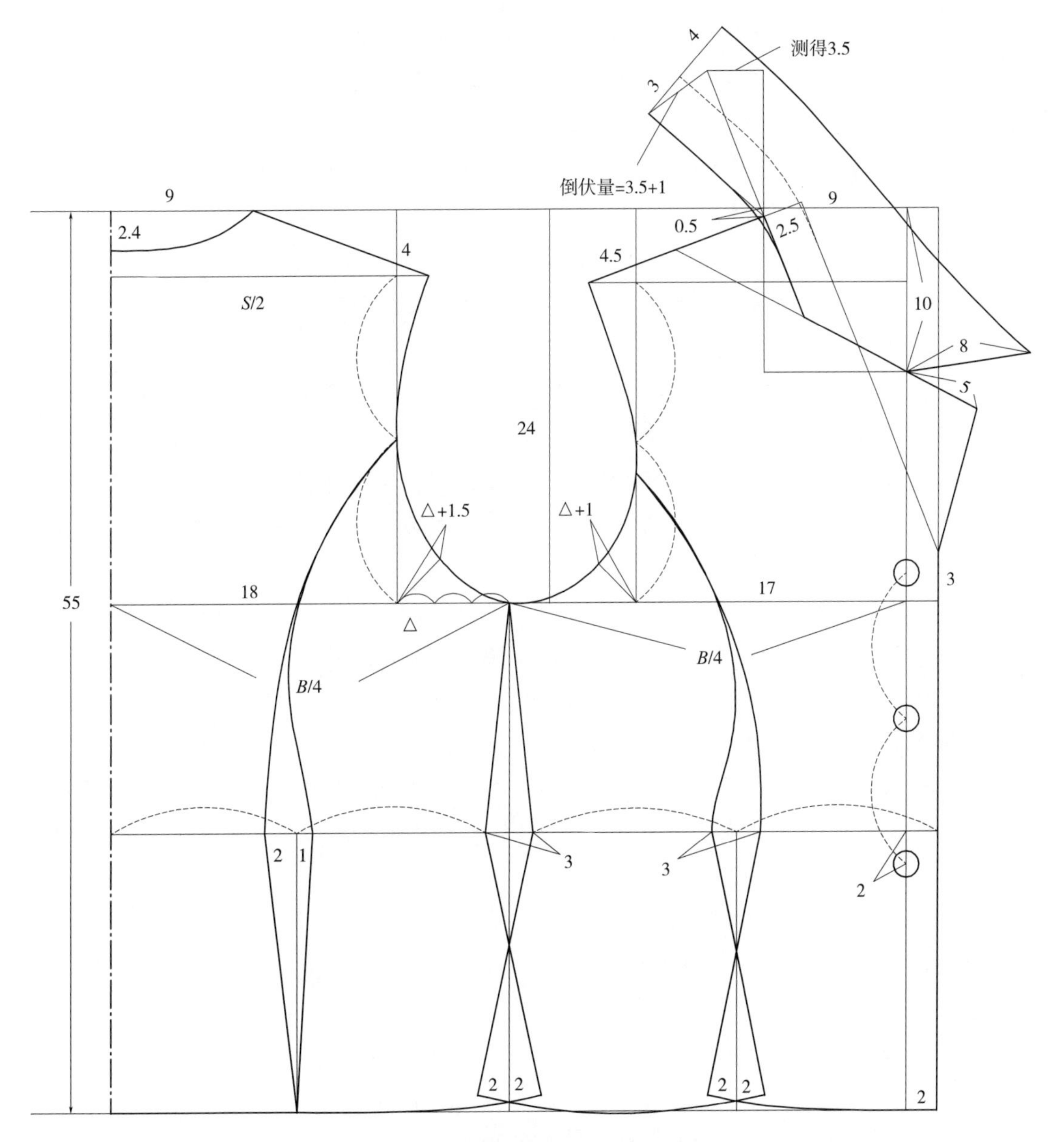

图 4–59　休闲短款小西装衣身结构图

（3）作后领窝弧线。取后领窝宽 9cm，后领窝深 2.4cm，圆顺画出后领窝弧线。

（4）作后肩线。后背宽线下落 4cm 得点，过此点作水平线段交至后中线，使其长度等于后肩宽 =*S*/2=20cm，所得点即为后肩点。直线连接侧颈点至肩点，得后肩线，测得后肩线长 =11.71cm。

（5）确定前侧颈点。前领宽取 9cm，前领深取 10cm，作长方形，自前领宽线上端下落 0.5cm 得前侧颈点。

（6）作前肩线。前胸宽线下落 4.5cm 得点，过此点作水平线段交至前中线，使其长度等于后肩宽 =*S*/2=20cm，所得点即为前肩点。直线连接侧颈点至前肩点，得前肩线。测得前肩线长 =11.74cm。

（7）作袖窿弧线。平分前、后肩宽线至袖窿深线之间的胸宽线和背宽线，得袖窿弧线的两个标记点。三等分侧缝线至背宽线之间的袖窿深线，每份记为“△”，于背宽线与袖窿深线夹角的角平分线上取△ +1.5cm 得一个标记点，于胸宽线与袖窿深线夹角的角平分线上取△ +1cm 得另一个标记点。侧缝线与袖窿深线交点作为切点，圆顺连接以上标记点和前、后肩点，得袖窿弧线。

（8）后中点划线。根据款式特点，后中线应该是点划线，表示连裁。

（9）作侧缝线。前、后腰侧均内收 1.5cm，下摆上抬 1cm 之后分别摆出 2cm，画出前、后侧缝直线。

（10）作后底摆弧线。垂直于后中线和侧缝直线引出平缓圆顺的后底摆弧线。

（11）作后衣身分割线。后衣身分割线的起始点位于袖窿弧线与背宽线的切点处。平分后衣身腰围，过中点作省中线，向下交至底摆弧线。省大 3cm，分别位于省中线左侧 2cm 和右侧 1cm。将两个端点以合理圆顺的弧线连接至分割线起始点处，腰线以下省线以直线画出即可。

（12）作门襟止口线、前底摆弧线。门襟宽 2cm，驳点位于袖窿深线以上 3cm 的门襟止口线上。然后垂直于此线和前侧缝直线，引出自然圆顺的前底摆弧线。

（13）作前衣身分割线。分割线起始点位于前袖窿弧线约中点处。平分包含门襟宽在内的前衣身腰围，向下作省中线交至底摆弧线。取省大 3cm，平分在省中线两端。将腰省两个端点圆顺连接至相应的袖窿开口处，向下分别直线连接至底摆弧线上的省中线两端 2cm 处，形成交叉重叠量。注意，每条分割线底端均上抬 1cm，底摆弧线均由此点垂直引出。

（14）定扣位。第一粒扣位于驳点至袖窿深线中点处，第三粒扣位于腰线以下 2cm 处，第二粒扣位于其他两粒扣的中间位置。

2. 衣袖结构设计研究

袖型为较宽松两片袖结构。详细制图过程如图 4–60 所示。

（1）取袖长。作一条竖直线段，长为袖长 57cm，作袖口直线。

（2）作大袖山水平线。于竖直线上端作水平线，作为大袖山水平线。

（3）取袖山高，作落山线。自上而下取袖山高 15cm，作落山线。

（4）作小袖山水平线。三等分袖山高，于第一等分点处作水平线，即为小袖山水平线。

（5）确定大、小袖山端点。自落山线左侧取袖肥 /2=18cm，作竖直线段。自此线段与落山线交点分别左、右各取 3cm 得小袖山弧线和大袖山弧线的右端点，同时是小袖内袖缝弧线和大袖内袖缝弧线的上端点。

（6）作大袖山弧线。确定大袖山弧线的左端点，即小袖山水平线左侧向右取 1cm 的点。其他标记点的确定如下。先在上平线上，平分袖肥 /2，中点偏左 2cm 为袖山顶点。将袖山顶点直线连接至大袖山左端点，并将线段两等分，于中点处作垂直凸起 1cm，得一得一个标记点。过袖山顶点作竖直线，交至落山线，平分其右侧的小袖山水平线，中点

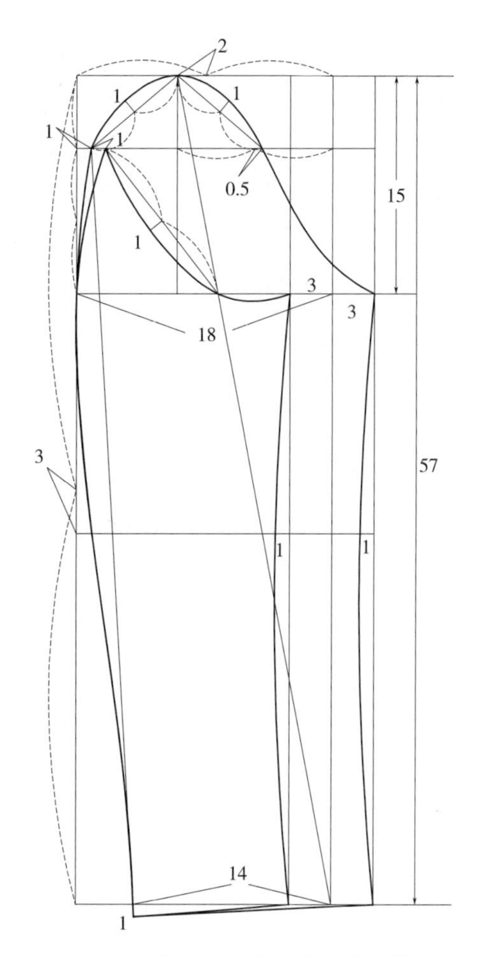

图 4-60　休闲短款小西装衣袖结构图

偏右 0.5cm 个标记点，将此点直线连接至袖山顶点，并将此线段平分，同样于中点处作垂直凸起 1cm 得另一个标记点。过袖山顶点圆顺连接以上标记点，得大袖山弧线。

（7）作袖肘线。平分步骤（1）中 57cm 长的竖直线段，中点偏下 3cm 处画水平线，即为袖肘线。

（8）取袖口宽 14cm。自步骤（5）中所作竖直线与袖口直线的交点，自交点向左水平取袖口宽 14cm。同时将交点直线连接至袖山顶点，交于落山线一点。

（9）作小袖山弧线。步骤（8）中落山线上的交点即为小袖山弧线的一个标记点。大袖山左端点水平向右取 1cm，得小袖山弧线的另一个标记点。直线连接以上两个标记点并平分，于中点处垂直下取 1cm，为一标记点。用圆顺的弧线连接以上标记点和步骤（5）中所得小袖山弧线右端点，得小袖山弧线。

（10）作大、小袖内袖缝弧线。分别过大、小袖袖山右端点作竖直线段，交至袖口直线，得到大、小袖袖口右端点，同时也是大、小袖内袖缝弧线下端点。将下端点分别用圆顺弧线连接至步骤（5）中所得内袖缝上端点，注意袖肘线处均凹进 1cm，即得大、小袖内袖缝弧线。

（11）作袖口弧线。将步骤（8）中的袖口宽点直线连接至大袖外端点，得外袖缝直线，并反向延长 1cm，得大、小袖袖口左端点。垂直于外袖缝直线和大、小袖内袖缝弧线，平缓圆顺地作出大、小袖袖口弧线。

（12）作大、小袖外袖缝弧线。自大袖山外端点即左端点，经过并切于落山线左端点，然后圆顺连接并切于外袖缝直线上，下端重合为止，得大袖外袖缝弧线。同理，自小袖山弧线左端点，经过并切于落山线左端点，然后圆顺连接并切于外袖缝直线上，得小袖外袖缝弧线。袖山切点以下大、小袖外缝弧线重合。